环境污染生态修复的技术创新与应用实践

李　元　黄志红　主编

科学出版社

北京

内 容 简 介

本书系统介绍了环境污染生态修复的理论、技术及应用实践。全书分为两部分，第一部分理论与技术包括第一章、第二章，具体介绍了环境污染生态修复的概念、目标、特征、类型，以及环境污染生态修复技术的特点与类型。第二部分应用实践包括第三章至第九章，具体介绍了水环境污染生态修复、地下水环境污染生态修复、耕地污染生态修复、场地污染生态修复、固体废弃物污染生态修复、矿山环境生态修复，以及环境污染生态修复中的调查分析，同时展示了 16 个修复案例。

本书可供环境科学、生态学等领域的科研人员和高校师生阅读，也可供从事环境保护、环境污染治理、生态修复相关工作的管理人员和工程技术人员参考。

图书在版编目（CIP）数据

环境污染生态修复的技术创新与应用实践/李元，黄志红主编. —北京：科学出版社，2024.4

ISBN 978-7-03-077463-7

Ⅰ．①环⋯ Ⅱ．①李⋯ ②黄⋯ Ⅲ．①环境污染–污染控制–生态恢复 Ⅳ．①X506

中国国家版本馆 CIP 数据核字(2024)第 007479 号

责任编辑：王海光 / 责任校对：杨 赛
责任印制：肖 兴 / 封面设计：无极书装

科 学 出 版 社 出版

北京东黄城根北街 16 号
邮政编码：100717
http://www.sciencep.com

北京华宇信诺印刷有限公司印刷
科学出版社发行　　各地新华书店经销
*

2024 年 4 月第 一 版　　开本：787×1092 1/16
2025 年 1 月第三次印刷　　印张：18
字数：427 000

定价：198.00 元
（如有印装质量问题，我社负责调换）

主 编 简 介

    李　元　1963年4月生于云南省大姚县，1986年获云南大学植物学学士学位，1989年获云南大学植物学硕士学位，1998年获兰州大学生态学博士学位，2000年获兰州大学分析化学博士后证书，2003～2004年在澳大利亚悉尼大学访问研究。

    云南农业大学二级教授、博士生导师，曾任资源与环境学院院长，现任生态环境研究所所长。国家"百千万人才工程"国家级人选，国务院政府特殊津贴专家，全国优秀环境科技工作者，《农业环境科学学报》编委，云南省农田无公害生产创新团队负责人，云南省农业环境污染控制与生态修复工程研究中心主任，云南省学术带头人，云南省环境科学与工程重点学科负责人，云南省生态经济学会理事长，云南省生态学会副理事长。

    主要从事农田土壤重金属污染生态修复、农业面源污染控制与生态修复、金属矿山废弃地治理与生态恢复等方面的研究。主持完成"中法先进研究计划"项目、国家自然科学基金-云南联合基金项目、国家科技支撑计划课题、国家水体污染控制与治理科技重大专项子课题、国家重点研发计划子课题、国家土壤污染综合治理试点项目、云南省重点研发计划项目等数十项科研项目。发表论文300余篇，其中SCI论文60余篇。主编专著4部、教材5部。获专利10余项。获省部级科学技术奖10项。

    黄志红　1982年8月生于湖南省岳阳县，2005年获东华大学环境工程学士学位，2021年获北京大学光华管理学院工商管理硕士学位。

    云南省技术创新人才，云南省院士工作站负责人，云南省环境保护产业协会副会长，云南省生态经济学会副理事长，云南省农田无公害生产创新团队合作单位负责人，云南省农业环境污染控制与生态修复工程研究中心合作单位负责人，国家科技型中小企业和高新技术企业圣清环保股份有限公司董事长，圣清环保设计研究院院长、高级工程师。

    主要从事流域水环境综合治理与修复、重金属污染场地及耕地修复、工业固体废弃物安全处置及资源化利用、高浓度工业废水处理、市政给排水及污泥处理等领域的环境保护工作，以及环境污染调查与风险评估等方面的大量工作。主持完成国家、云南省农田污染土壤、水体污染、地下水污染、金属矿山废弃地、固体废弃物、工业污染场地、垃圾填埋场等方面综合治理的技术研发、试点示范工程项目数十项。研发多个新产品、多项新技术。发表论文20余篇。获专利60余项。获省级科学技术奖1项。

序

环境污染生态修复是整治生态环境问题的重要举措,是守住生态安全边界、改善生态系统的重要保障。随着生态文明建设的不断推进,环境污染生态修复理论体系持续完善,修复产业逐步建立,但在技术体系创新及技术应用推广方面需进一步加强。因此,全面分析环境污染生态修复领域的国内外研究进展,系统阐述该领域的技术创新与应用实践,对推动该领域的高质量发展具有重要的理论和实践意义。

云南农业大学李元教授团队一直致力于环境污染控制与生态修复的技术研发与应用示范工作,在环境污染生态修复领域积累了丰富的实践经验。近年来,团队在数十项国家级、省级科研项目的支持下,在土壤重金属污染修复与合理利用、面源污染控制与水环境保护、矿区废弃地治理与生态恢复等方面取得了显著的成果。

圣清环保股份有限公司自 2014 年成立以来,在黄志红高级工程师的带领下,在流域水环境、农村环境、矿山环境、工业污染场地、污染农用地的生态修复,以及生活垃圾及固废处理等领域开展了大量应用实践工作。从 2015 年起,本人与该公司在环境材料开发与应用研究方面进行了广泛、密切的合作,并在环境友好功能新材料、生态湿地修复两个领域共同研发了一些具有核心优势的技术。

《环境污染生态修复的技术创新与应用实践》一书汇集了李元教授团队与黄志红高级工程师团队近年来的研究成果。该书将高校科技研究的创新成果与企业应用示范案例有机结合在一起,系统阐明了环境污染生态修复理论,全面阐述了环境污染生态修复的技术体系,完整展示了环境污染生态修复应用案例,具有明确的学术思想及很强的针对性和指导性。该书结构完整、内容系统,为读者提供了全面的理论与技术知识及实践案例,具有重要的学术价值和参考价值。

该书的出版填补了环境污染治理生态修复技术创新与应用实践相结合的空白,对于丰富环境污染生态修复的理论与技术、指导环境污染生态修复的应用与实践,具有重要意义。该书值得环境保护和生态修复工作者学习和参考,将对我国相关工作起到积极的推动和促进作用。

肖惠宁

加拿大新布朗斯维克大学教授

加拿大工程院院士

2023 年 2 月

前　　言

在国家推进生态文明建设的部署下，环境污染生态修复作为国家重大需求，已成为十分重要且紧迫的工作。近年来，我国环境污染生态修复的理论、技术研究，以及应用实践，都取得了较大的进展。然而，环境污染生态修复产业还需要技术体系的创新，以及示范、应用的进一步推广。因此，高度关注环境污染生态修复的技术创新与应用实践，全面系统地分析该领域的进展，推动该领域的进一步发展，就显得尤为重要。

我从事环境污染生态修复研究已有二十多年，在国家、云南省等科技项目的支持下，团队做了大量研究与实践工作，在土壤重金属污染治理修复与合理利用、面源污染控制与水体环境保护、矿区废弃地治理与生态恢复等方面取得了一些创新性成果。自 2014 年以来，圣清环保股份有限公司高级工程师黄志红领衔的团队在环境材料研发、流域水环境综合治理、自然保护区生态恢复、农村环境综合整治、工业污染场地修复、农用耕地土壤修复、矿山生态修复、生活垃圾及固废处理等方面完成了诸多国家级、省级试点示范工程项目，积累了一批具有参考意义的成功案例。以上述成果为基础，我们撰写了《环境污染生态修复的技术创新与应用实践》一书。

本书把科研成果与示范应用有机结合在一起，在系统阐述环境污染生态修复理论的基础上，全面介绍了环境污染生态修复的技术体系，并完整展示了环境污染生态修复应用案例及创新实践。全书分为两部分，第一部分理论与技术包括第一章、第二章，具体介绍了环境污染生态修复的概念、目标、特征、类型，以及环境污染生态修复技术的特点与类型。第二部分应用实践包括第三章至第九章，具体介绍了水环境污染生态修复、地下水环境污染生态修复、耕地污染生态修复、场地污染生态修复、固体废弃物污染生态修复、矿山环境生态修复，以及环境污染生态修复中的调查分析，同时展示了 16 个修复案例。

本书具有如下 5 个特点：①学术思想明确。全书以生态学理论为指导，构建了环境污染生态修复的理论与技术。充分体现了生态学思想，强调环境与生物之间的相互关系。②内容全面。既突出了近期科技研究的成果，又展示了试点示范应用的案例。③体系完善。包括水体环境污染生态修复、地下水环境污染生态修复、耕地污染生态修复、场地污染生态修复、固体废弃物污染生态修复、矿山环境生态修复、环境污染生态修复中的调查分析等内容。④重点突出。在全面阐述环境污染生态修复的理论与技术的基础上，重点展示应用实践的成功案例。⑤参考性强。书中展示的案例均为国家、云南省环境污染治理的重大试点、示范项目，且都取得了显著效果。

本书作者包括理论技术研究团队和示范应用实践团队，团队成员均为高校学者和环境保护企业的科技工作者。本书编写分工如下：李元、黄志红提出编写提纲，并组织召开编委会，经编写人员讨论，确定编写提纲。第一章由李卓熹主笔，第二章由陈建军主笔，第三章、第四章由胡飞主笔，第五章至第八章由孔辉主笔，第九章由罗生主笔。初稿完成后，由陈建军、胡飞、孔辉、罗生和李祖然统稿，李元、黄志红审稿，并对各章提出修改意见和建议，经各章负责人认真修改后定稿。

　　本书反映了环境污染生态修复技术创新与应用实践的最新研究成果，理论与实践相结合，希望能对环境污染治理的工程设计、项目实施起到一定参考作用。

　　由于本书涉及学科较多，且作者水平有限，书中难免有不足之处，恳请同行专家和读者批评指正。

李　元

2023 年 1 月

目　录

第 一 部 分
环境污染生态修复的理论与技术

第一章　环境污染生态修复理论

摘要：本章介绍了环境污染及生态修复的概念、类型、目标及特征，结合生态修复的特点，对各环境要素（地表水、地下水、耕地、场地、矿山及危险固体废物等）的污染及生态修复进行了相关理论的阐述。

随着人口数量和消费水平的增长，人类对生态系统资源的需求和人类生态足迹的影响也越发明显，生态系统的动态平衡被打破，污染物对生态环境产生了严重的危害。因此，环境污染生态修复及其理论研究是当今社会实现可持续发展的重要支撑。

第一节　环境污染与修复

如果排放的污染物超过了环境的自净能力，环境质量就会发生不良变化，危害人类健康和生存，就会产生环境污染。对被污染环境的修复，尤其是进行生态修复已成为环境保护的核心内容之一。

一、环境污染

环境污染是指自然的或人为的破坏，向环境中添加某种物质而超过环境的自净能力而产生危害的行为，或由于人为的因素，环境受到有害物质的污染，使生物的生长繁殖和人类的正常生活受到有害影响。由于人为因素使环境的构成或状态发生变化，环境质量下降，从而扰乱和破坏了生态系统和人类的正常生产和生活条件。对于陆地生态系统而言，包括空气污染、土壤退化和森林砍伐；对于水生生态系统而言，包括不可持续的海洋资源开发（如某些物种的过度捕捞）、海洋和水污染、微塑料污染、海洋变暖等。

二、环境污染类型

环境污染按环境要素、人类活动和环境污染源等有不同的类型划分，本书结合生态修复的特点及实际案例，将环境污染分为地表水、地下水、耕地、场地、矿山及危险固体废物等类型。

（一）地表水污染

水污染是指水体因某种物质的介入，而导致其化学、物理、生物或者放射性等特性的改变，从而影响水的有效利用，造成水质恶化，危害人体健康或者破坏生态环境的现象。生态修复领域的水环境污染主要是指地表水环境的污染，包括河流、湖泊等自然水体，以及城市景观水体污染等问题。

近年来，水环境污染已从陆地蔓延到近海水域，从地表水延伸到地下水，从单一污染发展到复合性污染，从一般污染物扩展到有毒有害污染物，已经形成点源与面源污染共存、生活污染和工业排放彼此叠加、各种新旧污染与二次污染形成复合污染的态势。随着城市人口的增加和城市化进程的发展，生活污水的排放数量和污染负荷正以较快的速度上升。水污染程度的加剧，导致区域水质性缺水，引发水资源短缺。同时，严重的水污染还会导致水体中和周围地区动植物大量死亡，使水域的生态物种退化、生物多样性减少，并产生一系列的水生态问题。另外，超采地下水、采取调水或大规模建设水源地保护工程措施的处理不当，也不同程度影响了区域生态环境，鱼类等水生生物急剧减少，水生态系统退化加剧，已经不能仅单纯依靠污染治理手段，需要综合考虑生态系统调节和修复的策略。

（二）地下水污染

地下水污染是指在人类活动影响下，地下水水质恶化发展的现象。地下水污染源包括工矿企业废水的直接排放、城市垃圾填埋场渗滤液的泄漏、化肥和农药的过量使用、生活污水的直接排放和工业有害固体废物的渗滤等。目前，我国地下水遭受不同程度的有机和无机有毒有害污染物的污染，呈现由点向面、由浅到深、由城市到农村不断扩展和污染程度日益严重的趋势。主要污染物包括氮磷污染物、重金属离子污染物和有机污染物三大类。另外，我国的矿山企业和石油化工企业周边的地下水也属于污染严重区域，包括矿物中金属离子的渗滤、选矿废水直排和点源渗漏等污染来源。

由于地下水含水介质的差异性和复杂性，地下水污染早期不易被觉察，具有隐蔽性和延时性；同时地下水自净能力较弱，地下含水层一旦受到污染，将难以更新和恢复；并且，地下水处于不断运移和循环中，经历着补给、径流、排泄各个途径，在地质环境复杂的体系中，各个水力系统又有着密切的水力联系，致使地下水一旦污染，污染范围难以圈定并难以还原。

（三）耕地污染

耕地污染是耕地因受到无机污染物和有机污染物的侵入，恶化土壤原有的理化性状，使土地生产潜力减退、农产品质量恶化并对人类和动植物造成危害的现象和过程，主要是指耕地的土壤污染，污染源主要是污水灌溉、大气污染物沉降、固体废物、不合理的农业生产过程4个方面。环境保护部和国土资源部于2014年4月17日联合发布《全国土壤污染状况调查公报》，指出我国耕地土壤污染点位超标率为19.4%，主要污染物为镉、镍、铜、砷、汞、铅、滴滴涕和多环芳烃。主要污染源从工业向农业转变，同时工业废弃物和生活污染物进一步向农村转移。耕地污染从"面源"向"立体"发展，污染问题变得愈发复杂。

我国耕地规模缩小与耕地质量偏低的问题并存，而耕地污染源既有过量使用化肥和地膜造成的直接人为污染，也有工业废气和废物大量排放造成的间接人为污染，相对大气污染和水污染而言，耕地污染隐蔽性较强。同时，耕地污染往往呈现出点源与面源污染相结合的特征，治理更为复杂。此外，耕地污染分布呈现出明显的地域特点，城乡接合部、工业较发达区域和畜牧养殖业集中的地域明显重于纯农业生产区域。

（四）场地污染

一般而言，因从事矿业活动或者行业生产等生产经营活动，使用、储存、堆放或者处理、处置有毒有害废物，或者因突发事故，造成了土壤或地下水污染，并产生健康、生态风险或危害的过程和后果被称为场地污染。目前我国场地污染主要包括无机污染、有机污染和复合污染三类。

我国场地污染多且复杂，在矿山开采和矿物冶炼过程中产生的废水、废气和固体废物中含有大量有害成分，通过淋溶、沉降、挥发等方式，对矿山或冶炼厂周围地区的大气、水体和土地造成污染。填埋场、金属矿渣堆场、加油站、废旧物资回收加工区或电子垃圾处置场地、大中城市关闭和搬迁大批重污染行业企业后的遗留场地等污染场地，不仅严重影响周边生态环境和居民健康，也制约了国家土地资源安全有效利用。城市工业污染场地具有污染物浓度高、成分复杂、污染土壤深度深，土壤和地下水往往同时被污染等特点，并且污染场地中（土壤、地下水等）的污染物能够长期存在，给人体健康和生态环境带来严重威胁，其污染的控制与修复耗时长、费用巨大、技术要求高。

（五）矿山及危险固体废物污染

矿山环境问题是人类大规模矿业工程活动生命全周期过程中对其周围环境产生的负面效应和不良结果，包括土地资源损毁、水污染及环境扰动、大气污染、矿山地质灾害、景观与生态破坏 5 类。矿山尾矿等固体废物的堆积，侵占森林耕地，造成严重的土壤重金属污染；矿井排出的污废水，进入地表水体或渗入地下，形成重金属和其他非金属污染物质的大面积迁移，不同程度地影响了地下水水质；矿山粉尘和噪声排放，直接危害矿山职工的健康安全，同时也给区域空气环境和声学环境造成一定影响；另外，矿井火灾、地表塌陷等也产生一系列环境污染问题。

矿山土地污染可以分为重金属污染、有机污染、无机污染及放射性物质污染，其中重金属污染是当前矿山土地修复的重点。金属矿山及周边地区污染环境独特，具有复杂性、多样性及复合性，复合污染土壤重金属之间通常发生交互作用，较强酸性、高重金属浓度和土壤物理化学性质不良等因素导致修复困难，单一修复手段难以取得满意修复效果。为了高效、节约及彻底解决土壤污染，要综合考虑污染物质的性质、土壤性质、修复成本等因素，因地制宜地选择污染土壤治理方法或组合，开展综合系统的生态修复是必不可少的。同时，"双碳"目标背景下，化石能源占比将逐步降低，低碳能源占比则逐步提高，高能耗、高排放的矿山企业面临节能减排的巨大压力，矿山生态修复还应综合考虑满足碳减排的新要求。

三、环境污染修复理论

环境损害意味着环境生态系统结构、功能和内外部关系的损害，应该采取切实可行的措施对受到损害的生态系统的功能和结构进行修复，对受到破坏的生态系统内外关系进行恢复。环境修复是指对被污染的环境采取物理、化学和生物学等技术措施，使存在于环境中的污染物质浓度减少或毒性降低或完全无害化，是一个复杂的综合性的系统工程。修复技术涉及多学科，如生态学、地理学、土壤学、生物气象学、环境化学、工程学甚至经济学等。环境修复可分为物理修复、化学修复、微生物修复和植物修复四大类型。物理修复是指借助物理手段将污染物从环境中提取分离出来的修复方法；化学修复是指借助化学手段将污染物从环境中提取分离出来的修复方法；微生物修复是指用微生物的生命代谢活动减少存在于环境中的有毒有害物质的浓度或使其完全无害化，使污染了的环境能部分或完全恢复到原始状态的过程，用于微生物修复的微生物包括细菌、真菌及原生动物三大类；植物修复是利用绿色植物来转移、容纳或转化土壤中的重金属、有机物或放射性元素等，以降低环境中污染物的含量，使其不影响农产品安全。

环境修复与环境污染治理的概念既有所不同又有所联系。后者侧重某特定环境某一受损功能的恢复，而环境修复结合了各种环境污染治理技术，恢复或重建生态系统各种功能并达到系统自平衡状态。生态修复是环境修复中最为复杂和重要的部分，也是立体和多方面考量环境修复、实现可持续发展的重要手段。

第二节　生态修复理论

生态修复是环境修复的重要组成部分，是解决日益严重的生态环境问题必不可少的措施，对污染环境开展生态修复对推进绿色发展、人与自然和谐发展具有十分重要的理论意义和现实意义。生态修复可使受损的生态系统尽可能恢复到某一参照状态，严格遵循了循环再生、和谐共存、整体优化、区域分异等生态学原理。

一、生态修复的概念

生态修复是在生态学原理指导下，以生物修复为基础，结合各种物理修复、化学修复及工程技术措施，通过优化组合，使之达到最佳效果和最低耗费的一种综合的修复污染环境的方法。生态修复涉及多种层面，从特定物种、群落，到整个生态系统及景观的修复。

以种群为修复对象的生态修复，通常指向拯救濒危物种、增加生物多样性等，种群修复常通过营造适宜的生境使物种回归，也伴随着对更大规模生态过程（如物种与栖息地的相互作用等）的修复要求，将生态系统尺度的管理作为生态修复的组织框架也更具优势。

以生态系统/景观为中心的生态修复，涉及对生态系统整体的综合功能和动态本质的深入认识，需要了解生态系统的一些基本属性，如生态系统的结构与功能、物理化学环境、生态系统中动植物群落的演替规律，需要了解生态系统的优势物种或旗舰物种，还需要认识生态稳定性、生态可塑性及生态系统的稳态转化等；既关注生态系统级别的动态过程，也重视与物种、土壤生态等小规模过程的相互结合，鼓励发展同时有利于宏观、微观尺度生态过程的修复措施。因此以生态系统为中心的生态修复，有利于综合不同部门、利益相关方的生态修复目标，在欧洲和美国等地区和国家已成为设定生态修复目标最常用的对象。例如，国际生态修复学会（Society for Ecological Restoration，SER）提出生态修复的普适性指导标准，即以生态系统修复为中心。

此外，在当前全球生态环境破坏加剧、生态修复需求激增的背景下，宏观尺度生态修复的规模经济、累积价值等得到了关注，如为应对气候变化，国际大规模生态修复项目层出不穷，以期通过增加动植物生物量（包括土壤中的生物量）来大幅提高碳封存效率。

二、生态修复的目标

国际生态修复学会（SER）的生态系统修复指导标准为尽可能将生态系统恢复到一种适应本地的自然模式。生态修复是应对全球生态环境危机而产生的学科，本质上是为了缓解人与自然的发展矛盾。在制定和实现生态修复目标时，需要将社会因素（如政府法规、公共政策、合作网络、社会文化、科技水平等）考虑在内。衡量生态修复所带来的经济利益，也逐渐被纳入生态修复的系统考虑中，成本效益分析已经成为生态修复项目设计中的重要组成部分。

生态修复的主要目标就是使生态系统中的非循环组分参与可循环的过程，使物质的循环和再生的速度能够得以加大，最终使污染环境得以修复，生态系统结构、功能得以恢复，达到平衡。生态环境修复不能简单地以眼前利益为目标，也不能单纯地以经济指标来衡量，而应以区域生态功能恢复为目标，在修复受损的自然生态系统时，修复因自然系统损坏而导致的人与自然、人与人之间关系的损害。从宏观层面应该持续完善生态环境损害和生态修复立法体系建设，完善统一的生态环境修复规划体系和目标管理体系，建立多层次、多渠道生态环境修复资金管理体系，确保生态环境的整体性修复。

生态修复目标的确定需要采用综合视角，基于生态、经济和社会现实，实现生态修复中生态-社会要素的有机结合，帮助生态系统获得可持续发展的能力，提升生态系统服务能力及人类福祉，这也契合了国土空间生态修复所强调的人地复合生态系统定位和系统性、整体性及综合性视角。

三、生态修复的类型

本书结合生态修复的特点及实际案例，将分别从地表水、地下水、耕地、场地、矿山及危险固体废物等类型阐述生态修复。

（一）地表水生态修复

地表水生态修复是指利用生态系统原理，采取各种方法修复受损伤的水体生态系统的生物群体及结构，重建健康的水生生态系统，修复和强化水体生态系统的主要功能，并能使生态系统实现整体协调、自我维持、自我演替的良性循环。这是一项复杂的生态工程，包括水量、水质、河流湖泊形态结构及水生生物等多个方面。每个类型的修复技术都已较为成熟，但单一的技术很难实现整个河流湖泊系统的恢复，往往需要从整个河流湖泊生态系统出发，根据河流湖泊的具体情况，着力于探索多种修复技术的优化组合设计，才能达到更好的修复效果。另外，水生生物是河流湖泊生态修复成功与否的重要标志，水量、水质、河流湖泊形态及岸带的修复都是为了给水生生物提供良好且可持续的生存环境。只有生物有稳定的群落结构及食物链循环，生态系统才能达到新的平衡。

水生植物是水生态系统的重要组成部分，在物质循环和能量传递方面起调控作用，在水生态修复中的作用方式主要包括物理过程、吸收作用、协同作用和化感作用。其在水生态修复过程中，主要是通过庞大的枝叶和根系形成天然的过滤网，对水体中的污染物质进行吸附、分解或转化，从而促进水中养分平衡；同时通过植物的光合作用，释放氧气，使水体中的溶解氧浓度上升，抑制有害菌的生长，减轻或消除水体污染。按照水生植物的生长特点，应用在水生态修复中的水生植物主要分为挺水植物、浮水植物、沉水植物三大类。

国内对水系的污染治理已经逐步转向关注水系污染与水生和滨水区生物及景观等的关系，引入生态学理论在不同尺度上对水系开展综合治理，采用生态治理方法以污染治理为核心、兼顾水系的疏通和布局。自 20 世纪 50 年代至今，生态治河的思想在欧洲及美国、日本仍被广泛应用，并取得了良好的效果。我国也已经由末端治理逐步发展为贯穿"减源、截留、修复"的三级控制思想。随着城市的发展及对水系景观和休闲功能的需求上升，在城市水环境治理中融入景观元素已成为趋势，国外在水系治理的早期就应用景观生态学原理规划滨水区，并在设计中考虑了水质改善与景观的关系，我国的各大河流湖泊治理中也融入了景观设计，甚至城市休闲水体的概念。

（二）地下水生态修复

地下水生态修复是指因地制宜地采取各种工程措施和非工程措施，提高地表水利用的保证程度，优化地下水利用管理方式，系统治理，精准施策，治理地下水超采、改善地下水水质、恢复灌区生态环境、实现水资源的可持续利用。目前较典型的地下水污染修复方法根据技术原理可分为四大类，即物理法、化学法、生物法和复合修复方法。生态修复方法就是基于地下水污染修复的物理、化学、生物等方法，运用系统的生态学理论，采用水生植物自身的吸收代谢纳消污染物质的方法。

另外，针对场地污染的地下水生态修复还应该有隔离污染物、将污染物移出含水层、将土壤及含水层中的污染物进行固定或无害化、在使用前对受污染的地下水进行水质处理和停止使用受污染含水层中的地下水并寻找替代水源等方面的考虑。

（三）场地污染生态修复

生态修复被污染场地的方法是基于生态学基本原理，系统采用某种或者多种措施手段，使污染场地的土壤或者地下水，甚至生态系统恢复到环境污染前状态的方法，包括物理化学及生物修复、工程控制、自然衰减等。

物理化学及生物的生态修复是指通过物理化学方法来分离、固定或削减介质中的污染物，达到清洁土壤和降低污染物危害环境与健康风险，或通过改变污染物在介质中的化学形态而降低其毒性，并且通过动物、微生物和植物的生命代谢活动将污染物吸收、富集、转化，改变污染物的毒性，进而恢复土壤系统或者水系统正常生态功能的过程。

场地污染的生态修复一般还要采用植被覆盖物理化学及生物处理后的土壤或者裸露地面。工程控制是人为建设的封存阻隔系统，用于控制污染物向下迁移、表层渗滤和降雨入渗作用下的污染物迁移及污染物在地下的自然渗滤和迁移，即利用工程措施将污染物封存在原地，限制其迁移，切断暴露途径，以降低污染风险和保护受体安全的阻隔技术。场地污染生态修复的工程控制主要是植被覆盖处理后的土壤或者裸露地面，施工技术成熟，成本相对较低，工程建设周期短，对不同类型的污染都具有较好的风险控制效果，能够在短期内达到修复目的，近年来在污染场地风险控制中的应用越来越广泛。但要特别考虑植物的适用性，尽量选择本地且吸附能力强、植物根系发达的植被，同时也可以结合景观设计。

自然修复又称为生物衰减修复，是指在没有人为作用的情况下，利用污染区域自然发生的物理、化学和生物学过程，如吸附、挥发、稀释、扩散、化学反应、生物降解、生物固定和生物分解等，降低污染物的浓度、数量、体积、毒性和迁移性等。大多数的场地污染物都会发生自然衰减，但是必须要有适当的条件和足够的时间才能达到污染消除的目的。生态修复也是通过生态手段强化和加速自然修复的途径之一。

由于污染场地问题的严重性和复杂性，在治理污染场地和控制其风险时，单一的措施对其治理效果往往不够，因此有必要将几种技术相结合，全面系统地对被污染场地进行生态修复，包括对周边环境的影响，实时监测污染物质的变化，明确污染场地生态修复和风险控制的目标，选择合适的技术方法。

（四）耕地污染生态修复

耕地资源丰富的国家，对污染物超标的耕地一般采取休耕方式，使其自然恢复后再进行农业利用。然而，我国耕地资源虽然总量很大，但人口基数大，人均耕地资源十分紧张，因此对污染耕地必须分析耕地污染特点和土壤修复现状，据此提出土壤修复策略，而以不产生二次污染、重新构建土壤内部生态圈的生态修复尤为重要。

耕地土壤污染的传统修复方法包括通过物理技术将污染物从土壤中去除或隔离的物理方法；通过化学方法或是添加一些物质发生化学反应，使污染物质被固定或去除的化学方法；通过耐性微生物、植物吸收或固定土壤重金属等污染物的生物方法。

在传统修复的基础上，耕地土壤生态修复更注重与可持续生态相结合的生物修复。根据修复主体的不同可将生态修复分为微生物修复、植物修复和动物修复三类。微生物修复利用细菌、真菌、放线菌等各种微生物，通过自身的代谢活动、生物富集、生物转化和生物吸附等原理，降低土壤中有害重金属的浓度。植物修复是指利用植物忍耐某种重金属，或是将重金属转化成无毒状态的特性，去除土壤中的重金属等污染物，从而修复土壤。能从土壤中大量吸收一种或几种重金属并将其转运到地上部的植物被称为超富集植物。目前，世界上发现的超富集植物有 500 多种，这为植物修复重金属污染的土壤提供了丰富的物种资源。农作物、蔬菜富集重金属后通过食物链的传递，危害人类健康。因此，在重金属富集农作物的选择上应慎重，尽量选择根茎等不可食用部分富集效果好、对人体健康无危害的作物进行污染耕地土壤的修复。研究筛选的超富集植物多数是当地的优势植物，存在一定的地域性，在其他地区的使用有外来物种入侵的危险。因此，植物修复土壤重金属铅污染应向生物量大、地域性小，具有一定的经济或观赏价值的方向努力，在保证土壤重金属污染得到修复的同时保证土地的经济价值。动物修复技术是利用土壤中大量的动物及肠道微生物等进行的一系列生命活动米分解、吸收、富集土壤中的重金属，使土壤中的污染物浓度降低的一种修复。

微生物的代谢活动不仅可以促进植物生长，增加植物干重，而且会分泌一些有机酸、铁载体，影响土壤 pH 及重金属的形态，间接促进植物吸收重金属，或抑制重金属活性，减少对植物的危害。但是，单一的修复方法对污染的修复存在周期长、修复对象单一、效果不显著等弊端。因此，耕地土壤生态修复中将现有的修复方法进行有效的整合，通过联合修复达到修复目的。

（五）矿山及危险固体废物生态修复

矿山生态修复常侧重于采用积极的人工辅助修复方法，在植被修复方面，关注固氮植物、吸附重金属植物、耐受性植物等的优选；在土壤修复方面，采用添加石灰、钙基膨润土、覆盖木纤维等方法直接改善土壤性质。此外，矿山景观修复成为当前的研究主流，如加强斑块的联通性、地貌重塑、采场排水系统与地面水系的有机联系等，以增加修复后景观与周边区域的协调性。以上生态修复的策略和方法也多用于场地污染修复中，尤其是用植被覆盖裸露地面方面尤为重要。

1. 矿山生态修复

当前矿山生态修复技术包括自然修复、生物修复、生态植被、土壤改良及矿井水污染控制与资源化技术，生态修复技术的综合利用是实现绿色矿山的有效途径。

自然修复是受人为干扰或非人为干扰的生态系统，凭借自身调整、更新、适应性改变等恢复力，辅以生物因素，在不采取大规模的工程措施的情况下恢复到原有生态系统结构和功能的生态修复方法。比如，封山（沙）育植（林灌草），通过设置围栏、警示牌等避免人为扰动，采取灵活多样的封育方式（长期、定期、轮流等）保证生态系统自我恢复。生物因素恢复包括人工种子库撒播和动物引入的方法。人工种子库撒播即充分利用生态系统已"储存"资源进行植被群落的修复，一般选取具有较高萌发率、生长速度快、能够适应当地立地条件的乡土植物的种子，按照一定配比进行混合播种，前期以草本植物为主、灌木为辅、草灌结合，为后期灌木和小乔木的生长创造条件。动物引入方法即科学利用动物习性促进生态系统修复等。

生物修复通过综合利用动物、植物、微生物的新陈代谢活动——吸收、转化、降解土壤环境和水环境有害物质，使土壤和水环境中污染物得以去除和稳定，从而提高或改善其质量。它的优点是可以原位进行，对环境影响小，能最大限度地降低污染物浓度，同时一般不会形成二次污染；缺点是耗时长，应用条件相对苛刻（生物新陈代谢易受环境条件变化的影响）、修复效果不稳定，并非所有有害物质都能被生物利用。土壤为植物生长提供养分和水分，同时也作为植物根系伸展、固持的介质，对矿山生态修复起着决定性作用。矿山生态修复重要目标之一是修复受损害土地的特性，使其生产力达到矿业活动前所能达到的程度或比受损前更好。

矿井水污染控制与资源化的方法包括对酸性矿井水处理的中和法、生物化学法、湿地生态工程法、反渗透法等，对高矿化度矿井水脱盐的化学法、热力法、膜分离法等，含有毒、有害元素或放射性元素矿井水的混凝、沉淀、吸附、离子交换和膜处理方法等。矿山生态修复工程浩大，要综合考虑土壤、地下水和矿井水等各个环境要素，及其相互间的关系，工程结束才是土地质量提高、植物生长、生态系统发展和稳定的起始点，需要依照长期、系统性的方案完成持续监测及反馈，才能实现矿山生态修复的成效。

2. 危险固体废物生态修复

矿山危险固体废物的常用处理方法包括：堆置处理、生产建材、资源化利用、制造控释肥、利用尾矿制做井下填充物和生态修复等。应用堆置处理方法的过程中，选择存放场地时，不仅要考虑地下水的保护，还要将风蚀问题的发生概率降到最低，同时加强防护，做好覆盖和遮挡措施，避免二次污染问题的发生。很多矿产固体废物可以制作成建筑材料，如铁矿尾矿制作成墙与地面的装饰砖、铅锌尾矿可以制作成耐火砖、塑性黏土经过烧制可以作为饰面砖。利用铁尾矿或铜尾矿制作饰面玻璃不仅成本低，而且性能非常好。如果资源数量较多，且为较重要和罕见的资源，可以将其作为人工矿床使用。在开发矿山的过程中利用矿山固体废物制作控释肥，可以降低控释肥的生产成本，保证生态环境的保护效果。有些尾矿适合作为井下填充物，不仅可以减少堆积矿山固体废物的占地空间，还避免了矿产完成开采后出现下沉问题，极大地降低了矿山地质灾害的发生率。

堆放矿产固体废物时，由于各种因素的影响，这些废弃物可能出现飞扬、扩散、渗透等问题，从而引发环境危害。为了降低这种危害或影响，危险固体废物的生态修复需要有生态学原理的系统考量，在矿山废弃物的堆置地点种植一些植被，利用植被的净化作用降低矿产固体废物给环境带来的影响。同时，改良剂法、微生物法及植物法尾矿生态修复方式在国内外已经得到广泛应用，对尾矿基质均有较好的改良效果，如可增加尾矿中养分、有机质，可改变尾矿中重金属存在形态，改变尾矿重金属生物有效性等，从而可减少尾矿对周边环境造成的污染。但不同改良方式对不同的尾矿改良效果可能会不同，所以应根据实际情况选择适当的改良方式，以达到最佳的修复效果。

四、生态修复的特征

（一）生态学原理

生态修复的方案和实施全过程各环节均不同程度遵循生态学原理，包括循环再生原理、和谐共存原理、整体优化原理、区域分异原理等。

循环再生原理是指生态系统通过生物成分，一方面利用非生物成分不断地合成新的物质，另一方面又把合成物质降解为原来的简单物质，并归还到非生物组分中；如此循环往复进行新陈代谢作用，从而使生态系统中的物质和能量进行着循环和再生的过程。生态修复利用环境-植物-微生物复合系统的物理、化学、生物学和生物化学等特征对污染物中的水肥资源加以利用，对可降解污染物进行净化，其主要目标就是使生态系统中的非循环组分成为可循环组分的过程，使物质的循环和再生的速度能够得以加大，最终使污染环境得以修复。

和谐共存原理是在生态修复系统中，由于循环和再生的需要，各种修复植物与微生物种群之间、各种修复植物与动物种群之间、各种修复植物之间、各种微生物之间及生物与处理系统环境之间相互作用、和谐共存，修复植物给根系微生物提供生态位和适宜的营养条件，促进一些具有降解功能微生物的生长和繁殖，促使污染物中植物不能直接利用的那部分污染物转化或降解为植物可利用的成分，反过来又促进植物的生长和发育。

整体优化原理是指生态修复技术涉及点源控制、污染物阻隔、预处理工程、修复生物选择和修复后土壤及水的再利用等基本过程，它们环环相扣，相互不可缺少。因此，必须把生态修复系统看成是一个整体，对这些基本过程进行优化，从而实现充分发挥修复系统对污染物的净化功能和对水、肥资源的有效利用。

区域分异原理即不同的地理区域，甚至同一地理区域的不同地段，由于气温、地质条件、土壤类型、水文过程及植物、动物和微生物种群差异很大，污染物质在迁移、转化和降解等生态行为上具有明显的差异。在生态修复系统设计时，必须有区别地进行工艺与修复生物选择及结构配置和运行管理。

（二）复杂性

生态修复主要是通过微生物和植物等的生命活动来完成的，影响生物生活的各种因素也将成为影响生态修复的重要因素，因此，生态修复也具有影响因素多而复杂的特点，涉及金属、有毒化合物、水分含量及地质特征、养分利用率、对外电子可用性和污染物的生物利用能力等各个方面。生物细胞具有浓度依赖性，金属能够抑制各种细胞过程，金属微生物毒性通常也会涉及特定的化学反应，有些金属物质和微量元素同时又是生物生长所必需的，生态系统内各个要素及影响因素之间的相互关系错综复杂。有毒化合污染物会阻碍或者减缓生物的代谢反应，从而给生物修复带来困难，污染物的种类、浓度和所接触的微生物都会对这个过程产生不同方向、不同程度的影响。土壤-水分关系是生物修复土壤的重要影响因素，水分含量影响生物修复速率，氧气含量等其他要素也存在这样的问题，地质特征和土壤颗粒度又一定程度影响渗透性和氧含量等因素，各个因素间相互联系、相互制约，同时发生着各种物理化学反应。生态修复就是分析这些复杂过程及原理，并加以利用，从而达到消解污染物、恢复生态链的作用，具有复杂性。

（三）多学科交叉

生态修复的顺利施行，需要生态学、物理学、化学、植物学、土壤学、水文学、微生物学、分子生物学、栽培学和环境工程等多学科的参与，因此，多学科交叉也是生态修复的特点之一。

对于污染程度较高且不适于生物生存的污染环境来说，生物修复就很难实施，这时就要采用物理或化学修复的方法；若仍达不到修复要求，就要考虑采用生态修复的方法。

而在生态修复施行之前，先要将环境条件控制在能够利于生物生长的状态。但一般来说，简单地直接利用修复生物进行生态修复，其修复效率还是很低，这就需要采用一些强化措施，进而形成整套的修复技术。强化机制分两个方面：一是提高生物本身的修复能力；二是提高环境中污染物的可生物利用性，如深层曝气、投入营养物质、施加添加剂等。

第二章　环境污染生态修复技术

摘要：本章主要介绍了环境污染生态修复技术的概念与特点，以及地表水环境污染、地下水环境污染、耕地污染、场地污染、固体废物污染、矿山等生态修复技术类型和环境污染生态修复中的环境监测技术等。

环境污染修复技术是最近几十年发展起来的环境工程技术，根据修复对象可以分为大气环境修复技术、水体环境修复技术、土壤环境修复技术及固体废物环境修复技术等多种类型。根据环境污染修复所采用的方法，环境污染修复技术可分为物理修复技术、化学修复技术及生态修复技术等。其中环境污染生态修复技术已成为环境污染修复技术的重要组成部分。

第一节　环境污染生态修复技术的概念与特点

大量的研究表明，生态的自我修复能力是自然界一种普遍存在的现象，自然界中的土壤、水体、大气等均具有一定的自我净化能力，可以将污染物通过各种物理、化学和生物作用进行转化、降解或迁移。因此，一种在生态学原理的指导下，以生物修复为基础，结合各种物理、化学、工程技术等措施，通过优化组合，达到最佳效果和最低耗费的综合的修复污染环境的方法应运而生，即环境污染生态修复技术。环境污染生态修复技术在污染环境的治理和改善中起着积极的作用，是环保工作中必不可少的技术手段。

一、环境污染生态修复技术的概念

环境污染生态修复技术是指利用生态系统的自我恢复能力，辅以人工措施，使遭到破坏的生态系统逐步恢复或使生态系统向着良性循环方向发展的污染修复技术手段。目前，国内外对污染生态修复的研究内容包括：生态修复的理论依据、原则、特点的讨论，生态修复中生物、物理、化学等修复方法优化组合的探索，生态修复过程所涉及的修复目标、过程监控、结果评价等方法的探讨等。其中，各种修复方法的优化组合是目前生态修复研究的热点和难点。总体而言，污染生态修复的研究尚处于基础阶段，其理论框架、优化组合方式和修复过程等内容的研究还在探索中。

目前，与环境污染生态修复技术相关的概念包括：环境污染控制技术、环境污染防治技术、环境污染修复技术等。环境污染控制技术侧重直接处理排放的污染物，或者改变生产工艺流程，以减少或消除污染物排放，又或者改变原材料构成，以减少或消除污染物排放。而环境污染防治技术的重点是防与治的综合，实质上就是为达到区域质量控制目标，对各种污染控制方案的技术可行性、经济合理性、区域适应性和实施可能性等进行最优化选择和评价，从而得出最优的控制技术方案和工程措施，以达到保护和改善环境质量的目的，环境污染修复技术涉及的环境要素较多，且主要侧重于物理、化学、工程技术。而生态修复技术与这三者不同的地方在于更加倾向于以生态学原理为基础，遵循生态系统自身的发展规律而提出的修复技术，符合绿色、可持续的发展理念，既能满足短期利益的需要，又能符合长期发展的要求。

二、环境污染生态修复技术的特点

环境污染生态修复技术针对的环保领域不同，各技术之间的特点和优势也不尽相同，下面从水体、矿山、固体废物、土壤 4 个领域阐述其技术特点。

污染水体生态修复技术特点：①综合治理、标本兼治、节能环保；②设施简单、建设周期短、见效快；③因地制宜，擅长解决现有水体的水质问题；④综合投资成本低、运行维护费用低、管理技术要求低；⑤生物群落本土化，无生态风险；⑥生物多样性强，生态系统稳定；⑦对污染负荷波动的适应能力强；⑧对环境影响小，不会形成二次污染或导致污染物转移，可最大限度降低污染物浓度。

矿山生态修复主要依靠植被修复与生物多样性修复，其特点为：①与城市功能相对应，随着城市化的扩展，矿区开采离城市越来越近，其修复一定要与城市的功能相对应；②综合考察，矿区开采规模越来越大，开采数量非常多，修复一定要考虑当地经济、社会的发展；③因地制宜，矿区修复要注意区域差别，修复目标和方向需因地制宜。

固体废物生态修复主要体现其资源化的特点，可以分为直接资源化与间接资源化两种：①直接资源化是指固体废物不经过任何处理便可以作为一种资源而参与后续的生产，此种方式能够有效地对固体废物进行减量，具有能产生经济效益，但要求高的特点；②间接资源化是指固体废物通过一定的方式处置来获得资源（能源）的一种方式，主要分为焚烧与生产沼气两种模式，具有产生一定的经济效益，但投入较大、产生二次污染等特点。

污染土壤生态修复的特点：①污染物的复合性，土壤污染常表现为多种污染物的复合污染。污染土壤生态修复概念提出的目的之一，在于实现对复合污染土壤中各种污染物的综合修复。②修复方法的多样性和综合性，污染土壤生态修复方法是物理、化学、生物修复等方法的优化组合。物理修复方法有客土法、换土法、去表土法、深耕翻土法、隔离法、蒸汽浸提法、固化/稳定化修复法、玻璃化修复法、电动力学修复法和高温热解法等；化学修复方法有化学淋洗技术、溶剂浸提技术、化学氧化技术、改良剂法和电化学法等；生物修复方法包括植物修复、动物修复、微生物修复等。在污染土壤的生态修复中要借助工程技术措施，对各种修复方法进行优化组合等。③影响因子的多样性和复杂性，污染土壤生态修复主要通过植物、动物、微生物等生物体的生命活动完成，而生物体的生命活动依赖于各种环境因子（如土壤水分、养分、pH、氧化还原状况、气温、湿度等）。因此，污染物的种类和性质，修复生物体的种类和性质，修复生物体对污染物的吸收、降解能力，土壤性质、气温、湿度等环境因子都会对污染土壤生态修复过程产生影响。④修复对象的区域分异性，不同地理区域，母质、生物、气候、地形、时间等成土因素的作用不同，导致土壤生态类型的多样性。同时由于不同的修复区域，人为干扰的时间和强度不同，污染物质的种类、性质、污染程度、空间分布不同，污染物的迁移、转化途径等不同，使得污染土壤生态修复的对象表现出明显的区域分异性。⑤修复过程的系统性，污染土壤生态修复是系统性的方法，其修复过程包括调查、方案设计、工程实施、监测、效果评价等环节，各环节环环相扣、前后相连，形成一个完整的系统过程。在修复中保证其修复环节的最优化衔接和修复过程的系统性，从而保证修复工程的成功、提高工程效率。

第二节　环境污染生态修复技术的类型

环境污染生态修复技术根据修复对象可以分为大气环境修复、水体环境修复、土壤环境修复及固体废物环境修复等多种类型。本节主要介绍地表水环境、地下水环境、耕地污染、场地污染、固体废物污染、矿山等生态修复技术类型和环境污染生态修复中的环境监测技术等。

一、地表水环境污染生态修复技术

地表水环境污染生态修复是指使受损地表水环境生态系统的结构和功能恢复到被破坏前的自然状况，强调在不断减少水域污染源的前提下，采用生态方法净化水质，提升水体自净能力，还原水体生态系统的结构，恢复水体在区域或流域的结构功能。因此，在对污染水体进行治理时，生态修复方法是解决污染问题的根本措施。地表水生态修复目的是修理恢复水体原有的生物多样性、连续性，充分发挥资源的生产潜力，同时起到保护水环境的目的，使水生态系统转入良性循环，达到经济和生态同步发展。

地表水环境生态修复主要是通过保护、种植、养殖、繁殖适宜在水中生长的植物、动物和微生物，改善生物群落结构和多样性。增加水体的自净能力，消除或减轻水体污染；生态修复区域在城镇和风景区附近，应具有良好的景观作用，生态修复具有美学价值，可以创造城市优美的水生态景观。

地表水环境生态修复的目的是：①改善水质。消除或减轻水污染，使水体在质量方面满足水生物生长的条件；满足经济社会发展和人们生活需求。②改善水文条件。采用合理的调度模式，使水体在水量、水位和流速等方面满足水生生物生长的条件。③恢复或修复生物栖息地。④保护物种。⑤景观和人居环境改善。

地表水环境生态修复技术一般分为人工修复技术和自然修复技术两类。生态缺损较大的区域，以人工修复为主，人工修复和自然修复相结合，人工修复促进自然修复；生态现状较好的区域，以保护和自然修复为主，人工修复主要是为自然修复创造更好的环境，加快生态修复进程，促进稳定化过程。进行人工修复的区域，一方面需根据现代社会的观念和市民的愿望按照城镇和农村水域的不同功能进行生态修复；另一方面应尽量仿自然状态进行修复，特别是农村区域。水生态系统得到初步恢复后，应加强长效管理，确保其顺利转入良性循环。

地表水环境修复技术可分为物理修复法、化学修复法、生物/生态修复法。典型的物理修复法主要是调水、曝气复氧等。化学修复法一般是指化学强化一级处理（chemical enhanced primary treatment，CEPT）和化学除磷等。生物/生态修复法主要是生物强化技术、生物促生技术、生态浮岛技术、生物膜技术、稳定塘技术、土地处理技术、人工湿地技术等。以下介绍几种常见的地表水环境生态修复技术。

（一）水生植物技术

水生植物中有浮水植物、沉水植物和挺水植物，浮水植物主要是通过植物的根茎、叶片的吸收作用，以及这些部位上微生物的吸附作用，实现净化水质的作用，且因物种差异，存在不同的净化效果。挺水植物主要依靠根部对营养物质的吸收消耗作用、水流阻碍产生沉降作用、共生物种的同化作用实现水质净化，常见的有梭鱼草、菖蒲、香蒲、荷花、芦竹等。沉水植物因全部在水中，它的所有部位均有很好的净化作用，而且易于种养，净化效果好，是很有利用前景的植物修复物，常见的有黑藻、狐尾藻、金鱼藻、菹草等。

（二）微生物技术

借助微生物的生长繁殖作用吸收水中营养物质净化水质，如可投加菌类提高污染物分解速率，短期内可改善水体水质。目前应用较多的投加菌类手段有集中式生物系统水体修复技术、复合微生物菌及相关技术，但因外加的微生物菌种可能存在物种间生存竞争影响水中生态平衡的隐患，故存在一定程度的局限性。

最有应用前景的微生物技术是微生物生态技术，该技术通过改变污染水体中微生物的物理、化学或生物特性，提升微生物分解污染物的能力。因其环保无害且不存在外来菌种威胁，是当下生态修复湖泊景观水体的主要方向，具有广阔的发展前景，具体采取的手段包括：①投加微生物营养盐，营养盐的加入能够激发水体中微生物的活性，增加对污染物自然分解的效率；②投加电子受体与共代谢基质，通过电子受体和共代谢基质促进微生物的氧化还原反应，降解污染物，促进水体净化；③投加表面活性剂，通过表面活性剂在气液两相界面降低水的表面张力，增加污染物的亲水性，促进污染物与微生物的反应从而促进降解，促进水体水质的净化；④湿地系统，利用物质再生循环的原理，通过填料、土壤、植物、微生物的协同作用，增加水体活性及溶氧量，促进水体中微生物降解污染物，达到水质净化的目的；⑤生态调节，对破坏后的生态系统进行恢复，调节和还原生态系统的结构。对失衡后的河流、湖泊生态进行调节，应用最多的是放养各种水生生物，补充消费者，一方面可以抑制藻类等生产者的疯长，还可以加强食物链，促进物质和能量的循环，缓解分解者的压力。另一方面通过种植各种大型植物，加强与藻类的竞争，通过对多种生存条件的竞争抑制和减少藻类的生长量，维持物种间的平衡，还可以通过人为强化分解者的分解能力和扩大分解者生物群落的方式，提高分解者的效率，逐步改善生态系统的物质能量循环功能，加强生态系统的自净能力。

（三）生物膜修复技术

随着人工介质材料的发展，生物膜技术在湖泊景观水体治理中的运用越来越普遍。这种技术的原理是在湖泊景观水体中放入孔隙率较大、易附着的条状或网状的人工介质填料，使得微生物在介质表面大量附着并形成一层薄薄的生物膜，利用生物膜净化水体中的污染物。

（四）复合生态滤床技术

复合生态滤床是一种特殊的人工湿地。复合生态滤床由集水管、布水管、动力设备、生物填料、水生植物及复合微生物等共同组成。优点是建设和运行费用低，能耗少，维护方便，具有一定的景观作用。但容易造成堵塞，后期需要人力长期管护。

（五）底泥生物氧化技术

底泥生物氧化是将由氨基酸、微量营养元素和生长因子等组成的底泥生物氧化配方，利用靶向给药技术直接将药物注射到河道底泥表面进行生物氧化，通过硝化和反硝化原理，除去底泥和水体中的氨氮和耗氧有机物。

（六）生物多样性调控技术

该技术通过人工调控受损水体中生物群落的结构和数量，由水生动物摄取游离细菌、浮游藻类、有机碎屑等，以控制藻类的过量生长，提高水体透明度，完善和恢复生态平衡。

二、地下水环境污染生态修复技术

地下水环境污染生态修复技术包括异位修复技术、原位修复技术和监测自然衰减技术。异位修复技术是将受污染的地下水抽出至地表再进行处理的技术，该技术在短期内处理量大、适用范围广、处理效率较高，但长期应用普遍存在着拖尾、反弹等现象，最终降低了处理效率，增加了处理成本，其应用受到很大的限制；原位修复技术是在人为干预的条件下省去抽出过程在原位将受污染地下水修复的技术，具有对环境扰动小、修复彻底、处理污染物种类多、时间相对较短、成本相对低廉等优势，逐渐成为地下水污染主要修复技术；监测自然衰减技术是充分依靠自然净化能力的修复技术，需要的修复时间很长。下面主要介绍异位修复技术和原位修复技术。

（一）异位修复技术

异位修复技术是通过收集系统或抽提系统将污染物转移到地面上，然后再进一步处理的技术。异位修复技术主要包括抽出处理法和被动收集法。

1. 抽出处理法

抽出处理法（pump and treat，P&T）作为典型的地下水修复技术最早投入使用，而且目前在国内外应用仍很广泛。P&T 技术的原理是根据受污染的地下水的分布情况，在污染场地布置一定数量的抽水井，用水泵抽提受污染的地下水，然后再利用地上的处理设备进行地下水污染治理。最后根据当地实际的地质情况，排放被处理过的地下水。采用处理受污染的地表水的方法来处理抽提上来的地下水，该技术应用的重点是建设好地下水抽提井群系统。P&T 技术根据污染类型可分为三类：物理法（反渗透法、过滤法、吸附法、重力分离法、焚烧法和气吹法）；化学法（离子交换法、中和法、混凝沉淀法和氧化还原法）；生物法（厌氧消化法、生物膜法、土壤处置法和活性污泥法）。

2. 被动收集法

被动收集法是将地下水水面漂浮的污染物质如油类污染物等收集并处理的方法，即在地下水流的下游挖一条足够深的沟道，将收集系统布置在沟道内。被动收集法对轻质污染物有较好的处理效果，它在地下水油污染治理方面得到了广泛的应用。

（二）原位修复技术

地下水污染原位修复技术根据修复机理不同，可分为物理修复、化学修复、生物修复和可渗透反应格栅（墙）修复技术。

1. 物理修复技术

常用的物理修复技术有地下水曝气技术和电动修复技术。

（1）地下水曝气技术

地下水曝气技术（air sparging，AS）是将空气井深入含水层饱水带中，通过正压曝气，使空气扰动水体而促进有机物的挥发，该技术是去除土壤和地下水中挥发性和半挥发性有机物的最有效的方法之一。

（2）电动修复技术

电动修复技术是利用电动效应将污染物从地下水中去除的原位修复技术。电动效应包括电渗析、电迁移和电泳。电渗析是在外加电场作用下使土壤孔隙水产生运动，主要去除非离子态污染物；电迁移是离子或络合离子向相反电极的移动，主要去除地下水中的带电离子；电泳是带电粒子或胶体在直流电场作用下的迁移，主要去除吸附在可移动颗粒上的污染物。电动修复技术在应用过程中常出现活化极化、电阻极化和浓差极化等现象从而导致处理效率降低。后来，为了增强该技术的修复能力，有许多学者又开始寻找一些化学强化剂，以提高修复效率。

2. 化学修复技术

化学修复技术主要是利用氧化还原试剂与地下水中污染物发生反应从而达到净化效果的一种地下水污染原位修复技术。常见的有原位化学氧化技术。

原位化学氧化（*in situ* chemical oxidation，ISCO）是将化学氧化剂引入地下，通过氧化作用去除地下水中的污染物。ISCO 技术所采用的氧化剂种类很多，如二氧化氯、Fenton 试剂、高锰酸钾和臭氧等。

3. 生物修复技术

生物修复技术是一种通过微生物的吸收、吸附、降解等作用净化地下水中污染物的原位修复技术，即原位微生物处理技术。该技术增加了许多人为干预手段，如将空气、营养、能量物质注入含水层中促进微生物的降解等。

微生物修复技术是指利用土著微生物、基因工程菌、外来微生物等将污染物转化为水、二氧化碳或其他无毒化学物质的工程技术手段。地下水中溶解氧含量低、营养物质少，实际修复过程中往往需要提供营养物质和氧源以提高效率。微生物修复技术具有高效低耗等优点，对待修复场地有水力变化梯度小、含水层渗透系数高和岩土分布较均匀等要求。该项技术的主要局限性在于，微生物分解速率慢、含水层易被堵塞、达到修复目标所需时间较长。到目前为止，微生物修复作为独立技术应用的比例不足 10%，其原因就在于耗时长、修复条件苛刻、难以对修复速度及程度做出预测、可靠性不如其他技术等。但微生物在许多技术手段中都起着不可忽视的作用，特别是微生物修复技术与可渗透反应格栅技术配合使用则更为常见，活性填料为微生物提供附着位点、碳源、电子供体及营养物质等。厌氧生物反应屏障成功地将可渗透反应格栅技术与微生物修复技术结合到一起，用于硝酸盐、磷酸盐、石油烃等多种污染物治理。

4. 可渗透反应格栅（墙）修复技术

可渗透反应格栅（permeable reactive barrier，PRB）是一个填充有活性反应介质的被动反应区，污染物通过与反应介质发生吸附、沉淀、过滤、降解等作用从而将其从地下水中去除。其中填充的活性反应介质可根据污染物的种类进行调整，但都应具有抗腐蚀性好、活性持续久、粒径均匀等特点。可渗透反应格栅技术是在污染地下水流的方向上，挖开一条狭长的槽，设置一道填充有反应性材料的可渗透反应屏障来拦截和净化污染羽流，零价铁、活性炭和微生物填料是最常见的反应屏障填充物质。可渗透反应格栅技术具有可持续原位处理多种污染物、无需地面储水单元、无潜在的介质污染等优势，已逐步取代运行费用较高的传统抽提技术。该技术的不足之处是设施全部安装在地下，若发生堵塞则介质更换较麻烦。实际应用中，可渗透反应格栅一般可有连续墙式和漏斗-导门式两种基本构型，其选择取决于各个地方的水文地质特征和反应材料成本。

地下水污染处理技术发展至今，已出现数十种技术。不同的技术其适用条件往往不同，实际的污染场地由于水文地质条件、污染物性质等不同，情况往往十分复杂，需根据污染场地实际情况，采取一种或几种技术联用方可达到根除污染物的目的。

三、耕地污染生态修复技术

目前常见的耕地污染修复技术主要有三种，第一种为物理修复技术，主要有工程措施、热解吸、电解吸等；第二种为化学修复技术，主要包括淋洗、络合、固化/稳定化、离子拮抗等；第三种为生物修复技术，主要包括植物、动物、微生物及联合修复等，需要根据污染程度选择适合的修复方法，才能为人们提供安全放心的农产品。

关于复合污染土壤修复的研究主要集中在重金属复合污染、有机污染物复合污染、重金属-有机污染物复合污染 3 个方面。修复的技术手段主要集中在污染土壤的植物修复、微生物修复、物理修复、化学修复等单一和联合修复手段。

（一）生物修复

生物修复包括植物修复、微生物修复、动物修复及联合修复。其中，植物修复（phytoremediation）技术是一种经济有效的重金属污染土壤修复技术，具有修复效果好、成本投入低、易于操作和管理等优点。植物修复技术是利用自然生长或遗传培育植物的吸收、降解、挥发、根滤、稳定、泵吸等作用去除土壤中的污染物，或使污染物固定以减轻其危害性，或使污染物转化为毒性较低的化学形态。根据其作用过程和机理，重金属污染土壤的植物修复技术可分为植物提取（phytoextraction）、植物挥发（phytovolatilization）和植物稳定（phytostabilization）三种类型。植物修复主要是通过植物挥发、植物固定、植物吸收对重金属污染进行修复。

微生物、植物及植物微生物协同作用对有机污染土壤均具有很好的修复效果，其中协同作用的修复效果尤为突出。例如，紫苜蓿（*Medicago sativa*）-海州香薷（*Elsholtzia splendens*）混作、紫苜蓿-海州香薷-伴矿景天（*Sedum plumbizincicola*）混作种植，可有效增强植物对土壤中多氯联苯（polychlorinated biphenyl，PCB）的吸收富集能力。紫苜蓿和多年生黑麦草混作种植对土壤中多环芳烃（polycyclic aromatic hydrocarbon，PAH）的去除率显著提高。通过富集筛选 PAH 降解混合菌群对土壤中总 PAH 的降解率显著高于单一菌株。因此，利用混合菌群来修复土壤 PAH 复合污染是一种十分有效的方法。

（二）物理修复

土壤物理修复方法主要包括：客土、翻土、换土、去表土法，热处理技术，热解吸技术等。客土、翻土、换土、去表土法主要是用清洁土壤将受污染土壤全部或部分换掉，或在重金属、有机物污染土壤上覆盖一层清洁土，降低土壤中的重金属、有机物含量。热处理技术适于易挥发重金属污染土壤的治理，如 Hg 等。另外，热解吸技术是采用某种方式对重金属、有机污染土壤进行加热，当达到一定温度时土壤中的某些重金属、有机物将挥发，收集后集中处理，从而达到去除重金属、有机物污染的目的。

（三）化学修复

化学修复就是利用一些改良剂与污染土壤中的重金属、有机物发生化学反应，通过改变土壤的 pH、Eh 等理化性质，经氧化还原、沉淀、吸附、络合、螯合、抑制和拮抗等作用钝化土壤中的重金属及降低土壤中重金属、有机物的活性，达到治理和修复重金属、有机物污染的目的。化学修复主要包括溶剂萃取法、化学淋洗、氧化法、还原法、钝化技术、施加改良剂及电动力学修复等。

（四）联合修复

总体来说，单一的生物、物理、化学等修复手段对污染土壤的修复效果并不明显，而联合修复技术的使用一定程度上克服了单一修复手段的缺点，很大程度上提高了复合污染土壤的修复效率、降低了修复成本。最为普遍的联合修复技术有多种物料联合修复、多种生物联合修复、生物-化学联合修复、生物-物理联合修复等。有机物料复合修复土壤不但能改善农田污染土壤的 pH 和有机质，还能降低土壤中重金属提取态的含量；如在酸性重金属复合污染土壤中，同时添加碱性材料和有机材料能有效钝化重金属，含磷材料和牛粪生物炭是理想的土壤 Pb、Zn、Cd 污染修复材料，含磷材料、牛粪生物炭和水稻秸秆生物炭均可促进 Pb、Cd 从不稳定态向稳定状态转化。在生物-化学联合修复中，施加 EDDS（乙二胺二琥珀酸三钠）和 EDTA（乙二胺四乙酸二钠）能够显著增强苎麻（*Boehmeria nivea*）植株各部位铅、镉的含量，有效提升苎麻对农田土壤中重金属的修复效果；土著植物狗尾草（*Setaria viridis*）、香根草（*Chrysopogon zizanioides*）、海州香薷（*Elsholtzia splendens*）、巨菌草（*Pennisetum giganteum*）分别与石灰联合能够促进对 Cu、Cd 复合污染土壤的修复效果；在生物-物理联合修复中，电动力和植物修复相结合能够有效地去除污染土壤中的 Pb、As 和 Cd，提高重金属的生物可利用性。

四、场地污染生态修复技术

目前常用的场地污染生态修复技术主要有三种：物理法、化学法及生物法。

（一）物理法

常用的物理处理方法包括土壤置换（soil replacement）、土壤淋洗（soil washing）、玻璃化（vitrification）、热处理技术等。

1. 土壤置换

土壤置换包括客土法、换土法、深耕翻土等，即将污染严重的土壤部分或全部移除，或者是与干净土壤进行混合，降低污染程度。该技术并不复杂，治理效果也比较彻底，但工程量较大、费用成本高，后续仍需对污染土壤进一步处理，故一般适用于严重污染的小块区域。

2. 土壤淋洗

土壤淋洗是利用淋洗液将土壤中的重金属、有机污染物等冲洗出来，再回收含重金属、有机污染物的废水进一步处理的技术，该技术主要需要考虑土壤质地和淋洗液的选择问题，一般沙质和粒状土壤会比黏性土壤更适用，淋洗液的种类也较多，常用的淋洗液包括草酸、柠檬酸、EDTA（乙二胺四乙酸）等，并且这种技术费用高，后续处理也比较麻烦。

3. 玻璃化

玻璃化就是将电极插入土壤中，经 1600~2000℃ 的高温处理，使有机污染物和一部分无机化合物如硝酸盐、硫酸盐和碳酸盐等得以挥发或热解从而从土壤中去除的过程。熔化的污染土壤冷却后形成化学惰性的、非扩散性的整块坚硬玻璃体，有害无机离子得到固化，该技术处理效果较为彻底，但能耗大，价格昂贵，不适于对大规模场地污染土壤修复。

4. 热处理技术

热处理技术具有良好的处理效果和较短的处理周期，土壤热脱附修复技术是利用间接或直接的加热方法，将土壤加热至特定温度，使土壤中的挥发性、半挥发性污染物挥发或与其他物质发生共沸，或发生分解反应，达到消减土壤中污染物的效果。尤其针对有机污染土壤，热处理对污染物去除较为彻底。根据修复模式的差异，热处理分为原位热处理和异位热处理；根据传热方式的不同，热处理包括热传导、电阻加热及蒸汽加热等；根据好氧厌氧条件，热处理又分为焚烧、热氧化和热解等。

（二）化学法

常用的有固化（solidification）、稳定化/钝化（stabilization）及电动修复（electrokinetic remediation）等。

1. 固化

固化是在污染土壤中加入固化剂如水泥、沥青等，使污染土壤固定不动，防止对周围环境要素的污染。土壤固化剂的核心是使土体颗粒与固化剂发生物理化学反应，优化土体颗粒之间的接触面，填充土体颗粒间的孔隙，密实土体结构，使颗粒间的联结更为紧密。土壤固化剂依据化学反应原理，大致可分为无机固化剂与有机固化剂。无机土壤固化剂遇水发生水化反应，生成水化硅酸钙、水化铝酸钙等胶凝状物质，从而与土体中活性成分相结合生成针状物质，大量此类物质作为骨架结构支撑土体，并形成致密的空间网状结构，在增强土体力学特性的同时，紧锁土体内重金属离子，或形成难溶性沉淀，由离子态转变为化合态，以达到固化/稳定化的目的。而有机土壤固化剂主要依靠聚合反应，通过高聚物大分子的屏蔽作用，形成络合物，胶结土体颗粒。

2. 稳定化/钝化

稳定化/钝化是向污染土壤中投加钝化剂，降低重金属等污染物在土壤中的迁移率、生物有效性和生物可及性。常用的钝化剂按材料可分为无机和有机两类，按种类可分为单一和复合，目前复合型重金属、有机污染土壤比较难处理，而复合钝化剂可以取得较好的钝化效果。

3. 电动修复

电动修复即在含有饱和污染土壤的电解池两侧建立适当强度的电场梯度，重金属通过电泳、电渗流或电迁移向一端迁移，减少污染。电动修复技术适用于面积小、污染物类型多样、污染重、深度数米和要求快速处理的场地污染土壤的修复。但电动修复技术在场地污染土壤的修复中仍存在修复现场的电源供应、电极设置、对土壤及地下水二次污染的风险评估、含有污染物的电解液的处理和循环利用等问题。同时，绝大多数污染场地均为复合污染，因此发展针对多种污染物的电动强化修复技术是未来的发展趋势之一。电动修复技术作为污染场地修复的技术选择之一，已表现出一定的优越性和竞争力，因此加强场地环境污染的电动修复研究将会促进我国场地污染修复技术的研究。

（三）生物法

生物法主要包括植物修复（phytoremediation）和微生物辅助植物修复（microbial assisted phytoremediation）。

1. 植物修复

植物修复就是利用植物挥发、植物稳定化、植物提取来去除土壤中的重金属。植物修复是重金属污染场地控制和管理的重要生态修复技术。其中应用最广、最行之有效的是植物提取技术，也称为植物萃取，即通过植物从土壤中吸收重金属，再将植物收割统一处理，可以降低或去除土壤中的重金属。该技术的关键在于要选择生物量大、生长快、重金属耐性强、富集系数高的植物进行种植。理想的植物应具备下列特征：①地上部分具有超积累重金属的能力；②对盐分和有毒金属耐受性；③生长快和生物量大；④分布广泛，根系发达；⑤易于培育和收获；⑥抗病虫害。到目前为止，已有超过500种植物被鉴定为重金属超富集植物。其中最具代表性的有十字花科、菊科、景天科、石竹科、大戟科、菖蒲科等，以及拥有巨大生物量的巨菌草（*Pennisetum giganteum*）、皇竹草（*Pennisetum sinese*）等对重金属有富集潜力的植物。植物修复具有处理效果好、不影响土壤结构、成本低等优点，但也具有修复周期长、修复元素单一等缺点，会在一定程度上制约对其的使用。植物修复与电动修复技术（利用低压直流电除去受污染介质中的有机和无机污染物）结合，可以提高受污染土壤中金属的流动性，促进植物吸收，从而提高植物修复效率。

2. 微生物辅助植物修复

微生物辅助植物修复是一种利用土壤-植物-微生物组成的复合体系来共同去除环境污染物的治理技术。对场地土壤中的重金属、有机污染均有明显的修复效果。植物生长时，通过根系提供了微生物旺盛生长的生活场所，反过来，微生物的旺盛生长，增强了对污染物的降解，促使植物有更加优越的生长空间，这样的植物-微生物联合体系就促进了污染物的快速降解和矿化。

虽然现在也有利用动物（如蚯蚓、鼠类等）进行场地污染修复，但该技术尚在研究之中，未能进行实际有效应用。

五、固体废物处置技术

固体废物无害化处理处置技术是固体废物最终处置的技术。固体废物经过分选、破碎、压实和固化等预处理工艺，进行填埋、焚烧、堆肥和海洋处置等最终处置措施，实现有用资源回收，减少固体废物对环境的污染。

（一）填埋法

填埋法是大量消纳固体废物的有效方法，也是最终的处置办法。它是将固体废物存储在经过防渗处理的相对封闭的设施内，通常设置在陆地上面。填埋法处理量大、管理方便易行、处理成本低及适应性强，对于经济相对落后且土地资源宽裕的地区优势显著。在我国城市固体废物处置中一直占最主要的地位，处置的固体废物占总量的60%以上。但由于固体废物中常混有金属、塑料和其他有机废物，在填埋过程中会产生重金属和其他污染物质。同时，固体废物渗滤液也是一个严重的污染源，其中有机污染物及重金属含量较高，严重威胁着土壤环境及人体健康。

（二）焚烧法

焚烧法在我国是一种应用范围最广的固体废物高温处置技术，也是处理固体有机废物最有效、最彻底的方法。它是将固体废物置于高温炉中，使其中可燃成分充分氧化，最终转换成水与二氧化碳，经由净化操作后直接排入大气。该技术常采用全封闭模式，以规避污染物泄漏，不仅节约土地资源，而且焚烧热量可回收用于发电和供暖等，适用于人口密集、土地资源紧张的区域。但对焚烧技术水平、人员素质和技术管理有较高的要求，具有经济成本较大、垃圾预分选困难等特点。焚烧的过程中不仅会产生焚烧残渣，还有硫氧化物、氮氧化物、二噁英等大气污染物，而且产生的飞灰中还携带了重金属和多环芳烃等二次污染物，极大地威胁着环境安全和居民健康。

（三）堆肥法

堆肥是指生物质有机物在微生物的作用下，进行生物化学反应，最终形成一种类似腐殖质的过程。产物可用作肥料或土壤改良剂。堆肥技术处理成本低、操作简单、能实现废物资源化利用。堆肥用于农田，可改善土壤结构、增强土壤肥力。该方法主要适用于固体废物中可生物降解有机物含量高的情况。但是由固体废物处理形成的肥料可能存在重金属的累积和污染等问题，仍存在一定的环境风险。

（四）海洋处置技术

海洋处置分为海洋倾倒与远洋焚烧两大类，海洋倾倒是利用海洋的微生物环境和海洋内的化学过程将危险废弃物的毒性分解或冲淡驱散，使得危险废弃物的毒性降低到相对于大环境可以忽略不计的程度。远洋焚烧则是用专门设计制造的焚烧船将危险废弃物进行船上焚烧的处置方法，废物焚烧后产生的废气通过净化与冷凝器装置，冷凝液排入海中，气体排入大气，残渣倾入海底。海洋焚烧的废弃物一般为液态有机废弃物，有机化合物或有较高能量的危险废弃物，含有大量的毒性金属和超量非毒金属的废弃物不适合远洋焚烧。但这两种方法的缺点在于：超过水体自净能力或投弃的废弃物难于在水体中净化，会造成严重的生态问题，并且这两种方法的负效应又具有长期潜伏性、难以预测性、影响范围广泛性。实质上该方法除了有部分污染物得以水体净化外，大部分污染物质只是在位置上进行了全球转移。这两种方法会严重污染海洋水体，破坏海洋生态平衡，甚至威胁整个生物圈，存在严重的生态问题。

（五）热解法

有机固体废物具有热不稳定性，热解法利用这一特点使有机固体废物在无氧或缺氧的条件下受热分解。因其温度较焚烧法低很多，所以可以从有机固体废物分解产物中直接回收燃料油和燃料气等。热解法主要适用于处理有机废渣、油泥、有机污泥等有机物，该方法对设备要求较高，但热解可以产生无菌废渣，且热解后的气体能与煤气混合使用；热解原料可以是固态废物、液态废物、油或含塑料垃圾等。热解工艺不易发生机械故障，与焚烧技术相比，具有处理范围更广、针对性更强、更环保及可以得到更具有价值的副产品等优点，已形成许多成熟的工艺和操作方法。已有对废旧塑料、有机污泥、废轮胎等固体废物采用流化床热解工艺制取燃气及燃料油的研究与应用。

（六）厌氧沼气工程技术

厌氧沼气工程技术是在温和条件下利用厌氧微生物对生物质有机组分进行分解，分解后的残渣和沼液是优质的有机肥料，可用于农田土壤的改良，同步产生大量高热值含甲烷的沼气作为清洁燃料，能明显降低温室气体排放量，是最有前景的生物质能利用技术之一。厌氧沼气工程技术应用已非常成熟，具有能耗低、二次污染少、可产生清洁能源等优点，因此与其他处理技术相比，具有明显的环境优势和更高的投入产出效益。随着高效预处理技术、特效菌种的研发及过程控制技术的提高，其优势和潜能将会越来越明显，厌氧沼气技术在我国厨余垃圾处理方面推广应用有巨大的潜力。

六、矿山生态修复技术

在矿山生态恢复前期必须采取一些物理、化学、物理-化学联合修复技术，以及微生物-化学联合修复技术，可以快速固化，直接消除有毒有害物质，为后续的矿山生态恢复创造良好的条件。

矿山废弃地生态恢复技术核心是对地表植被的恢复及重建，地表植被的恢复与重建需要经历三个过程：在矿山废弃地植物群落恢复的前期阶段，具有极强环境适应能力的禾本科、豆科、菊科草本植物会成为先锋植物；在植物群落恢复的中期阶段，大量的灌木和乔木植物群落逐步出现，植物群落的多样性有了明显的改善；在植物群落恢复的末期阶段，植物覆盖率不断增加，草本性植物的多样性及覆盖面积要远远超过灌木及乔木的群落。

通常矿山废弃地自然恢复植被物种多样性高于人工恢复植被，从长远来看自然恢复效果要优于人工恢复，但矿山废弃地自然恢复过程十分漫长，因此矿山废弃地生态修复要考虑长期的潜在价值和深远的修复目标，深入研究矿山废弃地植被结构特征及其演替方式，结合成熟的人工修复技术，更好地进行矿山废弃地生态修复。矿山废弃地生态修复技术应以生态技术理论为基础，基于目标修复场地的实际情况，制定相应的生态恢复手段，并制定严格的恢复顺序，最终达成对废弃地的重建及资源的继续利用。在整个恢复过程中，最为重要的环节是对废弃地自然条件的精准评估和适宜性评价，根据评估结果，针对矿山废弃地的实际情况制订生态修复的具体计划，采用边坡稳固、土壤置换、土壤种子库、植物物种选配等具体的修复手段，实现矿山废弃地的生态修复与重建。

在矿山废弃地的评估方面，我国目前沿用的方法及标准尚未统一，从自然、社会、经济三个角度将矿山废弃地分为 4 类 14 个亚类，并详细划分出 6 个等级。有些学者则从矿山的坡度、土壤厚度及基础条件、土壤风化程度，生态恢复的综合工程量、恢复方式、恢复所需技术等角度将矿山废弃地划分为 6 个大类别及 25 个立地类型，并根据不同的立地类型提出了不同的生态修复方案。具体技术包括以下几个方面。

（一）生态护坡技术

生态护坡技术在矿山生态修复应用中的研究已比较成熟，如国外的种子喷播技术、挂双向格栅技术、生态多孔混凝土绿化技术等。国内的喷混植生技术、植被混凝土护坡技术、液压喷播技术、客土喷播技术和厚层基材喷射护坡技术等。近年来，生态护坡技术在矿山生态修复工程中应用广泛。

（二）土壤改良技术

土壤是矿山废弃地修复中最为重要的限制性因子，因此对土壤条件进行改良也是矿山废弃地生态恢复工作的重点及难点。土壤改良的方法较多，但从技术类别角度可以分为物理改良法、化学改良法、生物改良法三种类型。

物理改良法是采用排土、换土、客土等具体的施工方法，实现对土壤条件的改良。物理改良技术一般不单独应用，通常作为化学改良及生物改良的预处理技术，在使用其他改良技术前，通过物理改良法改变土壤密度及土壤结构，如果土层过薄或土壤中污染物成分严重超标，客土法收效最为明显。

化学改良法是根据实际的土壤条件，以及土壤中有机物含量和污染元素种类，向土壤中加入相应的材料及化学试剂，实现改良土壤条件的目的。目前常用的添加剂有堆肥、粪肥、木屑、无毒有机污泥等，可以增加土壤肥力，降解土壤中有害元素。城市污泥获取难度低，同时污泥中含有大量的营养元素及有机物质，并具备适当的黏性及持水性，可以有效地提高土壤的肥力。石灰和碳酸钙类添加剂适用于酸度较高的废弃地土壤改良，通过酸碱中和的作用，可以有效降低土壤酸性，减少土壤中重金属离子的含量。

生物改良法是目前最为高新的土壤改良技术，通过植物及在土壤中加入土壤动物及微生物，利用其生命活动及特定的代谢产物，来实现对土壤条件的改良。目前常用的生物改良植物有豆科植物及杨梅、沙棘、蜈蚣草等。近年来利用植物来提取和降低矿山废弃地土壤中的重金属为土壤改良提供了新途径。此外，通过现代生物技术，克隆耐重金属污染的基因，从而用于改良和培育矿山废弃地重金属富集的植物种类。在矿山废弃地景观营造过程中，应该合理选用绿色植物，要从景观层面上出发，在矿山废弃地进行科学合理的植物选择与种植方案设计，确保达到改良土壤、美化环境和修复生态的目的，并具备硬质景观的柔化协调与空间造景功能。我们要从矿山废弃地实际环境情况出发，在景观营造上做到以下几点：①结合适应栽植地段立地条件，选择相应的适生种类，并具备抗旱、耐湿、抗污染、抗风沙、耐瘠薄和抗病虫害等性能，或者是选择经济价值较高的种类；②尽量采取乡土植物与先锋植物，这样可以快速实现对矿山废弃地的生态修复，也提升了景观营造效果；③可以种植一定数量的固氮植物，能促进土壤的改善；④在达到生态功能要求的基础上，注重植物的色、香和形等，确保植物造景需求得到满足。

动物改良。动物改良技术主要是利用蚯蚓、线虫、蜘蛛等土层动物改善土壤理化性质的修复方法。这些土层动物不仅具有对恶劣环境良好的适应性,而且其自身的活动及生命代谢可以有效改善土壤的性质,提高土壤的肥力,并通过富集重金属作用去除土壤中的重金属含量。除此之外,土层动物的活动还可以有效地疏松土壤,如蚯蚓的活动可以极大地增加土壤孔隙,并且自身的排泄物可以有效提高土壤的肥力,增加土壤内部的氧含量和水含量,提高土壤中微生物的活动程度,增加土壤肥力。另外,土壤动物进食和消化土壤中的有机物可以分解并将其转换为容易被植物利用的有机酸,同时,可以降低一些重金属的毒性,从而提高传统生物土壤修复的效果和速度。

微生物改良。微生物改良技术是指利用微生物减少土壤中污染物及提高土壤肥力的方法。例如,硫酸盐还原菌可用于还原和去除采矿业酸性矿山废水中的大量硫酸盐,还与废水中的重金属一起沉淀。除此之外,微生物还可以利用有机废物,同时固定空气中的 N_2,改善了土壤的物理和化学性质。微生物改良技术是自然过程,对环境影响小,并且可以大大降低有机污染物的浓度。微生物改良技术较为复杂,耗费时间较长,并具有一定的特异性,因此微生物修复技术的应用仍然有很大局限性。

(三)植被物种选配及种植技术

矿山生态修复中,植被物种的选配和对应的种植技术是矿山生态修复的重要环节。豆科、菊科、禾本科植物具有很强的适应性,是矿山生态修复先锋物种的较好选择,对改善土壤理化性质和营养状况效果明显;且具有根瘤和茎瘤的豆科植物是较为理想的先锋物种。在一些特殊地区,可以使用容器苗造林及添加高分子试剂等技术进行植被恢复。在特殊生境条件下,生态系统结构单一且脆弱,应加强其适宜物种的演替规律及其稳定性探索,加强植物群落演替与护坡技术耦合研究。

总之,在矿山生态修复中,一种修复技术往往具有一定的局限性,无法满足修复需求,多种修复技术结合可以相互补充,以达到最佳修复效果。植物-微生物联合修复技术可以协同特定的微生物,如菌根真菌的生命活动和生理代谢可以将水、酶和其他物质转移到附近的植物,从而促进植物的生长和土壤中重金属的转化、迁移,从而增加植物对重金属的富集能力。同时应用两种或更多种修复技术将产生协同效应,将大大克服单一修复技术的局限性,改善资源利用并增强生态修复的效果。因此,环境修复联合技术无疑将成为未来矿山环境修复研究的主要重点。但是,联合修复技术的组合是极其复杂的生化过程,比单一回收技术更容易受到环境影响,要求对每种技术都有一定的经验,增加了操作的复杂性。

七、环境监测技术

环境监测技术是支撑和保障环境管理的基础,不仅为环境污染防治提供决策依据,也为生态修复效果评估提供先进的技术手段。常用的环境监测技术有以下几种。

(一)常规化学分析法

常规化学分析法包括重量分析法、容量分析法,这些基础的化学分析方法一般不需借助精密的仪器,便于操作。重量分析法一般先用适当的方法将被测组分与试样中的其他组分分离后,转化为一定的称量形式,然后称量,由称得的物质的质量计算该组分的含量。在环境监测中,环境空气中细颗粒物($PM_{2.5}$)、可吸入颗粒物(PM_{10})、总悬浮颗粒物(TSP)和水中悬浮物、石油类物质、硫酸根等项目的测定仍使用重量法。容量分析法的实质是滴定分析法,通常将被测溶液置于锥形瓶中,将已知浓度试剂溶液滴加到被测溶液中,直到所加的试剂与被测物质按化学计量定量反应为止,然后根据试剂溶液的浓度和用量,计算被测物质的含量。在环境监测中,水中化学需氧量(COD)、生化需氧量(BOD)、酸碱度、总硬度等项目常使用滴定法。

（二）仪器分析法

由于环境中被测组分种类繁多、组分复杂、含量低,常规化学分析法不能满足日益增加的检测项目,仪器分析法因灵敏度高、选择性强,成为环境监测中重要的分析方法。目前仪器分析方法分为光化学分析、电化学分析、色谱分析、质谱法及其联用技术等。

在光化学分析方法中,分光光度法是基于物质对光的选择性吸收来测定物质组分的分析方法。在环境监测中,水中的总磷、总氮、游离氯等与大气及降雨中的硫酸盐、亚硝酸盐、硝酸盐、氯化物、铵盐、氮氧化物等均有使用分光光度法的国标方法。

原子吸收光谱法、原子荧光光谱法、原子发射光谱法、X射线荧光光谱法等光化学分析方法由于灵敏度高、干扰小,可以测定大多数元素,成为环境中有害元素分析的主要手段。土壤和水中的元素分析大部分采用原子光谱法。

电化学分析法包括离子选择电极、库仑分析、微库仑分析、极谱法和阳极溶出伏安法等。大气及烟道废气中氟的测定、水体中氟的测定等可以使用电化学分析法。

色谱分析法是一种快速分离分析技术,是利用混合物中待测组分在固定相和流动相中吸附能力、分配系数或其他亲和作用的差异而建立的分离测定方法。在环境监测中,气相色谱和液相色谱主要应用于土壤中残留农药和其他有机污染物的检测、大气及水体中有机污染物的检测。大气中的多环芳烃、甲醛等污染物,水环境中的酚类物质、除草剂、微囊藻毒素等都可以采用液相色谱法进行检测。离子色谱相对于常规化学分析,对样本中阴离子和阳离子的测定更加快捷和高效,水环境中的氟化物、氯化物、亚硝酸盐、硫酸盐等指标的检测和大气中 SO_2、NO_x、F^-、Cl^- 等的检测都可以利用离子色谱实现。

质谱技术的出现大大提高了检测的特异性和灵敏度,在环境监测中常用的质谱法有气相色谱–质谱联用技术(GC-MS),适合于多混合物中未知组分的定性鉴定,液相色谱–质谱联用技术(LC-MS)尤其适用于环境中农药残留的快速检测。这两种方法分别分析不同种类的化合物,互为补充,在大气、土壤、水质监测中发挥着重要作用。

除了有机质谱外,电感耦合等离子体质谱(ICP-MS)等无机质谱,具有分析精密度高、可进行多元素同时快速分析、可单独使用进行元素痕量分析等特点,在无机元素微量分析和同位素分析等检测中广泛使用,同时 ICP-MS 也可与离子色谱、液相色谱联用,进行元素形态与价态分析,对研究环境元素的毒性及其对生态系统的影响极为重要。

（三）物理监测技术

物理监测技术主要是应用于热、光、电磁辐射、噪声等一系列环境污染因素的测定，通过对物理因子强度和能量的测定，了解环境污染中物理因素所占比例。在土壤、水质、废物、空气的监测中，发挥了积极的作用。

（四）生物监测技术

生物监测技术是指利用生物个体、种群或群落对环境污染或变化所产生的反应，从生物学角度对环境污染状况进行监测和评价的一门技术，包括生物群落监测法、微生物监测法、生物残毒测定法、生物测试法、生物传感器技术、分子生态毒理学和分子生物学技术、遗传毒理学技术、生物标志物法等。利用生物对周围环境中出现的问题进行及时的反应，不仅可以快速有效地对环境中的变化做出处理，还能减少在检测过程中对环境的损坏，从而得到了监测人员的认可和应用。

第 二 部 分
环境污染生态修复的应用实践

第三章　水环境污染生态修复

摘要： 我国的江河湖库水体污染主要包括氮、磷等营养物和有机物污染两方面。本章主要介绍采用生态湿地、水生态重构及农业面源污染控制等生态修复技术从源头及末端进一步消减进入水体的污染负荷，并在水生态重构的基础上使水体水质持续向好的相关技术及项目实践。

生态修复是利用生态系统原理，采用各种技术修复受损伤的水体生态系统的生物群体及结构、重建健康的水生生态系统、修复和强化水体生态系统的主要功能，并能使生态系统实现整体协调、自我维持、自我演替的良性循环。目前采用的技术主要有三类：一是物理方法，如进行机械除藻、疏挖底泥、引水稀释等；二是化学方法，如加入化学药剂杀藻、加入铁盐促进磷的沉淀、加入石灰脱氮等；三是生物-生态方法，如放养控藻型生物、构建人工湿地和水生植被等。以上三类技术是当前的研究热点。

第一节　生态湿地及水环境修复治理技术及应用

以生态湿地控制来水水质，并通过水环境生态修复技术从根本上改善原水体水质及其生态环境。恢复水体的自我净化功能，使水环境得到根本治理和长期改善。

一、项目概况

（一）项目由来

项目投资 2500 万元，其中，银行贷款 2000 万元，地方资金 500 万元。

（二）项目内容

完成水库截污及治污工程、雨水收集净化处理工程、生态补水工程、内源污染治理工程、湖滨生态带修复工程。通过水环境治理和生态修复实现水库"水清岸绿、生态宜居"，水质达到《地表水环境质量标准》（GB3838—2002）的Ⅳ类标准的目标。

（三）调查与评估

1. 基本情况

水库总库容 57.2 万 m^3，其中，兴利库容为 27.8 万 m^3，调洪库容 27.7 万 m^3，死库容为 1.7 万 m^3，属小（2）型水库。工程等别为 V 等，主要建筑物大坝、溢洪道、输水涵洞为 5 级建筑物。水库校核洪水标准为 20 年一遇（P=5%），相应校核洪水位标高为

1536.94m；水库设计洪水标准为 10 年一遇（P=10%），相应设计洪水位标高为 1536.60m；正常蓄水位 1534.47m，死水位 1530.70m。境内多年平均降水量 1110.1mm，年均蒸发量 1269.7mm。

水库东面是县环城东路，环城东路以东是县农产品加工产业园区，根据发展规划，水库区域将成为未来的城市公园。

水库水质丰水期为Ⅳ类水质，枯水期为劣Ⅴ类水质。

2. 水库水质现状分析

根据现场调查发现，水库的补水来源主要是天然降水、雨水汇集形成的城市地表径流及部分地下水补给，无河流补水，加上日照时间长、水库蒸发量大，水库经常处于干塘状态。水库上游有大量农田，周边村庄环绕，雨季径流携带着这些污染物和大量泥沙排入水库，加上水库水体交换频率低，导致水库淤泥堆积，库容缩减，水质逐年恶化。

监测机构对水库水质进行连续监测。选用综合水质标识指数法，分单因子水质标识指数和综合水质标识指数两步进行，对该项目的水质进行综合判定。

根据监测结果显示，水库主要超标物质为 COD（化学需氧量）、TP（总磷）、TN（总氮）、氨氮和粪大肠菌群。

水库枯水期和丰水期综合水质标识指数结果表明：

1）丰水期水质优于枯水期；

2）丰水期总体水质为地表水Ⅳ类，位于地表水Ⅳ类标准范围离下限 90%的位置，接近Ⅴ类水，7 项综合水质评价参数中超标项数共 3 项；

3）枯水期总体水质为地表水劣Ⅴ类，位于地表水劣Ⅴ类标准范围离下限 10%的位置，接近Ⅴ类水，7 项综合水质评价参数中超标项数共 5 项；

4）水库主要污染因子中超标数较多，水质不稳定，整体水质呈现持续恶化的趋势。

3. 水库底泥情况

（1）底泥的垂直分布

调查表明：水库底泥主要是由周围河流及水土流失带来的冲积物及乡镇排放的污水、垃圾等污染物组成，具有十分明显的分层。其底部为湖积沉积物，仍保留着湖区周围土壤母质的岩相特征，其上发育着过渡层，上层发育着受人类活动影响的严重污染层。即底泥分为三层，第一层为严重污染层，第二层为污染过渡层，第三层为正常湖泊沉积层。

1）严重污染层底泥（A 层）。A 层多为黑色至深黑色淤泥，上部为稀浆状（A1），下部呈流塑状（A2），含大量有机质，有臭味，在湖区内广泛分布。该层沉积年代新、沉积速率快，为近年来人类活动的产物，也是湖泊污染内源的主要蓄积库。调查表明该层较厚，一般厚为 20～60cm。

2）污染过渡层底泥（B 层）。B 层颜色多灰黑色，流-软塑状，分布广泛，较 A 层紧实。该过渡层厚度较大，最厚处可达 0.8m，与下覆正常湖泥层之间有明显的界面。A 层与 B 层是本次疏挖工程的对象。

3）正常湖泊沉积层底泥（C 层）。C 层呈灰黑色、褐灰色、青灰色、灰黄色等不同颜色，多为黏质夹粉质黏土，质地密实，局部有草斑，少量含贝壳。

（2）底泥的水平分布

水库内污染层沉积厚度变化起伏较大，受河流影响明显。入库河口区呈明显的河口扇形堆积，有较厚的污染底泥。

（3）重金属污染情况

6 种金属为轻微生态危害，表明各重金属潜在生态风险水平较低。由于水库周边规模工业较少，无排放含重金属废水的工业，底泥中累积的重金属污染物不多。其中 Pb、Zn 及 Cu 等重金属的浓度均远远低于《土壤环境质量 农用地土壤污染风险管控标准（试行）》（GB 15618-2018）中三级标准，且各重金属潜在生态风险水平较低。故而，水库底泥在被疏挖送往底泥堆场堆放自然风干后，完全可以还堆场为农田、果园、绿化等，其中微量的重金属不会对农作物或苗圃果木等产生明显影响。

（4）有机污染情况

从底泥的氮磷浓度分布来看，严重污染层和污染过渡层中 TN 和 TP 含量比较高，正常湖泊沉积层有明显下降。

1）底泥中的总氮。典型底泥样品的分析结果表明，严重污染层、污染过渡层、正常湖泊沉积层底泥中总磷含量变化范围分别为 0.785～0.842g/kg、0.684～0.737g/kg 及 0.546～0.675g/kg，其平均值分别为 0.818g/kg、0.702g/kg 及 0.606g/kg。明显表现为严重污染层＞污染过渡层＞正常湖泊沉积层。

2）底泥中的总磷。底泥调查样品的严重污染层、污染过渡层、正常湖泊沉积层底泥中总氮含量变化范围分别为 0.351～0.892g/kg、0.246～0.518g/kg 及 0.216～0.405g/kg，其平均值分别为 0.651g/kg、0.403g/kg 及 0.310g/kg。明显表现为严重污染层（A）浓度远远高于污染过渡层（B）和正常湖泊沉积层（C）。

3）底泥中的有机质。调查区底泥的典型柱状样品数据表明：严重污染层、污染过渡层、正常湖泊沉积层底泥中有机质含量变化范围分别为 0.0122～60.0367g/kg、0.012～0.0298g/kg 及 0.0117～0.0235g/kg。明显表现为严重污染层（A）和污染过渡层（B）浓度大于正常湖泊沉积层（C）。

总之，底泥的严重污染层和污染过渡层中含有较高浓度的营养盐氮、磷及有机质，为此，本期环保疏挖工程中工程区选择严重污染层（A）及污染过渡层（B）为主要疏挖对象。

二、预期目标

对生态湿地公园水环境治理及修复是提升县域城市整体形象的重要举措，是促进县域经济社会发展的重要举措。

水库属于封闭性洼地，周围分布有村庄和大面积农田，村庄污染物和农田径流顺势排入水库，尤其是雨季，雨季径流携带着大量的生活垃圾、生活污水、农田径流和泥沙排入水库，一方面，对水库水质造成严重污染，泥沙在水库沉积，降低水库库容；另一方面，雨季水量较大，对水库造成冲击。

鉴于以上现状，拟对水库周围村庄和农田采取截污及治污措施，在湿地公园内建立海绵体系，截留园区雨水，库底淤泥采取内源污染治理及资源化利用，并对整个水库水体进行生态系统构建及修复，将水库恢复至地表水Ⅳ类水质。以下重点介绍生态湿地及水环境修复治理相关技术的应用。

三、项目实施技术

（一）雨水收集及海绵体工程

（1）收水措施

项目涉及海绵体工程的区域为硬化地面和绿地，西侧广场部分采用透水铺装（东侧不采用透水铺装），雨水收集后经排水沟管进入蓄水池回用，停车场周边绿地采用下沉式绿地技术对停车场雨水及其周边道路雨水进行收集，自然下渗后可涵养地下水，部分道路雨水经透水铺装收集后进入蓄水池回用。

（2）净水措施

项目设有湿地对其他区域雨水进行净化处理，海绵体工程区域西侧花海部分雨水经收集后进入湿地处理。

（3）蓄水措施

项目区域内收集雨水量较大，采用钢筋混凝土蓄水池进行储存。

（4）用水措施

项目采取"入渗利用+收集回用"的方式，采取下沉式绿地对停车场及其周边道路雨水进行收集下渗利用，充分涵养地下水资源，西侧广场雨水采用透水铺装（东侧不采用透水铺装），雨水经沟管收集后进入蓄水池回用，部分道路雨水经透水铺装收集也进入蓄水池回用。

根据《海绵城市建设技术指南》《室外排水设计规范》《给水排水设计手册》，项目工程主要包括排水沟、排水管、回用水管、蓄水池、透水铺装、透水管及下沉式绿地。其中，排水沟987m，排水管694m，回用水管2200m，沉砂池2座，蓄水池2座，透水铺装6058.5m^2，透水管2108m，检查井25座，下沉式绿地23 633m^2。

（二）内源污染治理及资源化工程

湖库底泥疏浚工程是解决湖泊内源污染、控制水体污染富营养化的一项重要措施。其目的是通过清除湖内污染底泥，清除沉积物中所含污染物，减少沉积物中污染物向水体的释放。改善基底的污染程度，增加湖泊容积和水体自净能力，为水生植物的重建及鱼、水鸟等生物的生活提供适宜的底质条件。

淤积主要集中在坝前库区、中部湖区，西部和北部湖湾区相对较少。水库底泥淤积总量35 986.3m^3。根据疏挖区工程勘察报告，水库污染底泥厚0.15～1.46m，多为黑色、流塑或软塑状、有臭味的近代沉积物，与下层粉质黏土有明显的界面。是污染物的主要蓄积库，是疏挖工程的对象。本次疏挖建议平均疏挖深度为0.7m。清淤边界如下：距离库岸 10m；距离大坝（坝址）10m。

（1）清淤实施工序

该项目采用排干清淤的方法施工。清淤主要采用人工清理、机械运卸配合使用挖掘机清淤的施工方法。

（2）自然干化

该项目共设置一块堆场，位于水库西侧，占地面积 7000m²。堆场地势较为平坦，为荒地。该堆场的场地土为软弱场地土，无不良地质现象；地下水类型为潜水，水位埋深在 1m 以上；且堆场可满足工程存泥量的需求。

（3）底泥资源化利用

水库清淤工程产生的底泥，经干化至含水率约为 50%的固体时，总质量约为 21 591.78t。污泥处置主要包括作为肥料和土壤改良剂用于农业、林业、园林绿化或低温热解利用及综合利用（建材利用）等。

根据查阅相关底泥的农业资源化利用试验结果显示，将底泥与土壤按体积比 1∶1 或 1∶2 混合，以及掺加秸秆、草炭等物料均能有效改善土壤的容重和比重，达到植物正常生长的要求。

综上，清淤底泥可回用作园林绿化种植土壤，主要采用以下方法进行处置利用：①在干化处理场内倒运过程中与外购客土按 1∶1 的比例进行配比掺和，既降低了底泥的容重、提高了孔隙度、改善了通透性，又能进一步充分利用淤泥中富足的有机质、有效氮、有效钾等营养元素，做到无害化处理；②为达到平衡施肥的目的，拟在与客土掺和前按 500g/m³ 的比例施用钙镁磷肥。

（三）湖滨缓冲带生态修复

水库湖滨带退化的主要原因是开垦农田，湖滨带的消退和农田的开垦造成岸坡侵蚀和水质恶化。因此，需对水库进行湖滨带修复，湖滨带作为水库水体保护的屏障，主要有以下功能。

1）对水陆生态系统间的物流、能流、信息流和生物流发挥过滤和屏障作用；

2）保持生物多样性并提供野生动植物栖息地；

3）发挥稳定湖岸、控制土壤侵蚀的护岸作用；

4）可提供丰富的资源、多用途的娱乐场所和舒适的环境。

水库湖滨缓冲带从湖岸道路边一直延伸到水域内 4.0m 的范围，包括湖岸绿化缓冲带和水域灌草湿生带。

湖岸绿化缓冲带：沿湖周道路设置宽 1.0～4.0m 的湖岸绿化缓冲带，面积为 5040m²，种植土厚度 30～100cm。

水域灌草湿生带：除水库西侧湿地和坝体处，其余水域均设置宽 4.0m 的水域灌草湿生带。面积为 3537.2m²，覆土厚度 30cm，靠近岸边铺设宽 1.2m、厚 40cm 的卵石作为雨水消能措施。

湖岸绿化缓冲带设置陆生乔灌木和草皮，水域灌草湿生带设置挺水植物和沉水植物，形成"陆生乔灌木-草皮-挺水植物-沉水植物" 4 个功能区，总面积为 10 000m²。

湖滨带优先选用当地植物树种，完成生态修复目标的同时，结合景观布局合理的原则。

湖滨带管理是生态系统管理的重要环节，加强退化湖滨带的管理是生态环境保护的重要工作。湖滨带管理是针对特定的生态系统进行的管理活动，其核心是湖滨带植被的正确管理，管理的目标是保护与湖滨带密切相关的各种资源和水生态系统，在发挥陆地生态系统和湖滨带本身最大效益的同时，使水体得到更好的保护和恢复。

要建立一个可持续的、健康的湖滨带生态系统，不仅应该注重湖滨带资源的管理和利用，更要注重湖滨带功能和生物多样性的重要作用，其措施之一就是建立植被缓冲带，以持久地保护水域和湖滨带物种。为此，湖滨带管理应该遵循以下原则。

1）生态功能优先，生态效益是湖滨带管理所追求的主要目标。因此，应按生态敏感程度，实施湖滨带的分区管理。湖滨带水位变幅区宜保持自然特征，陆生和水域可进行有限度的、合理的开发利用，同时应提高自然资源的利用价值。

2）要实行整体性管理原则。在景观尺度上进行湖滨带管理，保护和恢复湖滨带的生物多样性，而不要以简单的行政区划和小尺度的局部视野来实施湖滨带管理。

3）湖滨带功能的恢复还应包括对洪水的管理，改变人为的影响因素（如围垦）等。

4）关注社会对湖滨带资源的需要，使之尽可能与可持续的资源利用方式和湖滨带生态功能保持一致，控制湖滨区污染和生态破坏。

（四）水生态系统构建

1. 技术原理

（1）稳态转换理论与富营养化浅水湖泊生态系统转换

富营养化浅水湖泊生态系统存在多稳态现象，在相同的环境条件下（如负荷），浅水湖泊可能存在以大型水生植物为主的清水态和以浮游植物为主的浊水态，而这两种状态在一定的外部干扰下可以实现转换。这为富营养化浅水湖泊的生态修复提供了生态学依据。

（2）生物操纵（食物网操控）

浮游植物的生物量不仅与营养物质有关，也与鲤鱼密度有关，鲤鱼大大降低浮游动物的数量，进而使浮游植物生物量增加。生物操纵主要通过去除食浮游动物鱼类或放养肉食性鱼类来降低浮游生物食性鱼的数量，调控浮游动物的群落结构，促进摄食效率高的植食性大型浮游动物，特别是枝角类的发展，从而提高浮游动物对浮游植物的摄食效率，最终减少浮游植物生物量。

（3）富营养化浅水湖泊生态系统修复的趋势分析

根据上面的分析可以看出，以大型水生植物恢复为主的生态系统修复已经逐步成为富营养化浅水湖泊治理的主要途径。同时，经典的生物（食物网）调控可以有效地控制藻类，提高透明度，为水生植被恢复创造条件，促进水生植被发育，同时增加生物多样性、提高生态系统的稳定性和自净能力。因此，在改善外界环境条件（如外源控制、削减风浪等）的同时，将大型水生植被恢复与食物网调控结合起来，恢复受损生态系统，将是富营养化浅水湖泊治理的主要发展方向。

（4）水生植被的作用与恢复的主要控制因子分析

水生植被丰富的水体水质清新，其对水质的影响是通过多种途径与机制实现的，虽然目前的了解很有限，主要有对污染物的直接吸收、固定沉积物、控制沉积物再悬浮、他感作用控制藻类、为浮游动物提供避难所提高浮游动物的牧食率等。而影响水生植被的环境因子主要有水深、浊度、风浪、沉积物等。

2. 设计思路

根据水体形态及岸线发育，本次清水型生态系统的构建分为湖滨生态净水廊、敞水生态保育与水质涵养区。

湖滨生态净水廊：主要在岸线向内延伸 4m 水体，进行适宜浅水水域的水生生物群落构建，同时满足对地表径流具有净化和拦截作用的水生维管束植物群落布置。提供定居性鱼类人工产卵场所，同时通过腹足类底栖动物对地表径流输入的水草附着物进行牧食清除。

敞水生态保育与水质涵养区：主要在开敞水域，种植适宜静水生长的高等维管束水生植物，为鱼类提供觅食和栖息之所，同时通过双壳类底栖动物对底泥悬浮起来的有机质进行牧食过滤。

3. 清水型生态恢复工程设计

（1）病虫害防治工程

湖区清淤防渗后，陆生土壤仍然存在对水生植物有害的如致病菌等生物。为了满足清水型生态恢复的基础条件，需对防渗覆盖的土壤进行病虫害防治。防治实施面积 35 248m²。

（2）微生物-沉水植物功能群设计

微生物为生态系统核心净化功能群，该项目采用种植水生植物、营造生境、促进系统有益微生物生长并且持续发挥净化能力。

高等水生植物为生态系统重要的初级生产力，也是生态系统的核心组成部分，以沉水植物群落为主。

构建水体岸域向水线内延伸 4m 为湖滨生态净水廊，面积 3538m²；构建敞水域生态保育与水质涵养区，构建面积 35 248m²。

根据其区域气候、地质地貌、周边区域情况，沉水植物拟选择黑藻（*Hydrilla verticillata*）、苦草（*Vallisneria natans*）为优势种，金鱼藻（*Ceratophyllum demersum*）、微齿眼子菜（*Potamogeton maackianus*）为伴生种。

沉水植物配置原则：①优势种+伴生种群落式片植；②依据沉水植物生态位由高到低、由近及远；③植物混植，群落式配置。

（3）水生动物功能群设计

1）大型底栖动物-有机质分解功能群构建。底栖动物选择褶纹冠蚌（*Cristaria plicata*），工程实施水域为敞水生态水质保育区，沉水植物种植面积 35 248m²。

2）大型底栖动物-鱼类功能群构建。根据球形无齿蚌（*Anodonta globosula*）放养密度及浮游植物控制作用设计，该工程全湖投放黄颡鱼（*Pelteobagrus fulvidraco*），投放面积 38 786m²。

3）鱼类-浮游动物功能群构建。根据鱼类的生活及牧食习性，构建草食性、腐食性、肉食性鱼类群落。鱼类选择乌鳢（*Channa argus*）、四川鲴（*Xenocypris sechuanensis*），投放面积为 38 786m²。

（4）生态系统结构优化调整工程

优化调整工程包括：改变清水型生态系统结构；通过人为设计与自然设计有效结合，实现营养盐-浮游生物-沉水植物-大型底栖动物-杂食性鱼类-肉食性鱼类等群落的优化调控，使清水型生态系统结构合理、健康，充分发挥作用，稳定、长效运行。综上所述，生态系统结构优化调整工作是生态系统后续稳定、长效运行的重要基础。

（五）生态补水及水质净化工程

1. 生态补水

根据相关气象资料，整个水库水生态系统的水量损失约为 250m³/d。考虑 1.2 倍余量，设计水库库区补水量为 300m³/d。根据项目区现场调查，水库上游汇水面积较大，雨季地表径流直接排入水库，该部分雨水也是水库的主要补水水源。因此，将水库补水分为旱季和雨季补水，旱季从听湖水库调水进行补水，雨季接纳地表径流进行补水。

2. 水质净化工程

生态湿地公园致力于打造一座以湿地为主的景观公园，基于公园的湿地景观理念，该项目选取人工湿地作为主要的水质净化工艺。人工湿地主要是利用土壤、人工介质、植物、微生物的物理、化学、生物三重协同作用净化水质，作用机理包括沉淀、吸附、滞留、过滤、氧化还原、微生物分解、养分吸收等。

（1）设计水量

根据项目区土地情况，分别设置三个湿地，湿地处理规模分别为，北侧 1 号湿地接纳北侧农田径流汇水，设计处理规模 4000m³/d；北侧 2 号湿地接纳西北侧村庄汇水和东北侧海绵体收集的雨水，设计处理规模 1550m³/d；西侧 3 号湿地接纳西侧农田径流汇水和海绵体收集的雨水，设计处理规模 460m³/d。

旱季，从听湖水库抽水 250m³/d 补充水库，补水经调蓄池进入 2 号湿地进行处理，同时作为 2 号湿地的生态需水，1 号湿地由水库补水 400m³/d，作为湿地的生态用水量，同时发挥循环并净化水库水质的作用。

（2）设计进出水水质

进水水质。人工湿地处理系统共接纳三类水：一是听湖水库补水，二是水库自循环水，三是水库上游汇水区雨季径流。水库水质为地表水 V 类，听湖水库和水库上游汇水区径流的水质监测结果见表 3-1，根据各水质分析结果，选取各污染指标中浓度最高者作为进水水质指标。

表3-1　设计进出水水质表

类型	COD$_{Cr}$	BOD	TP	TN	NH$_3$-N
北侧进水水质/（mg/L）	120	80	0.7	5.5	2.5
西侧进水水质/（mg/L）	70	35	0.2	3.5	0.7
出水水质/（mg/L）	30	6	0.1	1.5	1.5
去除率/%	57～75	82.8～92	85.7	50～85	40

出水水质。2017年7月，当地水务局对水库功能进行重新定位，由原来的农灌和防洪功能改为景观功能，根据《地表水环境质量标准》（GB3838—2002），Ⅳ类水主要适用于一般工业用水区及人体非直接接触的娱乐用水区；水库作为景观水体，水质标准为地表水Ⅳ类。因此，湿地系统出水水质以地表水Ⅳ类为准。

（3）工艺选择

对于北侧1号和2号湿地系统而言，生态湿地公园规划比较紧凑，采用表流湿地所需面积较大，且表流湿地对TN、TP的去除率低。根据对水库及周边水质监测分析结果，显示水库主要污染物质为TN和TP，采用潜流湿地效果更好。由于垂直潜流湿地需利用管道引水，容易造成管道堵塞，为方便施工和后期维护，拟选用水平潜流湿地。

对于西侧3号湿地系统而言，该湿地系统设计水量较小，污染物浓度相对较低，湿地系统可布置在西侧浅滩水域内，可用面积较大，且水域内系统设置需方便管理，采用表流湿地较合理。

水库主要污染物为TN、TP，结合当地气候环境主要景观植物物种和经济作物物种，选择对污染物有针对性、去污能力强、适应性强的植物。该项目湿地系统植物种植面积为17 767m^2。

（六）上游暴雨径流处理

考虑到暴雨径流汇水面积和流量，为保护生态湿地公园的安全和水库水环境的安全，拟将暴雨径流通过截洪沟引入水库南部的溢洪道排入听湖水库。

项目区整体地势呈北高南低，北侧汇水面积大，雨水径流流量大，截洪沟断面大，若沿园区道路铺设，将影响园区景观效果，且施工难度加大，因此，拟沿项目区环城东路红线内侧设置截洪沟，将水引入西南侧的溢洪道。

西侧雨水径流流量相对较小，截洪沟断面小，且汇水点距西南部的溢洪道较近，但汇水点与溢洪道中间被花海阻隔，拟顺着生态湿地公园园区道路设置截洪沟，将水引入溢洪道。

四、修复效果

（一）工程完成情况

项目完成了水库截污及治污工程、雨水收集净化处理工程、生态补水工程、内源污染治理工程、湖滨生态带修复工程。恢复水库自我净化生态系统，从源头净化水库进水，使水库水环境得到根本治理和长期改善，全面提高水库的总体环境质量。

（二）环境效益

项目实施后水库水质达到《地表水环境质量标准》（GB 3838—2002）的Ⅳ类标准，通过水环境治理和生态修复实现水库"水清岸绿、生态宜居"的目标。项目的实施可以有效地降低区域环境负荷和环境风险，保证区域整体治理工程的实施进度，符合当地环境保护和资源利用的整体规划，有利于人民生命健康和社会经济稳定增长。

五、后期维护工程

后期维护管理方案主要分为三个体系：日常维护体系、水生态系统监测体系、水生生物管理和调控体系。

日常维护体系主要是湿地的维护管理和水生态系统管理，其对充分发挥湿地的生态功能具有重要意义。

水生态系统监测调查是掌握项目水生态系统运行状况、水环境质量的关键，其主要包括对外源污染情况、鱼类、底栖、水生植物、水质理化指标等的监测调查，水质与水生生物指标监测与分析。

水生生物管理和调控体系，主要是根据水质及生物监测结果，及时分析水系水生态状况，并根据出现的问题及时采取必要的优化调整措施。

对水生动物的维护应及时清捞动物残尸并视具体情况适量补充，对总量过多、单一物种优势过于明显等现象，采取捕捞或放养其他生物类型加以控制，确保生物链的结构稳定。

六、效果经济评价

作为一项生态构建和环境治理项目，本身不能产生直接的经济效益，主要是间接的经济效益，由于工程施工建成后可削减进入下游水体的污染负荷，减轻污水排放所造成的污染危害，将促使流域生态环境得到显著改善，而该片区的土壤环境质量也得到改善，这将提高该片区的土地利用价值，并为整个流域带来经济效益。

七、修复技术优缺点

该修复技术主要路线为水生态修复重构。水生态系统构建的核心在于通过人工干预措施，在水系底部构建沉水植物群落，同时按照生态系统控制的需要投加鱼类、底栖动物和微生物，形成以沉水植物为主导的水生态系统。系统构建完成后，具有足够生物量的沉水植物群落与藻类竞争夺取水中的营养物质进行繁殖和生长，同时沉水植物释放化感物质抑制藻类的繁殖。螺、蚌等大型底栖动物群落以底部的有机碎屑和腐殖质为食，不同食性的鱼类作为消费者维持生态系统各种群之间的平衡，附着在沉水植物和底部土壤的各类微生物作为分解者利用自身的代谢作用实现营养盐和腐殖质的转化降解。基于系统内各级参与者的生命特征，形成完整的沉水植物—底栖动物—鱼类—浮游动物—微生物食物网链，通过物质和能量在食物网链中的流动过程，最终达到水质净化与稳态转换的目的，实现清水态的水生态系统的构建。

技术的主要优缺点如下所述。

1. 优点

1）建设和运行费用低，可结合景观设计打造优美的植物景观。

2）提高水体自净能力、恢复生态多样性。

2. 缺点

1）周期较长、需要配合其他工程技术使用。

2）对具有净化效果的水生植物的开发十分缺乏。

八、技术适用范围

水生态修复技术是生态工程技术的一种，利用恢复生态学和水生生态学对受损的水生态环境进行结构和功能的修复，促进水生态系统的完整性恢复。目前，水生态修复技术主要有两类使用范围：一是采用生物生态方法处理和修复受损水生态环境；二是利用生态水利技术达到治理受损水生态环境的目标。

九、启示

1）设计时要考虑水流的多样性，以满足不同生物在不同阶段对水流的需要，水流本身也是水系景观的重要部分。

2）实践证明，水草茂盛的水体，往往水质很好，人工种植沉水植物是修复河道、湖泊水生态系统的重要一环。

第二节　小流域河口湿地和农业面源污染治理技术及应用

根据小流域水质污染现状和问题，通过多个分项工程全方位控制源头污染、消减入河污染物，包括农业面源污染控制工程、防止水土流失工程、截污治污工程、河口湿地等，保证下游断面流域水质得到改善，在保护自身水环境的同时，缓解上下游水环境恶化矛盾。

一、项目概况

（一）项目由来

项目由 2019 年中央水污染防治资金提供支持，金额 2400 万元，另有地方资金 500 万元。

（二）项目范围及内容

项目涉及 2.5km 长的河道、30km² 的流域范围内的农业面源污染及入湖河口湿地。

项目工程内容主要为农业面源污染控制工程（田间排水污染控制工程、测土配方、种植制度优化、病虫害生态防控、生态农业宣传推广、田间有机废弃物综合利用、田间化学废弃物无害化处置、农业环境监测系统等）；湿地生态环境构建、配套设施、湖河滨生态建设等。

（三）调查与评估

1. 基本情况

项目河道为重要支流，为区域城镇的主要排沥河道，流域内分布有基本农田和村庄。上游水质较好，进入城镇区域后，随着污水直排入河的增多，水质逐渐变差。其考核断面现状水质为Ⅳ类，其主要污染物为氨氮（NH_3-N）和总磷（TP）。

结合资料分析和现状调研的情况，按区域、分类型、有重点地对可能产生污染影响的主要污染源、污染物及污染影响途径进行分析。流域主要污染源按特点和途径可大体分为点源和面源，其中，点源污染源主要包括城镇生活源，面源污染源主要包括农业种植面源、农村生活源和城镇径流等。

2. 水质现状分析

近年监测结果显示，该项目河道上游断面水质较好，优于其水质保护目标；下游河道断面水质类别为Ⅳ类，未达Ⅲ类水环境保护目标，超标项目有氨氮及总磷，最大超标倍数分别为 0.94（2016 年）及 0.45（2015 年），水质评价为轻度污染；监测断面水质出现污染状况，其污染情况呈现逐年加重的态势。为有效减少污染物的排入，改善水体水质，需对流域的重要污染源采取有效治理措施。根据水污染物现状分析结果，流域各污染源中，对 COD、NH_3-N 贡献较大的是漏排的城市生活污水和农村生活污染，对 TP 贡献较大的是农业面源污染及漏排的城市生活污水。

该项目河道贯穿城镇中心区，且下游有大片田地，沿岸居民的生活污水和农业面源污染直接入河，水体污染严重。因此，在资金有限的条件下主要针对该项目河道流域采取相应的治污措施，以减少污染物排入干流河道，同时为流域水环境综合治理做好示范打好基础。

二、预期目标

对污染源分析发现，漏排的城市生活污水、农村生活污染及农业面源污染等非点源污染对该项目河道水质影响较大，大量污染物的排入导致该项目河道断面水质超标，因此，须采取有效措施减少该项目河道断面流域内污染物的排放，以确保断面水质保护目标的实现。

基于对该项目河道污染成因的分析认识，从流域发展阶段出发，统筹水环境、水生态、水资源等功能利用与保护，提出分区战略、分类防治、全力攻坚、全程修复、全面监管的总体思路。通过源头控制、河口湿地截污减排、面源污染防治、水生态系统构建改善水质，浅滩生态湿地打造与城市景观提升同步进行。通过该项目实施以减少污染物排入河道，同时为流域水环境综合治理打好基础。这是一项系统性工程，本节重点介绍农业面源污染控制及河口湿地的设计、建设与使用。

三、项目技术及应用

（一）农业面源污染控制

1. 总体思路

（1）源头控制减污措施

通过施肥系统调整、水肥高效利用等途径，减少化肥流失对水体的污染。

（2）过程削减降污

采取生态拦截技术对农田径流进行处理；并采取措施对农田固体废物进行有效处置，以降低进入河道的污染负荷。

（3）末端净化修复

利用低洼水塘等建设生态塘系统对农田径流进行集中治理。

2. 主要工程内容

该工程包括了农田面源污染防治工程、农田固体废物污染防治工程和农业环境监测系统三大部分，包含污染综合治理、生态农业、环境监测等技术体系，构建了一套兼顾"防、治、管"的农业面源污染防治综合体系。

（1）田间排水污染控制工程

该项目将主要施肥时期农田尾水及雨季初期雨水进行收集、净化处理，减少农田排水对河道水质的污染。净化系统出水后设置回用设施，回用于农灌。

该项目农田尾水处理工艺以生态净化为主，采用"新型农田生态沟渠拦截系统—生态消纳塘水肥一体化系统"作为处理工艺。

（2）测土配方

测土配方施肥实施内容主要围绕"测土、配方、配肥、供肥、施肥指导"5个环节，开展野外调查、采样测试、田间试验、配方设计、配肥加工、示范推广、培训宣传、数据库建设、耕地地力评价、效果评价、技术研发等工作。

项目区种植模式为：①农作物（水稻、玉米）+绿肥，种植面积为总面积的 1/3；②农作物（水稻、玉米）+传统经济作物，种植面积为总面积的 1/3；③其他种植面积为总面积的 1/3。在项目区配置太阳能杀虫灯，每盏杀虫灯服务面积为 30 亩[①]。

（3）农田固体废物污染控制工程

工程建设内容包括农化品包装物田间收集箱、农业废弃物收集棚及加工车间配套设

---

① 1 亩≈666.67m²。

施, 废弃物一体化处理系统配套设备、运输车等。

秸秆制有机肥一体化系统主要包含以下设备: 发酵设备、粉碎设备、搅拌机、造粒机、烘干机、冷却机、包膜机、筛分机、自动包装机等。

项目区秸秆设计处理量为 300t, 即 1.5t/d (运行时间为 200d), 共设置 1 座有机肥处理站, 处理规模为 1.5t/d。

秸秆、蔬菜废弃物储存棚及有机肥一体化处理车间建于项目区空地处。

(二) 末端保障性控制工程——河口湿地

1. 工程目标

工程主要利用下游河滩, 建立河口湿地, 对上游的污染进行拦截、净化水质。

(1) 水质目标

复合人工湿地处理尚无固定的标准值, 借鉴九大高原湖泊已建成的湿地运行管理经验, 考虑到新桥河水质, 类比目前已建成人工湿地的运行效果, 该项目湿地处理出水采用污染物去除率计算确定, 计算参数为新桥河水质现状监测数据。

(2) 生态恢复目标

1) 注重湿地基底恢复, 追求有限河道及河床区域尽可能多的生境。

2) 形成层次结构多样的、生物多样性丰富的、稳定的水生生物群落, 并最终形成稳定的水生态系统, 既净化水质, 又美化景观。

3) 水生植物多样性指标: 湿地水生植物不少于 5 种。结合进水水质和不同植物耐污能力, 配置水生植物。

4) 通过湿地净化工程的建设和持续的管理, 湿地景观初现, 建成自然景观优美的生态游憩区, 达到自然景观与生态湿地和谐发展的目的。

2. 工艺选择

根据该方案确定的目标 (水质目标、生态目标), 结合场地的地形条件, 提出河口湿地建设方案, 并进行对比分析, 确定最终的解决方案。

(1) 处理规模

处理规模一方面根据上游来水量确定, 另一方面也应综合考虑工程区占地面积大小、投资规模等因素。因项目区没有相关水文资料, 河道实际过流水量采取现场实测值进行相关计算。人工湿地水力表面负荷为 $0.1\sim1.5\text{m}^3/(\text{m}^2\cdot\text{d})$, 其中, 潜流湿地表面负荷相对较高, 表层流湿地相对较低, 而根据场地条件, 建设多级人工潜流湿地投资大、管理难, 故表面负荷不宜过大。该项目湿地按照水力表面负荷 $0.4\text{m}^3/(\text{m}^2\cdot\text{d})$ 进行计算。丰水期流量较大时可进行初级沉淀处理, 多余的则通过泄洪地板闸门溢流。湿地处理能力预留 30% 的河道生态流量, 按照 16 000m³/d 设计。

(2) 设计进出水水质

进水水质: 根据河道常规监测报告, 确定设计的进水水质。据各水质分析结果, 选取各污染指标中浓度最高者作为进水水质指标。

出水水质: 作为水质改善的末端保障性控制工程, 不再设计出水水质, 设计出水水质按去除率考核。COD_{Cr} 去除率≥30%，TN 去除率≥40%，NH_3-N 去除率≥30%，TP 去除率≥30%。

（3）湿地处理工艺选择

通过调查分析，该项目河道水质主要为氮、磷污染超标，因氮、磷的污染来源较多，短期内无法一一控制，氮磷过量会导致水体富营养化，而水质恶化会增加给水处理的难度，因此，拟通过选择适合且有效的污水处理措施对水质进行净化处理。

1）总体工艺确定

根据水质污染的特点，结合项目区现状，从保护生态的角度出发，该项目拟在河道下游（入河口）建立一个强化的湿地生态系统，结合湿地生态系统中物种共生、物质循环再生及功能强化填料，在促进污水中污染物质良性循环的前提下，充分发挥资源的潜力，防止环境的再污染，获得污水处理与生态保护的最佳效益。

根据《高原湖泊区域人工湿地技术规范》（DB53/T 306—2010）中相关技术的规定，该项目人工湿地设计采用"预处理+复合人工湿地处理系统"工艺，同时，针对氮磷污染物超标的特点，辅以高效脱氮除磷的人工湿地填料，达到净化水质的目的。

2）预处理工艺

直接将未经沉淀处理的污水引入人工湿地，虽然首级人工湿地的 COD_{Cr}（化学需氧量）、BOD_5（五日生化需氧量）、SS（悬浮物）的去除率高，但容易引起堵塞等问题，使维护费用增加。因此，在人工湿地处理系统前设置预处理系统是非常必要的。通过预处理将污水中的悬浮物、沉砂进行拦截沉淀，同时可以将污水中部分大分子有机物降解成更易去除的小分子物质，为人工湿地处理系统减轻负担，保证人工湿地系统可以稳定运行。

项目河道水质主要超标污染物为 NH_3-N 和 TP，因此，该工程预处理的设置主要是拦截无机悬浮物、降解污水中有机物及少量的氮、磷。格栅、沉砂池可过滤、沉淀污水中的无机物，氧化塘和兼性塘可有效降解污水中的有机物、氮、磷。根据河水水质情况及出水水质要求，结合各预处理单元的功能特点，该项目预处理采用的是格栅、沉砂池、氧化塘、兼性塘，对污染物的去除是通过物理、化学和生物的三重协同作用来达到人工湿地设计进水浓度。

流程说明：人类生产生活活动和水土流失等，造成河水中含有大量的泥沙、碎石、漂浮垃圾等，需经沉砂池收集沉淀后，才能进入后续处理单元。沉砂池前设置拦污格栅，通过拦污格栅拦截河水中的垃圾等漂浮物，再经沉砂池沉淀去除泥沙、碎石后，进入氧化塘。河水经预处理后进入氧化塘，一方面，氧化塘具有调蓄水量的作用，另一方面，氧化塘通过塘中的植物和微生物的作用去除水中的污染物。氧化塘对污染物的去除主要通过三个途径：一是助凝沉淀的作用，漂浮植物向水中分泌类似助凝剂的物质，使悬浮、胶体态的污染物得以加速沉淀去除；二是漂浮植物对有机物及 N、P 营养物质的吸收作用；三是厌氧菌、兼性菌的微生物作用，将大分子有机物分解成易降解小分子物质或二氧化碳，减轻后续湿地的污染负荷，有利于后续处理单元的正常运行。河水经氧化塘处理后进入兼性塘，兼性塘的生物比较丰富，包括表层好氧区，好氧菌与藻类共生；中部为好氧区与厌氧区之间的过渡区即兼性区，存在着可起两种作用的兼性菌，并通过兼性菌分解有机物，底层厌氧区有产酸、产甲烷菌，产生代谢产物如乙酸、二氧化碳和甲烷等，积累在此区域内的固体杂质被厌氧菌充分分解。根据兼性塘溶解氧分布特点，可繁育出硝化菌、反硝化菌等脱氮菌，脱氮菌进行硝化和反硝化反应将水中的氮去除。

3）湿地处理工艺

根据各类型人工湿地的特点，结合项目区河水水质，该项目人工湿地处理系统采用的是水平潜流湿地和表流湿地组成的复合人工湿地。

该复合人工湿地系统能够达到实际的处理要求，设计进水浓度高，抗冲击负荷强。其中的填料系统能够有效地去除其中的 N、P，湿地植物的根系不仅分泌抑制粪大肠菌群生长的激素，还为微生物提供了附着和繁殖的场所，使微生物能起到重要的降解水中污染物的作用，同时为水体输送氧气，增加水体的活性。

河水经过预处理后，通过配水渠配水进入氧化塘进行氧化还原反应，出水进入兼性塘进行深度氧化、降解，降解后通过配水渠布水进到两级潜流湿地中进行深度处理，水体中的 N、P 通过与生态填料反应、矿化形成沉淀，两级潜流湿地间通过透水埝布水，之后进入两级表流湿地进行 TP 和 TN 的进一步去除，处理后出水经过集水槽排出。

4）工艺设计参数

根据《室外排水设计标准》（GB 50014—2021）、《污水自然处理工程技术规程》（CJJ/T 54—2017）、《人工湿地污水处理工程技术规范》（HJ 2005—2010）等，该项目主要技术参数见表 3-2。

表 3-2　河口湿地建设工程主要参数

主要工艺	主要参数	主要功能	水质改善贡献	主要污染物去除率
沉砂池	有效容积 336m³；高 2.0m	沉淀、大块漂浮物拦截	SS 去除	SS 去除率≥20%
氧化塘	BOD₅ 表面负荷，70～100kgBOD₅/(104m²·d)；面积 3 197.5m²；高 2.0m	氧化还原反应	COD、BOD、TN、TP、NH₃-N 去除	SS 去除率≥30% COD 去除率≥10% TN 去除率≥10% TP 去除率≥5% NH₃-N 去除率≥5%
兼性塘	BOD₅ 表面负荷，70～100kgBOD₅/(104m²·d)；面积 2 036.2m²；高 1.5m	好氧、厌氧反应	COD、BOD、TN、TP、NH₃-N 去除	
潜流湿地	水力负荷：0.4m³/(m²·d)；面积 7 758.3m²；高 1.0m	生态填料吸附、矿化	COD、BOD、TN、TP、NH₃-N 去除	SS 去除率≥50% COD 去除率≥20% TN 去除率≥30% TP 去除率≥30% NH₃-N 去除率≥25%
表流湿地	水力负荷：0.4m³/(m²·d)；面积 19 071.8m²；高 0.3～0.4m	植物吸收	COD、BOD、TN、TP、NH₃-N	

3. 主要工程内容

工程建设内容主要包括：基底清理、拦水坝、沉砂池、配水渠、氧化塘、清运步道、兼性塘、潜流湿地、透水埝、布水槽、表流湿地、集水槽、管理通道、垃圾池和植物配置等。

1）基底清理：由于项目区范围内为淤泥地、砂石和农田，因淤积土壤中 N、P 含量较高，在项目实施前，需要进行基底清理，根据现场测绘情况，本次基底清理土方量约 13 452.9m³，回填方量 9169.8m³，余土方量 4283.1m³（最终以实际发生为准）。

2）拦水坝：位于新桥河，坝长 6.0m、高 0.8m，顶宽 0.5m（最终以实际发生为准）。

坝体做法为，将坝体基础采用天然土夯实后，基层采用 800mm 厚 M10 级水泥砂浆砌筑，底层采用 200mm 厚 C15 素混凝土铺砌。坝体采用 500mm 厚 C25 钢筋混凝土浇筑，20mm 厚 1：2.5 水泥砂浆抹面。

3）进水口格栅：进水口设置中格栅，拦截水中较大的垃圾、残渣，格栅高 1m、宽 0.8，栅隙 20mm；进水采用钢制拦水闸控制。

4）引水渠：净宽 0.8m，高 1.0m，总长 180m；C25 混凝土浇筑。沟体做法为，首先进行土方开挖，素土夯实后，上浇 300mm 厚 C25 素混凝土；沟壁采用 300mm 厚 C25 素混凝土浇筑，用 20mm 厚 1：2.5 水泥砂浆抹面。

5）沉砂池：设置为折流沉砂池。来水首先进入沉砂池进行初步沉淀，池内设置格栅，栅条为 20 铁条×20 铁条，格栅间距 3cm，主要作用为拦截水中较大的垃圾、残渣。格栅后设置拦水闸阀控制湿地进水水量，旱季时，收起拦水闸，雨季水量较大，为保护湿地系统，放下拦水闸，河水流入原有河道。为强化沉砂池效果，池内设置两道折流墙，将沉砂池分为三格。每格沿水流方向设置一个沉砂斗，每格沉砂池放坡 8%，方便收集泥沙。折流墙为现浇钢筋混凝土结构，池内平均水深 2.0m。

6）引水管：沉砂池出水通过 DN630HDPE 管，引入一级氧化塘系统，管长 80.0m，强度要求为 PN1.0。

7）1#布水渠：位于氧化塘入口，引水渠来水进入配水渠后，经配水渠均匀布水流入氧化塘，配水渠总长 44.4m，净宽 1.0m，高 2.0m。沟底基础底部每隔 0.5m 打一根 1.5m 长 Φ200mm 的木桩，桩上基础铺 500mm 厚 M10 水泥砂浆砌块石，面铺 200mm 厚 C15 混凝土层；靠一级氧化塘侧沟壁采用 300mm 厚 C20 素混凝土浇筑，20mm 厚 1：2 水泥砂浆抹平。另一侧沟壁采用 300mm 厚 C25、P6 抗渗钢筋混凝土浇筑，20mm 厚 1：2 水泥砂浆抹平，内布 10mmΦ200mm 的双层双向钢筋。布水渠出水口采用锯齿形溢流堰。

8）一级氧化塘：根据现场场地情况，氧化塘设计采用两级。一级氧化塘占地面积约 2099.4m²，塘内直接进行土方开挖，使氧化塘四周向内 1：2 放坡，中心部位落至水深 2.0m。

9）收水渠：一级氧化塘出水进入收水槽，收水槽长 48.9m、高 2m、宽 1m。

做法：沟底基础底部每隔 0.5m 打一根 1.5m 长 Φ200mm 的木桩，桩上基础铺 500mm 厚 M10 水泥砂浆砌块石，面铺 200mm 厚 C15 混凝土层；靠一级氧化塘侧沟壁采用 300mm 厚 C20 素混凝土浇筑，20mm 厚 1：2 水泥砂浆抹平。另一侧沟壁采用 300mm 厚 C25、P6 抗渗钢筋混凝土浇筑，20mm 厚 1：2 水泥砂浆抹平，内布 10mmΦ200mm 的双层双向钢筋。

10）配水管：连接收水槽和 2#布水渠，合理布水，配水管采用 2 根 Φ426mm×10mm 的钢管，过水管长 20.5m。

11）2#布水渠：位于二级氧化塘入口，过水管来水进入布水渠后，经布水渠均匀布水流入氧化塘，2#配水渠总长 77.0m，净宽 1.0m，高 2.0m。具体做法为：沟底基础底部每隔 0.5m 打一根 1.5m 长 Φ200mm 的木桩，桩上基础铺 500mm 厚 M10 水泥砂浆砌块石，面铺 200mm 厚 C15 混凝土层；靠二级氧化塘侧沟壁采用 300mm 厚 C20 素混凝土浇筑，20mm 厚 1：2 水泥砂浆抹平。另一侧沟壁采用 300mm 厚 C25、P6 抗渗钢筋混凝土浇筑，20mm 厚 1：2 水泥砂浆抹平，内布 10mmΦ200mm 的双层双向钢筋。布水渠出水口采用锯齿形溢流堰。

12）二级氧化塘：二级氧化塘占地面积约 1098.1m²，塘内直接进行土方开挖，使氧化塘四周向内 1：2 放坡，中心部位落至水深 2.0m。

13）透水埝：共 2 处，分别位于兼性塘与一级潜流湿地之间，以及一级潜流与二级潜流之间。用于拦截植物残枝和过滤一部分悬浮物，透水埝上设置清运步道功能。总长 188.1m，净宽 2.0m。具体做法为，素土夯实后干砌毛石，上铺 200mm 厚碎石垫层及 150mm 厚中沙找平，面层为 60 厚红色透水砖。

14）兼性塘：占地面积 2036.2m²，有效水深 1.5m。

15）导流槽：位于兼性塘和一级潜流湿地之间，长 93.9m、宽 1.0m、高 1.5m。

做法：沟底基础底部每隔 0.5m 打一根 1.5m 长 Φ200mm 的木桩，桩上基础铺 500mm 厚 M10 水泥砂浆砌块石，面铺 200mm 厚 C15 混凝土层；靠一级潜流湿地侧沟壁采用 300mm 厚 C20 素混凝土浇筑，20mm 厚 1：25 水泥砂浆抹平，沟底上 400mm 处设置 200mm×200mm 过水花孔，间距 1000mm。靠兼性塘一侧沟壁采用 300mm 厚 C20 钢筋混凝土浇筑，20mm 厚 1：2.5 水泥砂浆抹平。

16）潜流湿地：潜流湿地分为两级，其中，一级潜流湿地占地面积 3868.4m²，二级潜流湿地占地面积 3889.9m²，潜流湿地有效水深 1m，两级潜流湿地之间采用透水埝过水。填料区占地面积 7758.3m²，填充 1000mm 厚高效同步脱氮除磷湿地填料，填充量为 7131.62m³，填料上铺 200g/m² 的透水土工布，膜上回填 300mm 厚种植土。填料内布设 DN100UPVC 通气管，垂直通气管高 1400mm，间距为 5000mm 采用梅花形布置；通气管总长为 1195m，通气管土埝放坡段不设。

17）布水槽：二级潜流湿地出水经布水槽均匀布水流入一级表流湿地，布水槽总长 113.8m、高 1.5m、净宽 1.0m。具体做法为：沟底基础底部每隔 0.5m 打一根 1.5m 长 Φ200mm 的木桩，桩上基础铺 500mm 厚 M10 水泥砂浆砌块石，面铺 200mm 厚 C15 混凝土层；靠二级潜流湿地侧沟壁采用 300mm 厚 C20 素混凝土浇筑，20mm 厚 1：2 水泥砂浆抹平，沟底上 400mm 处设置 200mm×200mm 过水花孔，间距 1000mm。靠一级表流一侧沟壁采用 300mm 厚 C20 钢筋混凝土浇筑，20mm 厚 1：2.5 水泥砂浆抹平。

18）一级表流湿地：占地面积 8577.6m²，有效水深 0.4m，湿地内主要种植对 N、P 吸收能力强的水生植物。表流湿地铺置卵石护岸，采用 300mm 厚粒径为 100～200mm 卵石层闲置压覆，共 202.4m³。

19）集水槽：一级表流出水进入集水槽，集水槽长 62.0m、高 1.5m、净宽 1.0m，C20 素砼结构，顶部设置"V"形布水堰。

20）过水管：连接一级表流集水槽和二级表流布水槽，过水管采用 2 根 Φ426mm×10mm 的钢管，过水管长 302.6m。

21）布水槽：二级潜流湿地出水经布水槽均匀布水流入一级表流湿地，布水槽总长 113.8m、高 1.5m、净宽 1.0m，采用 C20 素砼结构。

22）二级表流湿地：占地面积 10 494.2m²，有效水深 0.4m，湿地内主要种植对 N、P 吸收能力强的水生植物。表流湿地铺置卵石护岸。

23）出水槽：接纳二级表流湿地出水，总长 42.1m、高 2.0m、净宽 1.0m，采用 C25 素砼结构，防渗等级 P6。

24）挡土墙：为保证湿地安全，在湿地周边设置挡土墙。设计采用重力式挡土墙，挡土墙基础采用 C25 毛石混凝土，墙身采用 MU50 片石和 M10 级水泥砂浆砌筑。挡土墙自地面以上，每隔 1m 交错设 Φ100PVC 塑料泄水管。墙身沿线方向每隔 10～15m 设置一道变形缝，缝宽 0.03m，缝内沿墙顶、内、外三边填塞沥青麻筋。挡土墙表面用 1∶3 水泥砂浆沟 20mm 凸缝。墙背用砂砾石回填作反滤层，厚 250mm；墙后泄水孔下夯填黏土作防渗层，厚 300mm。总长 1189.30m。

25）余土外运：经过各部分回填和开挖土方，剩余土方外运，运距以 10km 计算。

26）湿地周边配合部分乔灌木，如中山杉（*Ascendens mucronatum*）、多枝柽柳（*Tamarix ramosissima*）等。

27）隔离围栏：拟采用"隔离栅+生态围栏"的方式，通过隔离栅的设置，可防止人、畜进入项目区水域，避免事故的发生，形成项目水域与外界的相对隔离状态。隔离栅主要由立杆、网片、刺铁丝、串联钢丝、斜撑、紧固件及砼基础等构件构成。

28）安全警示牌设施：项目区共设置 2 块安全警示牌。

四、实施效果

从环保工程方面出发，不产生直接经济效益，环境效益是最直接的效益，它包括污染物负荷削减、水质改善、生态效益等，主要体现在以下三方面。

1）大幅度削减污染物排放负荷，遏制河道水环境恶化趋势。项目实施后，大大降低排放进入小江的污染负荷，通过河口生态湿地和农业面源污染控制工程，对污染物 COD_{Cr} 的削减量为 31.76t/a、NH_3-N 的削减量为 2.92t/a、TP 的削减量为 2.20t/a。

2）改善流域水环境质量，确保区域水质保护目标的实现。该项目将污染源控制与污染物减排作为河道污染治理工作的重点，通过河口生态湿地建设、农业面源污染防治等工程内容的实施，建立起该流域生态系统，修复完善了流域生态系统，加强了流域整体生态系统的稳定性和自我更新、自我修复能力，丰富了生物多样性、群落多样性，维持了小江主要支流的生态平衡。

3）明显改善流域的生态环境，提高人民幸福感。通过主要支流流域水环境的改善和河岸生态修复工程的建设，提高了流域的植被覆盖率和生态功能，改善了流域的生态环境，另外对周边支流、农灌沟渠、农田回水等处理的同时，打造整洁、干净、优美的河道生态环境。在改善流域水环境的同时提高了人民幸福感。

五、运维管理

该项目涉及湿地运维管理，对湿地的维护管理提出以下措施要求。

（一）湿地启动运行

湿地污水处理系统的启动一般要经历几个阶段：系统调试、植物栽种、根系发展不稳定阶段和植物生长成熟且处理效果良好的稳定成熟阶段。一般建成初期，需要将湿地填料浸水，按设计流量运行 3 个月后，可将水位降低到填料表层下 15cm，以促进植物根系向深部发展。待根系生长成熟、深入到床底后，将水位调节至填料层下 5cm 处开始正常运行。

进入稳定成熟阶段后，系统处于动态平衡，植物的生长仅随季节发生周期性变化，而年际间则处于相对稳定的状态，此时系统的处理效果充分发挥，运行稳定。

（二）湿地管理和植物残体处置措施

及时收割湿地作物是湿地维护的一项重要且必需的内容。通过收割，生物群落从水体中吸收的氮磷等营养物质得以从污水中带出，完成湿地净化的最后步骤。

1）为防止杂草的大量生长，每年春季植物发芽阶段可对湿地进行淹水，防止一些旱生杂草的生长。待植物生长良好，足以在与杂草生长竞争中占据优势时，恢复正常水位，此过程需要半个月。

2）每年冬季应对湿地中的植物进行收割，湿地植物收割后，应及时清理人工湿地上残留的植物碎屑，防止植物残留造成出水取出效率降低甚至污染物的浓度升高。

3）在植物生长旺季可适当收割一些湿地植物，有利于取出废水中的氮。

4）在湿地系统长期运行一段时间后，为了恢复湿地的处理效果，可适当更换部分区域的湿地鹅卵石填料。

5）建议收割后的植物通过晾晒，定期由垃圾车运出库区，纳入县垃圾处理系统中一并处理。

（三）湿地功能的长期维护措施

1）定期清理引水沟渠内的沉积物，尽量减少大的悬浮物流入后续湿地，延长湿地的再生周期。

2）分段分区对湿地进行空置清挖，清洗除去淤积物，定期补充重植植物，保证湿地的净化能力。

3）湿地植物除虫应尽量避免使用杀虫剂，避免对水质产生影响，造成二次污染。

4）项目建成后由建设单位进行管理。

六、技术优缺点

该项目主要技术路线为小流域环境治理的常规技术。应用范围不受局限，应用实例多。在实际应用时应注意两点：系统性的工程，涉及的领域较多，相对的复杂性较高；入河口湿地对河道河势及行洪有一定的影响，需充分论证设计。

七、适用范围

小流域环境治理是一项系统性工程，适用于流域面积小于 $30km^2$ 区域的同类型的环境问题。

八、启示

　　小流域问题治理的同时应重视防洪安全问题。防洪安全达标与否应作为生态清洁小流域建设的一项基本要求，河道尽可能地留出防洪空间，以达到设计防洪标准。如果现实条件不允许，难以达到则可设立洪水标志桩等警示措施，在超标准暴雨来临时提供预警，方便疏散洪水淹没范围内的居民。

　　小流域治理通过打造一些基础设施条件改善流域生产环境，在工程建设中尽可能考虑将其景观化，将小流域生态功能、水源涵养功能、旅游休闲功能融为一体，兼顾流域生产生活需求，引导附近居民自觉保护生态治理成果，减少破坏，形成长效机制。

第四章　地下水环境污染生态修复

摘要：重金属废水是对环境污染最严重和对人类危害最大的工业废水之一。本章所介绍项目的最终目标为通过对渗水点废水进行收集集中处置，控制重金属污染源，截断重金属污染物进一步向周边土壤、地下水和水体环境的迁移扩散途径，降低重金属污染风险。

重金属废水处理方法按原理可分为两类：一类是使废水中呈溶解状态的重金属转变成不溶的重金属化合物或元素，经沉淀和上浮从废水中去除，可应用中和沉淀法、硫化物沉淀法、上浮分离法、离子浮选法、电解沉淀或电解上浮法、隔膜电解法等；另一类是将废水中的重金属在不改变其化学形态的条件下进行浓缩和分离，可应用反渗透法、电渗析法、蒸发法、离子交换法等。由于本章所介绍项目水中重金属含量较高且出水要求达到地表水（地下水）Ⅲ类，所以受重金属污染的地下渗涌水处理工艺采用相关联合处理技术。

第一节　含砷地下渗涌水收集和集中处理技术及应用

项目采用电化学絮凝+纳滤+反渗透工艺对地下水渗水点含砷废水进行集中处置，将砷含量从超过 100ppm[①]降至 0.5ppm 以下，从源头截断含砷污染物进一步向周边水体环境迁移扩散的风险。

一、项目概况

（一）项目由来

项目由 2019 年土壤污染防治资金提供支持，资助金额 1300 万元。

（二）项目内容

项目的处理对象为受砷污染区域南盘江沿岸地下水渗水点出水，通过对项目区主要环境问题和污染源详尽调查分析后，确定了本项目实施的主要内容。

1）在该区域原集水井旁新建污水调蓄提升设施，通过管道输送至新建的污水处理系统。

2）新建一套含砷及重金属污水处理系统及配套设施，日处理能力 500m³，处理系统采用"预处理+深度处理"工艺。

---

① 1ppm=10^{-6}。

3）建设一座污泥临时堆棚。污泥脱水后，暂存于污泥堆棚，污泥严格按照《危险废物贮存污染控制标准》（GB 18597—2001）、《危险废物转移联单管理办法》进行管理，并定期转运至有资质的危险废物处置单位进行处置。

（三）调查评估

项目为地下水砷污染，由于该区域南盘江河岸段存在多个地下水渗涌点，且每个渗涌点的流量、砷污染浓度均不同。为保证设计参数的准确性，在设计前，必须进行连续几个月的跟踪监测。监测周期至少涵盖该年度的旱季及雨季。同时收集前 10 年的水文资料和监测数据，作为设计参考。

1. 资料收集

自然环境资料：土壤类型、植被、区域土壤元素背景值、土地利用、水土流失、自然灾害、水系、水、地质、地形地貌、气象等。

社会环境资料：工农业生产布局、工业污染源种类及分布、污染物种类及排放途径和排放量、农药和化肥使用状况、污水灌溉及污泥施用状况、人口分布、地方病等。

历史生产资料：化工厂原生产和运营状况资料、化工厂生产工艺及流程、化工厂厂房建设及生产设备等。

2. 现场踏勘

对项目区环境进行现场踏勘，核实前期收集资料的正确性和真实性，对厂区附近居民区、农田、饮用水源、灌溉用水等环境敏感区域进行调研；对附近居民进行调研，查看是否存在地域性疾病。

3. 采样监测

（1）监测项目确定

根据对该区域监测数据的分析结果及相关资料，该项目污染源主要为西桥工业片区渗水点重金属超标，其中重金属类砷、镉、铅含量作为主要监测项目，其他 pH、总锌、总铜、悬浮物为控制污染物。

（2）采样点布设

参照《地表水和污水监测技术规范》（HJ/T 91—2002）、《地下水环境监测技术规范》（HJ/T 164—2004）等监测技术规范开展污染现状调查与监测。

由于该片区污染的地下水通过渗涌出水形成地表径流后均汇入南盘江，所以在南盘江陆良县出境处设监测断面，并在该区域上游设置一个背景值监测点位。同时选取主要污染源排放点：该区域渗水点 4 个点作为该项目污染地下水的监测点位。

4. 样品采集

根据实际情况，参照《地表水和污水监测技术规范》（HJ/T 91—2002）、《地下水污染地质调查评价规范》（DD 2008—01）对地表水、地下水进行采集。

5. 样品检测和分析

对采集的水样重金属含量进行检测，监测因子包括砷（总砷计）、镉、总铬、六价铬、铜、铅、锌等。按照原国家环境保护总局制定的《地下水质量标准》（GB/T 14848—1993）中推荐的方法进行检测和分析。

6. 监测数据分析

采用数理统计和地理统计的方法对监测数据进行分析。

7. 项目区环境质量状况评估

监测结果显示，南盘江下游监测断面达到《地表水环境质量标准》（GB 3838—2002）Ⅳ类标准，达标率为 100%；该工业片区超标现象严重，水质达标率仅为 42%，主要超标因子为砷，连续监测 5 个月均超标，超标倍数为 1.7～23.4 倍。渗水点水质达标率为 0%。渗水点主要超标因子为砷、铅、锌、铜、镉和 pH，其超标倍数分别为 285～46 220 倍、0.05～17 倍、0.11～0.8 倍、0.62～0.63 倍和 26.9～1279 倍，pH 除了 2014 年 4 月达标外，其余全部超标。

二、项目目标

该项目目标如下所述。

1）新建污水处理站一座，处理能力为 500m³/d。污水处理工艺采用"预处理+深度处理"工艺；主要包括：预氧化→电絮凝→化学絮凝→微滤→纳滤→反渗透处理工艺。

2）该项目处理后的水直接排入南盘江，根据《县（该工业片区）重金属污染防治实施方案》（2015－2017 年）及相关要求，该工程处理后出水主控污染因子砷、镉、铅等重金属达到《地下水质量标准》（GB/T 14848—1993）的Ⅲ类，其余污染物排放执行《污水综合排放标准》（GB 8978—1996）表 1 中的第一类污染物最高允许排放浓度。

3）站区内含砷及重金属污泥脱水后，请具备危险废物处置资质的单位参照危险废物转移相关规定进行转运处置。

4）该项目通过新建一座处理能力为 500m³/d 的含砷废水处理站，对陆良县龙海化工有限公司渗水点含砷废水进行收集及集中处理，可实现主要污染物削减量约为砷 73t/a，在一定程度上消减通过地下水途径排入南盘江的砷化合物及重金属污染物的量，从而有助于改善南盘江陆良水质，进而控制其对南盘江下游水环境和土壤环境造成的污染。

三、工程技术实施

（一）工艺流程或技术路线

该废水站设计进水总砷含量 1000mg/L，属于高浓度含砷废水。根据以上介绍的各处理方法，该工程主体处理工艺思路为高效预处理+深度处理，共同去除总砷及其他超标的金属污染物。由于该项目废水中砷是主要污染因子，总砷去除难度大于其他金属污染物，总砷是该工程工艺的主要去除对象，是该工程造价、运行成本等的主要影响因素。通过小试及中试实验，该废水中砷的去除率达到设计要求的同时，其他污染因子可以满足达标排放（小于最低检出限），所以该项目工艺路线以砷的去除指标为主。该工艺抗冲击能力强，操作弹性大，能持续稳定地将高浓度含砷废水处理达标。

（二）实施方案

1. 该项目使用的治理技术

该项目的工艺路线为氧化→两段电絮凝→两段化学絮凝→高密度澄清池→纳滤→反渗透→达标排放（图 4-1）。

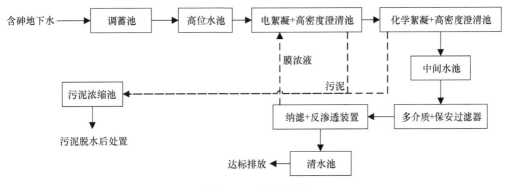

图 4-1　工艺流程图

工艺流程说明：含砷废水从收集池进入废水处理站 500m³ 调蓄沉淀池，经提升泵送至废水处理高位水池，依次经过电絮凝+高密度澄清池、化学絮凝+高密度澄清池组合进入中间水池。中间水池出水通过水泵送往多介质过滤器过滤再经保安过滤器，进入纳滤+反渗透组合，合格产水排入清水池。膜浓液经电絮凝+高密度澄清池→化学絮凝+高密度澄清池组合处理合格后送往清水池。清水池内清水中总砷及其他污染物浓度达标后排出系统。若清水池出水不合格返回至中间水池后再经膜过滤处理。系统运行产生的污泥收集于污泥浓缩池，污泥脱水后运至暂存堆棚，运至具有危险废物处置资质的单位参照危险废物转移相关规定进行处置。脱泥后的滤液则回流至调蓄沉淀池处理。

电絮凝、化学絮凝按两段设计，可串联、并联、组合使用，以应对雨季、旱季不同水量、不同进水水质，确保达标排放。

根据《国家危害废物名录》（2016 版），该项目污水处理产生的污泥属于危害固体废物。污泥严格按照《危险废物贮存污染控制标准》（GB 18597—2001）、《危险废物转移联单管理办法》进行管理，转运至具有相应资质的单位集中安全处置。

2. 项目实施原理

（1）预氧化作用及原理

在极酸性条件下，As 在溶液中以 As^{3+} 和 As^{5+} 的形式存在；随着酸性减弱（pH 增大），

逐渐由 H_3AsO_3 和 H_3AsO_4 变为 $HAsO_2$、$H_2AsO_3^-$ 和 $H_2AsO_4^-$（pH=2～7）。

工艺机理：废水 pH 范围为 2～4，$E=0.296V$。水中砷在氧化还原电位较高即在氧化状态下主要有五价化合物状态存在，也就是说水中有氧化剂存在的情况下三价砷会被氧化为五价砷。在酸性氧化状态下，水中砷主要以 H_3AsO_4、$H_2AsO_4^-$ 的形态存在；在碱性氧化状态下，水中砷主要以 $HAsO_4^{2-}$、AsO_4^{3-} 的形态存在。该项目在氧化剂 O_2 存在的条件下发生的主要反应为 $2H_3AsO_3+O_2 \rightarrow 2H_3AsO_4$。

所以曝气的主要目的就是使进入电絮凝装置的废水中砷的状态为五价砷，有利于后续的电絮凝沉淀。

（2）电絮凝作用及原理

电絮凝反应是利用电化学的原理，将废水中的多种污染物分离开来。该方案中电絮凝的反应原理是以铁为阳极，在直流电或脉冲电的作用下，阳极被溶蚀，产生 Fe^{2+} 离子，再经一系列水解、聚合及亚铁的氧化过程，发展成为羟基络合物、多核羟基络合物及氢氧化物，使废水中的胶态杂质、悬浮杂质凝聚沉淀而分离。

原理：$Fe-As-H_2O$ 溶液体系随着溶液 pH 和氧化还原电位（ORP）的变化，可能发生的化学或电化学反应如下：

当 pH<3.12，AsO^+、$Fe^{2+} \rightarrow H_3AsO_4$，$Fe^{2+} \rightarrow H_3AsO_4$，$Fe^{3+} \rightarrow FeAsO_4$；

当 4.643>pH>3.12，$HAsO_2$、$Fe^{2+} \rightarrow FeAsO_4$；

当 5.35>pH>4.643，$HAsO_2$、$Fe^{2+} \rightarrow Fe(OH)_3$，$HAsO_2 \rightarrow FeAsO_4$；

当 6.64>pH>5.35，$HAsO_2$、$Fe^{2+} \rightarrow Fe(OH)_3$，$HAsO_2 \rightarrow Fe(OH)_3$，$H_2AsO_4^-$；

当 9>pH>6.64，$Fe(OH)_3$、$HAsO_2 \rightarrow Fe(OH)_3$，$HAsO_2 \rightarrow Fe(OH)_3$，$HAsO_4^{2-}$。

工艺机理：铁电板首先反应的产物为大量 Fe^{2+}，在鼓风装置曝气带入足量氧气的情况下，Fe^{2+} 被氧化为 Fe^{3+}。由于该项目电絮凝装置进水的 pH 为 4～6，根据上面原理所述，最终废水中的 As 将主要形成 $X Fe(OH)_3 \cdot Y FeAsO_4$ 络合物而沉淀。

另外，废水中存在的 Cu^{2+}、Pb^{2+} 和 Zn^{2+} 等，也将与含砷酸根发生反应生成沉淀物而达到除砷目的。砷酸盐的稳定顺序是：$FeAsO_4 > Cu_3(AsO_4)_2 > Pb_3(AsO_4)_2 > Zn_3(AsO_4)_2$。

通过电絮凝处理，将使废水中的砷含量大幅度下降，另外其余金属（Fe^{3+}、Cu^{2+}、Pb^{2+}、Zn^{2+}、Cd^{2+}）也将得到一定去除，这将为后续的化学絮凝处理减少药剂的投加量。

（3）化学絮凝技术原理及作用

原理：在 $Ca(OH)_2$ 溶液投加量很少时，由于是酸环境，Ca^{2+} 很难与 AsO_4^{3-} 结合形成沉淀，而使砷的去除率很低。并随着投加量增加（体系呈弱碱性）结合形成沉淀越来越多，最终绝大部分的砷以沉淀的形式得以去除。

工艺机理：在 Ca/As 不同物质的量的比和不同 pH 条件下，主要以不同的钙形态存在，其中 $Ca_3(AsO_4)_2 \cdot 3H_2O$ 溶度积较小，即溶解度较小。由于该项目化学絮凝阶段 pH 为 8～10，根据所投的 Ca/As，该项目的废水主要以 $Ca_3(AsO_4)_2 \cdot 3H_2O$ 存在，发生的主要反应为 $3Ca^{2+}+2H_3AsO_4 = Ca_3(AsO_4)_2+6H^+$。

（4）膜分离法技术原理及作用

膜分离法是利用机械筛分原理，以膜两侧存在的一定压力差为推动力，采用错流过滤方式，根据物料分子大小、形状、构象及电极性等特性实现固液分离或者不同分子量大小的分子分离。膜分离法的核心为膜本身,膜必须是半透膜,即能透过一种物质,而阻碍另一种物质。一般在过滤过程中料液通过泵的加压,以一定流速沿着滤膜的表面流过,大于膜截留分子量的物质分子不透过膜流回料罐,小于膜截留分子量的物质或分子透过膜,形成透析液。故膜系统都有两个出口,一个是回流液(浓缩液)出口,另一个是透析液出口。根据膜孔径大小可分为微滤、超滤、纳滤和反渗透。下文仅对本项目涉及的纳滤和反渗透技术进行介绍。

1)纳滤(NF)技术原理

原理:纳滤(NF)技术是介于反渗透和超滤之间的一种压力驱动膜分离技术。NF膜在应用过程中具有两个显著特征:其一是截留分子量介于反渗透膜和超滤膜之间,为 $200\sim1000$ Da;其二是膜表面分离层由聚电解质构成,对无机盐具有选择性分离,对有机物的去除率在 90% 以上。目前,NF 膜截留机理主要有粒径选择性的筛分理论(孔道阻力)、吸附理论、溶解-扩散理论和电荷排斥理论等。

工艺机理:筛分理论适用于 NF 膜对颗粒态砷截留的解释。溶解-扩散和孔道阻力理论认为溶质和溶剂透过膜原因之一是两者在膜中的溶解和扩散作用,其中溶质的透膜能力取决于溶质在溶剂中的扩散系数,水合程度越高的离子越易被截留,且与 Stokes(斯托克斯)半径有关。亚砷酸盐具有较强的扩散性能,从而容易通过 NF 膜,而砷酸盐的水合分子直径一般比 NF 膜孔径小,产水孔道阻力较小,所以溶解-扩散和孔道阻力原理不适合用于 NF 除砷的解释。

带有同电荷的离子易被膜截留,而带有异电荷离子则易被膜表面吸附;离子价态越高,Donnan 电势值越小,说明对膜表面性质影响越大。在饮用水除砷中一般选用荷负电型 NF 膜,使膜表面与砷酸根离子之间产生 Donnan 排斥作用,从而达到分离溶解态砷的目的。

化学絮凝沉淀后的含砷废水主要以五价砷状态存在,较多的研究表明纳滤对五价砷的效果较优,所以综上所述,废水通过纳滤后,将使砷含量降到更低,并且主要起到脱盐(钙盐)的作用,以便后续的反渗透负荷更低。

2)反渗透(RO)技术原理

原理:反渗透膜分离的原理主要有氢键理论、选择吸附-毛细孔流机制、溶解-扩散模型、Donnan 平衡模型等。氢键理论模型把乙酸纤维膜看作是一种高度有序矩阵结构的聚合物。当水进入乙酸纤维膜的非结晶部分后,与羧基的氧原子发生氢键作用而构成结合水。水分子能够由一个氢键位置移动到另一个位置。当外界施加压力,水分子依次从上到下,通过一连串的形成氢键和断裂氢键而不断移位,很快传递通过聚合物,直至离开膜的表皮层,进入膜的多孔层。由于膜的多孔层含有大量毛细管水,水分子便能畅通无阻地由此通过。选择吸附-毛细孔流机制理论把反渗透膜看作是一种微细多孔结构物质,以吉布斯自由能吸附方程为基础,此模型认为由于膜的化学性质使膜对溶液中的溶质具有排斥作用,结果靠近膜表面的浓度梯度急剧下降。在反渗透压力下,纯水层中的水分子不断通过反渗透膜,盐类物质则被膜排斥,离子的化合价越高,排斥效应越强。溶解-扩散模型把半透膜看作是一种完全致密的中性界面。水和溶质通过膜是分两个阶段完成的,第一阶段是水和溶质首先吸附溶解到膜材质表面上;第二阶段是水和溶质在膜中扩散传递，最后通过膜。在溶解-扩散过程中，扩散是控制步骤。溶解-扩散模型比较合理地阐明了溶剂透过的推动力是压力，溶质透过的推动力是浓差扩散的结果。Donnan 平衡模型用来解释荷电膜的排盐机理，主要是基于库仑斥力。将带有荷电基团的膜置于含盐溶剂中时，溶液中的反离子（所带电荷与膜内固定电荷相反的离子）在膜内浓度大于其在主体溶液中的浓度，而同名离子在膜内的浓度则低于其在主体溶液中的浓度。由此形成的 Donnan 位差阻止了同名离子从主体溶液向膜内的扩散，为了保持电中性，反离子也被膜截留。

工艺机理：该项目中经过纳滤的水样，含砷量及盐分都降到较低水平，反渗透能进一步去除和保证最终出水达到相应排放标准。反渗透去除砷及盐分的主要机理可以用 Donnan 排斥理论来解释。

（三）项目具体试验方案

1. 预氧化比选

水体中的砷化合物受水体 pH 影响较大，当 pH 为 3～5，水中以 As(III)三价砷为主，三价砷毒性比五价砷高出近 60 倍，pH<9.5 的废水中，As(III)处于非离子状态，表现为电中性，不利于沉降分离，五价砷化合物 As(V)与钙、铁、镁、铝盐及硫化物等反应生成更多的稳定沉淀物。此外，大多数吸附剂对五价砷有很高的吸附力，对三价砷的吸附力有限。因此该废水需经过预氧化将三价砷氧化为五价砷，以提高沉淀率。目前工程中常用的氧化剂有臭氧、过氧化氢、空气、次氯酸钠等，经过小试及中试得出以下结论：经过对比，过氧化氢对含砷废水的氧化速率较快，曝气能耗及成本最低，最终选择曝气作为该含砷废水的预氧化工艺，双氧水投加量少即可获得良好的氧化效果，且加药过程易于控制，作为保险工艺手段。

2. 化学药剂处理效果比选

化学药剂处理含砷及其他重金属废水工艺，是一种常见有效的处理措施。通过投加钙、铁、镁、铝盐及硫化物等作沉淀剂，生成较稳定的酸式或碱式金属亚酸盐和砷酸盐，包括常见的亚砷酸钙、砷酸钙、砷酸铁等及其他重金属沉淀物，经沉淀后过滤除去。实验结论为，相同投加剂量下，投加氢氧化钙反应后的上清液总砷残余量明显低于其余 3 组。废水在氢氧化钙投加前使先氧化与未氧化对比，前者产生的污泥量明显少于后者，原因在于废水预氧化生成更加稳定的高价化合物，絮体颗粒密实，污泥体积更小。但过氧化氢投加过量会造成絮体上浮，沉降缓慢，水中气泡携带上浮使上清液不够清澈。

经过比选确定化学絮凝药剂采用氢氧化钙，同时实验结果表明氢氧化钙对其他重金属的去除率能满足设计要求。

3. 电絮凝效果比选

该废水是以硫酸根为主的酸性废水，电导率为 2.4ms/cm，适合采用电解实验。电解槽阳极为铁极，阴极为石墨，通入直流电后，铁极板在一定电流密度下电解，在水中产生铁的氢氧化物与砷及其他重金属反应，还发生反应吸附共沉淀，从而得到较高的除砷及其他重金属效率。中试反应器电极板为折流板构造，阳极为铁材质。

电解法对废水中砷、镉及其他重金属的去除率随反应时间和电流密度增加而升高，利用电的解离作用，在化学凝聚剂的协助下，废水中的污染物质形态发生改变。电絮凝的反应原理是以铁为阳极，在直流电的作用下，阳极被溶蚀，产生 Fe^{2+} 等离子，再经一系列水解、聚合及亚铁的氧化过程，形成各种羟基络合物、多核羟基络合物，使废水中的胶态杂质、悬浮杂质凝聚沉淀而分离。同时，带电的污染物颗粒在电场中泳动，其部分电荷被电极中和而促使其脱稳聚沉。最终分析结果显示上清液中砷、镉及其他重金属残余量明显降低。由此可得出，高效去除砷及其他重金属，每升水需电解消耗 0.14g 铁极，电极板最低有效作用电流密度为 110A/m^2。

4. 电絮凝与化学絮凝法比选组合

为保证良好的预处理效果，现把电絮凝与化学絮凝工艺串联运用，对比两种工艺不同串联方式的处理效果。

由于钙盐的溶解度较大，必须使钙的浓度过量，砷及其他重金属浓度才能降至较低的水平，通过实验发现，经过电絮凝后的溶液再进行化学絮凝，溶液中的砷及其他重金属与氢氧化铁可发生吸附共沉淀，从而使出水中的砷及其他重金属含量进一步降低。综合比选得出，电絮凝产生的污泥量比化学絮凝法少，电导率较原水略有下降，总铁含量较投加硫酸亚铁、三氯化铁、聚合硫酸铁等铁系化合物明显减少。由此预处理工艺确定为预氧化+电絮凝+化学絮凝（根据进水污染因子的浓度情况，保证系统去除率达到设计要求，可以选择性单独开启预氧化+电絮凝、预氧化+化学絮凝或预氧化+电絮凝+化学絮凝）。

经过反复多组电絮凝+化学絮凝的论证实验，得出其对砷的去除效果理想，但最终去除率极限为 99.9%，出水总砷残余量≤1.0mg/L，需经过深度处理方能达标排放。

5. 深度处理工艺比选

镉、铅及其他重金属经前段处理工艺已经基本去除，达到设计处理标准。因此，该项目深度处理工艺，主要针对废水中的砷进行深度处理，目前含砷废水深度处理工艺中比较稳妥可行的处理方式为吸附法和膜过滤法。经预处理后的实验水样总砷平均浓度为 1.076mg/L。实验表明：纳滤+反渗透的膜处理工艺在纯水分离中具有明显优势，是当前水处理工程中的一种稳定的处理工艺，是本实验中处理出水唯一达标的工艺。大孔树脂也具有良好的吸附性能，但在实际工程运行中，砷与水中其他阴离子竞争树脂上的吸附基团，使大孔树脂对砷的有效吸附空间降低，且树脂吸附饱和后需要脱附再生，因此产生高浓度的脱附废水和部分冲洗水需要处理，给后续处理带来了更大挑战。微鼻对总砷具有良好的吸附性能，但不能脱附再生重复利用，市场价格昂贵，吸附饱和后需处理固体废物等弊端也限制其在处理高浓度重金属工艺中的运用。

该废水运用膜处理工艺也面临进水中的高盐度和浓相水处理两大难题。为此在该工程的实际应用中，首先在反渗透前增加纳滤系统，将进水中相对分子量大于 200Da 的有机物及多价离子截留分离，出水经反渗透脱去水中 95% 以上的溶解盐，保证出水的含砷量达标，且可延长反渗透膜的使用寿命。其次纳滤和反渗透运行产生的低浓度含砷浓相水经电絮凝+化学絮凝处理达到 0.1mg/L 后与反渗透产水混合稀释，最终排放水总砷含量可低于 0.05mg/L，解决了浓相水处理的难题。由于膜处理工艺的可靠性及持续高脱盐率，所以深度处理工艺选用纳滤+反渗透法是最佳选项。

6. 污泥脱水处理工艺选择

在污水处理过程中，会产生大量含水率较高的污泥。污泥为含砷及重金属的危险废物。妥善处理污泥才便于污泥的运输。通过对污水站污泥处理工艺进行比较，选择合理的处理工艺。

污泥脱水处理要求如下：减少污泥体积，降低污泥含水率，便于污泥后续处理。

目前，污泥脱水方式分为两种，一种是通过污泥干化场自然晾干，另一种是机械脱水。机械脱水效率高；污泥干化场处理效果好，投资低，但冬季温度较低时及雨季空气湿度较大时干化效率低，且干化场占地面积大，污泥在干化场晾晒时，有毒有害物质会在场内残留。考虑到污水站的实际情况，为了提高污泥脱水效率，该工程采用机械脱水与污泥干化结合的方式对污泥进行脱水处理。

（四）安全保障

1. 进水水质超标

该项目主要处理受污染的地下水，根据项目区水质检测报告，项目区雨季时水量达到 $500m^3/d$。项目实施后，处理系统很可能在雨季时会长期处于高砷浓度大流量的运行状态下。该项目工艺设计时，针对这一情况的保障措施为：处理正常浓度污水时，使用一套预处理设施+一套深度处理设施。当进水浓度更高时，在处理设施前端，设置 1 个调蓄池，调蓄池容积为 $1000m^3$，加上原有集水井，总调蓄容积为 $1500m^3$，可以起到缓冲、沉淀作用，污水在调蓄池中沉淀 3 天（含原集水井）后颗粒物及大部分悬浮物将被去除，减小后续处理设施的处理负荷。污水经过调蓄池沉淀后进入预处理单元，当污水浓度超过 1000mg/L 时，处理系统可开启二套预处理+深度处理单元（每套处理污水能力为 $500m^3/d$），采用两套单元串联处理，高浓度污水经过串联预处理系统处理后，砷离子的去除率将达到 99.9%。

经过处理后的污水排入清水池中，清水池容积为 $250m^3$，能够让处理后的清水在池中停留半天。如果进水浓度超过 1000mg/L，将清水池中的水抽回前端调蓄池中，对原水进行稀释。

2. 系统运行过程中处理单元发生事故

系统运行过程中，如果发生设备或工艺事故，导致漏水或设施损坏时，在废水处理站内设置容积为 $250m^3$ 的事故池，立即将事故装置中的污水或不合格的工艺废水排入事故池中，及时使用备用设施处理污水，同时排除事故原因，用最短时间恢复处理设施。事故池中污水用泵抽回系统前端的调蓄池中处理。

3. 排水水质超标

当处理系统排水水质超标时，立即关闭排水口，将清水池中的水全部抽到前端调蓄池及事故池中，系统立即进入预处理设施串联运行、深度处理系统串联运行状态，并24h不间断抽取预处理系统末端出水及深度处理系统末端出水进行化验，找到问题发生单元，及时进行检修、更换，排除故障，保证出水水质稳定达标后，清水池停止抽水，处理系统恢复正常运行状态，检测出水水质，如果出水水质达标则打开闸门排水，如果出水水质不达标，则继续检查、调试各处理单元，清水池中水继续抽到前端调蓄池中，直到出水水质达到标准后才开闸放水。

4. 设备检修、更换

系统运行过程中，遇到处理设施故障需要检修时，立即换成备用设施运行状态。所有设施均在站内留一套备品、备件，当设施更换或维修时，能够及时更换备品、备件。

5. 废水处理站供电中断

系统在运行工程中外供电中断时，立即向上级管理部门汇报，及时采取备用供电措施，将渗水点收集的池积水送往原化工厂收集池和废水处理站调蓄池，争取时间，尽快恢复供电和运行水处理系统。

四、项目效果

该项目旨在缓解该片区重金属污染的地下水及其环境安全隐患。通过项目的实施可以部分处理该片区目前含砷地下水污染问题，部分改善南盘江水环境质量。

1. 工程完成情况

所有设施设备均按设计施工、完成安装。其中，电化学处理工段的电絮凝处理设备运行稳定；物理截留工段的纳滤反渗透设备运行稳定。处理后出水中砷含量稳定达到地下水III类标准（≤0.05mg/L）。

2. 环境效益

项目实施后主控污染因子砷、镉、铅等重金属达到《地下水质量标准》（GB/T 14848—1993）中的III类水标准，其他污染物执行《污水综合排放标准》（GB 8978—1996）中的一级标准。每年减排总砷约19.8t。项目的实施可以有效地减缓含砷及含重金属污水对南盘江的污染，降低区域环境负荷和环境风险，保证区域整体治理工程的实施进度，符合当地环境保护和资源利用的整体规划，有利于人民生命健康和社会经济稳定增长。

五、项目试运行

项目试运行阶段主要对各设备、设施进行单体操作，之后进行联动操作。最后在设计处理量80%的情况下进行连续3个月的试运行。

六、运维管理及监测

（一）运行调度

1. 水量超出设计规模

当废水站进水水量超过设计规模时，首先应充分发掘设施、工艺、设备的潜力，调整各工序运行工况，延长设备的运行时间，必要时投运备用设备，采取一切可能的措施，尽可能在不增加设施和设备的情况下解决水量超标问题。其次控制调蓄沉淀池水量平衡，在废水站处理负荷不能满足接纳水量时，则应立即向当地环境保护局报告，采取其他措施补救。

具体控制措施如下。

1）增加泵、电絮凝、化学絮凝等主要设备的开启台时；根据进水量调整加药量。

2）在高密度澄清池适当投加絮凝剂增加化学污泥的沉降性能，保证在水量增大时出水水质澄清。

3）如进水水量持续超标，或通过以上措施仍不能解决水量超标带来的影响，则应立即向当地环境保护局报告。

2. 水量低于设计规模

当废水站进水水量低于设计规模时，可减少主要设备电絮凝、水泵、风机、加药装置、纳滤、反渗透的运行台时。如进水水量低于设计规模的60%时，可考虑只运行一条工艺段。

3. 进水水质超出设计标准

当进水水质超标时，首先应充分发挥废水站处理设备所具有的能力，挖掘设施、工艺、设备的潜力，调整各工序运行工况，延长设备的运行时间，必要时投运备用设备。如上述措施仍不能解决问题，则可考虑如下措施。

1）依靠调蓄池平衡进站水量，采用清水池回流部分反渗透产水的方法稀释过高的进水浓度；

2）增加电絮凝停留时间，增加药剂投加量；

3）调整控制两端电絮凝、化学絮凝反应时间，提高预处理阶段的处理效率。

当进水水质含砷浓度较低时（低于300mg/L），采取一段电絮凝+化学絮凝运行模式，适当减少药剂投加量，纳滤及反渗透根据进站水量调整运行负荷。

（二）运维监测

1. 水质检测项目及检测频率的确定

根据《污水综合排放标准》（GB 8978—1996）、《城镇污水处理厂污染物排放标准》（GB 18918—2002）的规定，制定废水处理站的水质检测项目及周期。

2. 原始记录管理

监测分析的各种原始记录（包括采样、测试、数据的检验和分析），都应统一规范管理，归档存查。监测结果未经批准不得随意向外提供。

（三）水质突变应急预案

1. pH 突变

由于本站电絮凝、化学絮凝、膜处理工艺对 pH 要求严格，过高或过低的 pH 会影响出砷效果和膜组件的运行效果，从而导致整个工艺处理效果变差，因此对进水的 pH 须严格控制。在日常运行中加强对进水水质的监测，如发现 pH 有较大变化，应立即调整加药量，控制进水增量或减量处理。

2. 砷浓度物质突增

砷浓度应控制在处理系统可承受范围内，通过配水和提高加药量尽量维持生产。同时应随时监测掌握进水水质情况，并将情况立即汇报技术员和站长，调查站外管网系统查明原因。

（四）危险废物处理

项目中危险废物为含砷及含重金属污泥。本次处置过程包括污泥脱水、临时存储、安全转运。

1）由于本次含砷及含重金属污泥主要污染成分属于剧毒品，污染发生的途径主要为清挖、装卸、暂存与转运过程中，为了避免污染扩散时工作人员慌张不知所措，要求现场工作人员掌握危险废物泄漏事故时的应急措施，项目实施前做好演练。

2）危险废物泄漏事故吸取相关三氧化二砷意外泄漏事故及处理经验，并根据现场实际情况进行安全处置。使用生石灰中和砒霜毒性，得到较好效果。施工过程中发生污染物泄露与扩散，及时采取有效措施对扩散进行控制。

3）项目实施过程中，现场挖掘人员应穿戴齐全安全防护用具，同时进行挡风处理，防止风吹扬尘导致含砷及含重金属污泥扩散。

4）当运输过程中由于车祸等异常情况造成污染物扩散，及时报告当地环保部门。

5）施工现场严禁无关人员出入，应在现场设置警戒带，施工人员穿戴个人防护用具。

综上所述，在转移处置途中，一定要避免人为失误造成的泄漏事故的发生，要做好应对突发事故的准备，做到责任到人。严格按照《施工组织设计》进行施工，按照交通法律法规进行运输，严禁超速、超载和疲劳驾驶。

七、效果经济评价

该工程作为一项环境治理项目，本身不能产生直接的经济效益，主要是间接的经济效益，由于工程施工建成后可削减进入下游水体的污染负荷，减轻污水排放所造成的污染危害，将促使流域生态环境得到显著改善，而该片区的土壤环境质量也将得到改善，这将提高该片区的土地利用价值，并为整个流域带来经济效益。

设计预期的吨水运行成本为 39 元，每年需要支出约 380 万元运行费用。该项目运行后，通过及时、有效地监督和控制污水处理过程中各项费用支出，特别是通过在线监测数据，实时调整系统停留时间、加药量等，大大降低了预期的成本目标，实际吨水运行成本为 20 元，每年约支出 170 万元运行费用，年节省 210 万元。为类似项目的运行优化管理提供了重要的实践及数据资料。

八、修复技术优缺点

该废水处理工艺路线为氧化→两段电絮凝→两段化学絮凝→高密度澄清池→纳滤→反渗透→达标排放。

工艺的主要优缺点如下所述。

1. 优点

1）该工艺抗冲击能力强，操作弹性大，能持续稳定地将高浓度含砷废水处理达标。

2）电絮凝的反应原理是以铁为阳极，在直流电的作用下，阳极被溶蚀，产生 Fe^{2+} 等离子，再经一系列水解、聚合及亚铁的氧化过程，形成各种羟基络合物，能同时使废水中的胶态杂质、悬浮杂质凝聚沉淀而分离。

3）纳滤+反渗透深度处理出水水质优良，可靠性高，持续性好。

2. 缺点

1）电絮凝电耗较高，极板清洗和更换较为烦琐。

2）纳滤+反渗透投资高，浓水需要妥善处理，操作维护复杂。

九、修复技术适用范围

该技术为多项国内较先进技术结合应用的范例。适用于含砷地下水、地表水、工业废水、采矿废水领域的水处理项目。可针对水中不同的砷含量及去除率要求进行单独配置或整体配置工艺段，以达到最优的性价比。

十、启示

1）在电絮凝设备使用的工程中，由于其产品成功的案例为低浓度含砷废水处理（进水浓度＜5mg/L），而该项目的含砷废水进水浓度一般都在 50mg/L 以上，从运行情况来看，高进水负荷下，电絮凝设备的效率有所降低。电絮凝工段出水后（二价铁）沉淀效果不理想。

2）从实际的运行情况来看，由于水质的硬度较大，膜的使用寿命不能达到原设计的要求，膜材质选择上可考虑使用无机膜，并加强膜反洗力度。

第二节　含铬地下渗涌水收集和集中处理技术及应用

针对地下渗涌水六价铬超标严重的情况，新建一套含铬重金属污水处理系统及配套设施，日最大处理能力 1400m³，处理系统采用"亚硫酸钠还原沉淀+深度处理"工艺。通过项目的实施能有效减轻含铬地下渗水对周边水环境及土壤环境的污染。

一、项目概况

（一）项目由来

项目主要由土壤污染防治资金提供支持，资助金额 1500 万元，另有地方资金 500 万元。

（二）项目内容

项目的处理对象为地下水渗水点出水，通过对项目区主要环境问题和污染源详尽的调查分析，确定了该项目实施的主要内容。

1）在渗水点原集水井点新增污水提升设施，通过管道输送至新建的污水处理系统。

2）新建一套含铬重金属污水处理系统及配套设施，日最大处理能力 1400m³。处理系统采用"亚硫酸钠还原沉淀+深度处理"工艺。

3）建设一座污泥临时堆棚。污泥脱水后，暂存于污泥堆棚，污泥严格按照《危险废物贮存污染控制标准》（GB 18597—2001）、《危险废物转移联单管理办法》进行管理，并定期转运至危险废物处置单位进行处置。

（三）调查及评估

该项目为地下水铬污染，由于受铬污染区域南盘江河岸段存在多个地下水渗涌点，且每个渗涌点的流量、铬污染浓度均不同。为保证设计参数的准确性，在设计前，必须进行连续几个月的跟踪监测。监测周期至少涵盖该年度的旱季及雨季。同时收集前 10 年的水文资料和监测数据，作为设计参考。

1. 资料收集

自然环境资料：土壤类型、植被、区域土壤元素背景值、土地利用、水土流失、自然灾害、水系、水、地质、地形地貌、气象等。

社会环境资料：工农业生产布局、工业污染源种类及分布、污染物种类及排放途径和排放量、农药和化肥使用状况、污水灌溉及污泥施用状况、人口分布、地方病等。

历史生产资料：化工厂原生产和运营状况资料、化工厂生产工艺及流程、化工厂厂房建设及生产设备等。

2. 现场踏勘

对项目区环境进行现场踏勘，核实前期收集资料的正确性和真实性，对厂区附近居民区、农田、饮用水源、灌溉用水等环境敏感区域进行调研；对附近居民进行调研，查看是否存在地域性疾病。

3. 采样监测

（1）监测项目确定

根据对该区域监测数据分析结果及相关资料，该项目污染源主要为西桥工业片区渗水点重金属超标，主要监测项目：六价铬、铅、砷、镉、pH 等。

（2）采样点布设

参照《地表水和污水监测技术规范》（HJ/T 91—2002）、《地下水环境监测技术规范》（HJ/T 164—2004）等监测技术规范开展污染现状调查与监测。

选取主要污染源排放点：1 号渗水点位于西桥工业园区地下暗河、2 号渗水点位于某化工公司旁、3 号渗水点位于某渣场旁、4 号渗水点位于南盘江边，以此 4 个渗水点作为该项目的监测点。

（3）样品采集

根据实际情况，参照《地表水和污水监测技术规范》（HJ/T 91—2002）、《地下水污染地质调查评价规范》（DD 2008—01）对地表水、地下水进行采集。

（4）样品检测和分析

对采集的水样重金属含量进行检测，监测因子包括六价铬、铅、砷、镉、pH 等，按照原国家环境保护总局制定的《地下水质量标准》（GB/T 14848—1993）中推荐方法进行。

（5）监测数据分析

采用数理统计和地理统计的方法对监测数据进行分析。

（6）项目区环境质量状况评估

根据数据确定，铬为最主要污染物，六价铬最高浓度为 61.6mg/L，总铬最高浓度为 66.86mg/L，最高浓度均出现在原化工公司渗水点。考虑实际工程中不可预见突发情况产生，进水总铬浓度按 806mg/L、六价铬浓度按 706mg/L 进行设计。

二、修复预期目标

为防止该工业片区地下水渗水点出水对南盘江造成污染，该项目设计工程目标如下。

1）对原工业片区的渗水点新增污水提升设施，通过管道输送至新建的污水处理系统；新建一套含铬重金属污水处理系统及配套设施，最大处理能力 1400m³/d，处理系统采用"预处理+深度处理"工艺，项目实施后主控污染因子重金属达到《地表水环境质量标准》（GB 3838—2002）中的Ⅲ类标准。

2）建设一座污泥临时堆棚。污泥脱水后，暂存于污泥堆棚，污泥严格按照《危险废物贮存污染控制标准》（GB 18597—2001）、《危险废物转移联单管理办法》进行管理，并定期转运至有资质的单位进行处置。

3）项目的实施可实现主要六价铬污染物消减量 8.76t/a，在一定程度上消减通过地下水途径排入南盘江的铬化合物及重金属污染物的量，从而有助于改善南盘江水质，进而控制其对南盘江下游水环境和土壤环境造成的污染。

三、工程修复实施过程

（一）工艺流程或技术路线

1. 含铬及重金属废水处理技术现状

（1）化学还原沉淀法

化学还原沉淀法是利用硫酸亚铁、亚硫酸盐、二氧化硫等还原剂，将废水中的六价铬还原为三价铬离子，再加碱调整 pH，使三价铬形成氢氧化铬沉淀而去除。该方法的设备投资和运行费用较低。

（2）电解法沉淀过滤

在电解过程中阳极铁板溶解成亚铁离子，在酸性条件下亚铁离子将六价铬离子还原成三价铬离子，同时由于阴极板上析出氢气，使废水 pH 逐步上升，最后呈中性。此时 Cr^{3+}、Fe^{3+} 都以氢氧化物沉淀析出。

（3）生物法

生物法治理含铬废水，国内外都是近年来开始的。生物法处理电镀废水技术，是依靠人工培养的功能菌，它具有静电吸附作用、酶的催化转化作用、络合作用、絮凝作用、包藏共沉淀作用和对 pH 的缓冲作用。该方法操作简单，设备安全可靠。

（4）膜分离法

膜分离法以选择性透过膜为分离介质，当膜两侧存在某种推动力（如压力差、浓度差、电位差等）时，原料侧组分选择性透过膜，以达到分离、除去有害组分的目的。膜分离法的优点：能量转化率高，装置简单，操作容易，易控制，分离效率高。但投资大，运行费用高，薄膜的寿命短。

（5）光催化法

光催化法是近年来在处理水中污染物方面迅速发展起来的新方法，特别是利用半导体作催化剂处理水中有机污染物方面已有许多报道。以半导体氧化物（ZnO/TiO_2）为催化剂，利用太阳光光源对含铬废水加以处理，经 90min 太阳光照（$1182.5W/m^2$），使六价铬还原成三价铬，再以氢氧化铬形式除去三价铬，铬的去除率达 99% 以上。

2. 含铬废水处理工艺方案确认

废水处理工艺路线确定为酸化→硫酸钠还原→加碱沉淀→纳滤（吸附）最后达标排放。该工艺抗冲击能力强，操作弹性大，能持续稳定地将高浓度 Cr^{6+} 废水处理达标。

（二）实施方案

1. 治理技术

项目使用的治理技术工艺流程见图 4-2。

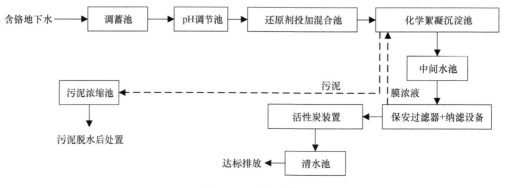

图 4-2 工艺流程图

工艺流程说明：含铬废水分别从各地下水渗出点收集输送至废水处理站调蓄池，调蓄池内的废水由提升泵加压进入调酸、还原工艺段（在进入还原工艺段前由硫酸自动投加装置投加硫酸，在管道内进行酸化，将废水 pH 调整至 5～6），通过还原剂硫酸钠处理的出水自流入加碱沉淀工艺段，将氢氧化铬沉淀，沉淀处理后的出水，通过出水堰自流进入中间水池。中间水池出水通过水泵加压送往纳滤装置及活性炭吸附工艺段，经纳滤膜去除其他少量的重金属后（活性炭吸附处理后），合格产水排入清水池（纳滤设备前段采用保安过滤器进行预处理，保障纳滤膜的使用寿命）。纳滤排出的浓水返回到硫酸钠还原、沉淀处理段，处理合格后送往清水池。清水池内清水六价铬及其他污染物浓度达标后排出系统（为保证系统总铬处理出水达标，沉淀工艺段设计为两级串联使用。整个系统内设计考虑在进水端及出水端分别安装一套总铬、Cr^{6+} 在线监测设备，实时监控进出水的 pH、总铬、Cr^{6+} 浓度）。系统运行产生的污泥收集于污泥浓缩池，污泥脱水后，堆存在暂存堆棚内，定期运至有处置资质及能力的单位处置。脱泥后的滤液则回流至调蓄池再次处理。

为确保废水中的重金属能得到有效去除，出水水质达标，还原沉淀工艺设置为两套并联的两级处理系统。

根据《国家危害废物名录》（2016 版），本项目污水处理产生的污泥属于危害固废。污泥严格按照《危险废物贮存污染控制标准》（GB 18597—2001）、《危险废物转移联单管理办法》进行管理，转运至具有相应资质的单位集中安全处置。

2. 实施原理及工艺参数选择

项目废水主要污染因子为铬，其中，铬的主要存在形式为六价铬，废水中其他重金属含量较低，因此，处理工艺以除铬为目的，辅以深度处理去除其他重金属。由于该项目处理水为地下渗涌水，水质、水量等根据天气的变化差异较大，且最终排放指标要求高，所以处理工艺必须选取一种可以间歇运行、抗冲击能力强、操作简单、运行成本低、处理效果稳定高效的工艺，对比以上处理技术，为保证该项目的处理效果，拟采用还原沉淀+深度处理工艺。根据实际实验及相关文献依据，单级化学沉淀法总铬去除率在 90%左右，为保证最终达标排放，化学沉淀系统采取两级串联使用。

（1）还原剂比选

在酸性条件下（pH=5.5~6），将 Cr^{6+} 还原为 Cr^{3+}，作为沉淀前的预处理。含铬废水目前处理工程中常用的还原剂有亚硫酸钠、硫酸亚铁、水合肼等，经过小试及中试试验对比，结果表明：水合肼对铬废水的还原速率较快，但由于水合肼具有毒性，还原性极强，操作管理要求较高，不建议使用；硫酸亚铁作用快，但投加量稍大产生的化学泥量略大于其他两者，而且投加硫酸亚铁会引入大量的重金属铁，带入了新的污染物；亚硫酸钠作为还原剂，还原效果较好，产生的污泥量较少，安全性和效费比突出。结合以上结论，该项目还原剂选用亚硫酸钠。

还原沉淀反应原理如下：

1）亚硫酸钠还原原理：$10H^+ + 2CrO_4^{2-} + 3SO_3^{2-} = 2Cr^{3+} + 3SO_4^{2-} + 5H_2O$

2）沉淀原理：$3OH^- + Cr^{3+} = Cr(OH)_3\downarrow$

Cr^{3+} 在碱性条件下，生成 $Cr(OH)_3$ 沉淀而被去除，在 pH 为 9 的水环境中可以达到完全沉淀。目前，加碱主要以氢氧化钠和石灰为主，但石灰中的 Ca^{2+} 会造成电导率升高、污泥量增大，对后续深度处理不利，因此，该项目选择氢氧化钠调节 pH。

（2）絮凝剂比选

在水处理中，用絮凝剂去除水中悬浮态和分散胶体态杂质，采用的絮凝剂有硫酸铝、三氯化铁等普通无机絮凝剂，聚合氯化铝、聚合硫酸铝等无机高分子絮凝剂，以及聚丙烯酰胺等有机高分子絮凝剂。

实验结果显示，含铬废水经亚硫酸钠还原沉淀之后，还原效果较好，投加量为理论投加量的 1.2 倍时，铬可以完全去除。污泥量较少，污泥颗粒较细，需要使用絮凝剂和助凝剂结合，效果较好，选用效费比较高的 PAC（聚合氯化铝）作为絮凝剂，PAM（聚丙烯酰胺）作为助凝剂。

（3）深度处理工艺

目前含铬等重金属废水深度处理工艺中比较稳妥可行的处理方式为吸附法和膜过滤法。经预处理的实验水样六价铬含量已低于检出限，总铬平均浓度为 0.04mg/L，为确保整个工艺出水重金属考核指标达标，预处理工艺后设置深度处理工艺。通过实验可知，活性炭吸附与纳滤膜处理工艺出水已经小于设计出水要求<0.05mg/L。两者对比，活性炭具有优良的吸附性能，但在实际工程运行中，重金属与水中其他有机物竞争吸附基团，使活性炭对铬的有效吸附空间降低。纳滤运行效果稳定可以连续处理进一步提高出水品质，随着膜产品在水处理行业普及使用，其投资效费优势日渐凸显，已成为主流的重金属废水处理工艺。综合考虑该项目的出水要求，为保证出水所有重金属均达标，深度处理系统拟采用纳滤+活性炭吸附工艺。其中活性炭吸附作为保障措施使用，不需要长期开启。

纳滤原理：纳滤（NF）技术是介于反渗透和超滤之间的一种压力驱动膜分离技术。NF 膜在应用过程中具有两个显著特征：其一是截留分子量介于反渗透膜和超滤膜之间，为 200~1000Da；其二是膜表面分离层由聚电解质构成，对无机盐具有选择性分离，对有机物的去除率在 90%以上。目前，NF 膜截留机理主要有粒径选择性的筛分理论（孔道阻力）、吸附理论、溶解-扩散理论和电荷排斥理论等。

工艺机理：带有同电荷的离子易被膜截留，而带有异电荷的离子则易被膜表面吸附；离子价态越高，Donnan 电势值越小，说明对膜表面性质影响越大。在水中去除重金属离子一般选用荷负电型 NF 膜，使膜表面与砷酸根离子之间产生 Donnan 排斥作用，从而达到分离重金属离子的目的。

（4）污泥脱水处理工艺选择

在污水处理过程中，会产生大量含水率较高的污泥。污泥为含铬及重金属的危险废物。妥善处理污泥才能便于污泥的运输。通过对污水站污泥处理工艺进行比较，选择合理的处理工艺。

污泥脱水处理要求如下：减少污泥体积，降低污泥含水率，便于污泥后续处理。

目前，污泥脱水方式分为两种，一种是通过污泥干化场自然晾干，另一种是机械脱水。机械脱水效率高；污泥干化场处理效果好，投资低，但冬季温度较低时及雨季空气湿度较大时干化效率低，且干化场占地面积大，污泥在干化场晾晒时，有毒有害物质会在场内残留。考虑到污水站的实际情况，为了提高污泥脱水效率，该工程采用机械脱水与污泥干化结合的方式对污泥进行脱水处理。

3. 安全保障

（1）进水水量超设计

该项目处理系统，在雨季时会处于大流量的运行状态。针对这一情况的保障措施：工艺设计时，在处理设施前端，设置 1 个调蓄池，可以起到缓冲作用。处理正常水量污水时，使用"一组预处理设施+一组深度处理设施"；当进水流量高时，同时开启两组系统并联满负荷运行处理。

（2）排水水质超标

当处理系统排水水质超标时，立即关闭排水口，将清水池中水全部抽到前端事故池中，系统立即进入预处理设施串联运行、深度处理系统串联运行状态，并 24h 不间断抽取预处理系统末端出水及深度处理系统末端出水进行化验，找到问题发生单元，及时进行检修、更换，排除故障，保证出水水质稳定达标后，清水池停止抽水，处理系统恢复正常运行状态，检测出水水质，如果出水水质达标则打开闸门排水，如果出水水质不达标，则继续检查、调试各处理单元，清水池中水继续抽到前端调蓄池中，直到出水水质达到标准后才开闸放水。

（3）系统运行过程中处理单元发生事故

系统运行过程中，如果发生设备或工艺事故，导致漏水或设施损坏时，立即将事故装置中的污水或不合格的工艺废水排入事故池中，及时使用备用设施处理污水，同时排除事故原因，最短时间恢复处理设施。事故池中污水用泵抽回系统前端的调蓄池中处理。

（4）设备检修、更换

系统运行过程中，遇到处理设施故障需要检修时，立即换成备用设施运行状态。所有设施均在站内留一套备品、备件，当设施更换或维修时，能够及时更换备品、备件。

（5）废水处理站供电中断

系统在运行工程中外供电中断时，立即向上级管理部门汇报，及时采取备用供电措施，将渗水点收集池积水送往原化工公司收集池和废水处理站调蓄池，争取时间，尽快恢复供电和运行水处理系统。

四、修复效果

南盘江沿岸西桥工业片区含铬地下水收集及集中处理工程作为重金属污染防治工程的示范项目，项目的实施不仅可以有效控制南盘江沿岸主要的含铬污染源的排放，及时清除区域内重金属的重大污染源，减小该区域资源、环境与生态压力，而且项目实施后可以推进该区域重金属污染防治工程的整体工作。

1. 工程完成情况

设备运行稳定；物理截留工段的纳滤反渗透设备运行稳定。主控污染因子重金属Cr稳定达到《地表水环境质量标准》（GB 3838—2002）中的Ⅲ类标准（≤0.05mg/L）。

2. 环境效益

项目实施后主控污染因子砷、镉、铅等重金属达到《地下水质量标准》（GB/T 14848—1993）中的Ⅲ类水标准，其他污染物执行《污水综合排放标准》（GB 8978—1996）中的一级标准。每年减排六价铬污染物8.76t。项目的实施可以有效地减缓含重金属污水对南盘江的污染，降低区域环境负荷和环境风险，保证区域整体治理工程的实施进度，符合当地环境保护和资源利用的整体规划，有利于人民生命健康和社会经济稳定增长。

五、项目试运行

项目试运行阶段主要对各设备、设施进行单体操作，之后进行联动操作。最后在设计处理量80%的情况下进行了连续3个月的试运行。试运行主要进行了以下工作。

1）检查进水渠道、闸门井及相关区域内是否有与生产无关的杂物，并予以清除。
2）检查开关、电机和自控系统及其仪表设备是否正常可用。
3）检查机器设备是否正常，各管道阀门是否达到工艺要求。
4）检查水泵、风机、刮泥机等是否完好、正常。各出渣点斗车是否到位。
5）检查高位水池、电絮凝池是否满足灌水要求，保持后续水池具备蓄水功能。
6）检查浓缩池底部，清除所有杂物，保证浓缩池运转正常。

六、运维管理

（一）运行调度

1. 水量超出设计规模

当废水站进水水量超过设计规模时，首先应充分发掘设施、工艺、设备的潜力，调整各工序运行工况，延长设备的运行时间，必要时投运备用设备，采取一切可能的措施，尽可能在不增加设施和设备的情况下解决水量超标问题。其次控制调蓄沉淀池水量平衡，在废水站处理负荷不能满足接纳水量时，则应立即向上级主管报告，采取其他措施补救。

其具体控制措施如下。

1）增加泵、电絮凝、化学絮凝等主要设备的开启台时；根据进水量调整加药量。

2）在高密度澄清池适当投加絮凝剂增加化学污泥的沉降性能，保证在水量增大时出水水质澄清。

3）如进水水量持续超标，或通过以上措施仍不能解决水量超标带来的影响，则应立即向县环境保护局上级主管报告。

2. 水量低于设计规模

当废水站进水水量低于设计规模时，可减少主要设备电絮凝、水泵、风机、加药装置、纳滤、反渗透的运行台时。如进水水量低于设计规模的 60%时，可考虑只运行一条工艺段。

3. 进水水质超出设计标准

当进水水质超标时，首先应充分发挥废水站处理设备所具有的能力，挖掘设施、工艺、设备的潜力，调整各工序的运行工况，延长设备的运行时间，必要时投运备用设备。如上述措施仍不能解决问题，则可考虑如下措施。

1）依靠调蓄池平衡进站水量，采用清水池回流部分膜产水的方法稀释过高的进水浓度；

2）增加停留时间，增加药剂投加量；调整控制化学絮凝反应时间，提高预处理阶段的处理效率。

（二）日常操作和设备维护

1. 加药系统

为使处理系统的物化单元能够正常运转，需向污水中投加多种药剂。该工程需投加的药剂有硫酸（H_2SO_4）、亚硫酸氢钠（$NaHSO_3$）、氢氧化钠（NaOH）、PAM、PAC、阻垢剂，为投加这些药剂，药液输送采用计量泵，可根据实际工况灵活调节加药量。

（1）硫酸（H_2SO_4）操作要求

控制要求：硫酸选用浓硫酸。控制混凝一体化设备还原反应区，pH 调节至 2～3。

注意事项：硫酸加药管线在加药之前须确认管道内部干燥无水，防止硫酸稀释释放热量烫坏加药管线。

（2）亚硫酸氢钠（$NaHSO_3$）操作要求

亚硫酸氢钠（$NaHSO_3$）的加药浓度按以下公式进行计算：亚硫酸氢钠（$NaHSO_3$）加药浓度=进水 Cr^{6+} 浓度×3（理论投量比）×2（加药倍数）；

配药浓度为 1%，根据现场水质情况做合理调整。

（3）氢氧化钠（NaOH）操作要求

控制要求：控制混凝一体化设备混凝沉淀区 pH 在 8 左右；

配药浓度为 15%，根据现场水质情况做合理调整。

（4）PAC 操作要求

当投加的 PAC 为固体时，理论加药量及溶药次数如下：预计向混凝沉淀区投加的 PAC 量为 30mg/L；PAC 投加量：1400×30/1000＝42kg/d。

配药浓度为 5%，根据现场水质情况做合理调整。

（5）PAM 操作要求

当投加的 PAM 为固体时，理论加药量及溶药次数如下：预计向混凝沉淀区投加的 PAM 量为 5mg/L；PAM 投加量：1400×5/1000＝7kg/d。

配药浓度为 0.1%，根据现场水质情况做合理调整。

（6）阻垢剂操作要求

预计向纳滤膜投加的阻垢剂为 5mg/L。

配药浓度为 0.1%，根据现场水质情况做合理调整。

2. 纳滤装置

1）控制调整预处理工艺，严格控制膜组件进水条件满足纳滤日常运行要求；

2）操作人员须经过严格培训，掌握纳滤装置的操作维护及保养方法，熟悉异常故障处置措施；

3）按时巡回检查，发现装置运行异常应及时处理，避免设备超压、超限运行；

4）定期对附属设备及仪表、水泵进行维护保养，安全清洁生产。

5）严格执行设备提供商的操作规程，及时对纳滤进行清洗，保持良好的脱盐率及膜通量。

6）每小时记录设备运行压力、产水量、浓水量、电导率等数据。

7）设备长时间停机备用应充装膜保护液防止纳滤膜被污染。

8）具体运行参数控制如下。

叠片过滤器压差设定：0.02MPa；

保安过滤器：压差大于 0.02MPa 更换滤芯（或最多半年更换）；

超滤加药反洗浓度：次氯酸钠加药浓度为 200ppm；

纳滤高压泵：进口低压不小于 0.05MPa，出口高压不大于 1.6MPa。

3. 污泥脱水机房

1）化学絮凝剂的投加量应根据污泥的性质、固体浓度等因素，通过试验确定。废水站要建立具备检测絮凝剂含量的手段以更好地鉴别比较采购的絮凝剂。

2）应按照化学絮凝剂的种类、有效期、储存条件来确定储备量和储存方式，优先使用先储存的化学絮凝剂。

3）药剂量的配制应符合脱水工艺的要求。

4）污泥脱水完毕，应立即对设备进行冲洗。

5）污泥脱水机带负荷运行前，应空车运转数分钟。

6）污泥脱水机在运行中，随污泥变化应及时调整控制装置。在溶药池边工作时，应注意防滑。

7）操作人员应做好机房内的通风工作。

4. 中心控制室

1）中心控制室是废水处理站的核心，是集工艺、设备、自控等于一体的车间。其管理由专人负责，工艺控制参数根据生产实际情况而改变。

2）现场仪表的检测点应按工艺要求布设，不得随意变动。

3）各类检测仪表的一次传感器均应按要求清污除垢。

4）室外的检测仪表应设有防水、防晒的装置。

5）操作人员应定时对显示记录仪表进行现场巡视和记录，发现异常情况应及时处理。

6）非站内用于运行的计算机软件，严禁在中心计算机上运行。

5. 紧急事故处理

（1）出水不达标

1）清水池提升泵出口阀门切换至事故水池。

2）根据系统实际运行工况进行区别处置：若超滤+纳滤系统正在运行，则将纳滤出水切换至活性炭吸附系统吸附后再进入清水池；若超滤+纳滤系统未运行，则启动超滤+纳滤+活性炭吸附系统。

3）检测清水池出水水质，若满足外排标准，则将其出水切换至外排管线。

4）调整一级、二级混凝一体化设备加药量，使二级混凝一体化设备出水达到外排标准后停运超滤+纳滤+活性炭吸附系统。

（2）停水停电

若停自来水，则会影响加药系统的配药。应密切关注各加药系统药剂储量，如不能及时恢复，则系统按停车处理。

系统停电后各机泵将停止运行，应将各输送泵出口阀门关闭，同时密切关注调蓄池水位，防止各渗水点收集池提升泵持续向调蓄池进水，造成调蓄池溢流。

（三）监测

1. 水质检测项目及检测频率的确定

根据《污水综合排放标准》（GB 8978—1996）、《城镇污水处理厂污染物排放标准》（GB 18918—2002）的规定，制定废水处理站的水质检测项目及周期见表4-1。

2. 原始记录管理

监测分析的各种原始记录（包括采样、测试、数据的检验和分析），都应统一规范管理，归档存查。监测结果未经批准不得随意向外提供。

表 4-1 水质检测项目和检测周期

序号	检测项目	检测方法	频率	检测方式
1	pH	玻璃电极法	在线连续监测	自检
2	六价铬	现场使用仪器快速检测法	每班一次	自检
		原子荧光法	定期或抽检	检测机构
3	电导率	电极法	每班一次	自检
4	浊度	分光光度法	每天一次	自检
5	反渗透膜（SDI）污染指数		每天一次	自检
6	纳滤进水硬度		每天一次	自检
7	镉、总砷	原子荧光法、吸收光谱	定期或抽检	检测机构

（四）危险废物处理

该工程项目中危险废物为含铬及含重金属污泥。

1）由于本次含铬及含重金属污泥主要污染成分属于剧毒品，污染发生的途径主要为清挖、装卸、暂存与转运过程中，为了避免污染扩散时工作人员慌张不知所措，要求现场工作人员掌握危险废物泄漏事故时的应急措施，项目实施前做好演练。

2）项目实施过程中，现场挖掘人员应穿戴齐全安全防护用具，同时进行挡风处理，防止风吹扬尘导致含铬及含重金属污泥扩散。

3）当运输过程中由于车祸等异常情况造成污染物扩散，及时报告当地环保部门。

4）施工现场严禁无关人员出入，应在现场设置警戒带，施工人员穿戴个人防护用具。

综上所述，在本次转移处置途中，一定要避免人为失误造成泄漏事故的发生，如遇突发事故做好相应的对策准备，做到责任到人。严格按照《施工组织设计》进行施工，按照交通法律法规进行运输，严禁超速、超载和疲劳驾驶。

（五）危险化学品使用及储存

根据国家标准的规定，凡具有爆炸、易燃、腐蚀性等性质，在运输、储存和保管过程中，容易造成人身伤亡和财物损坏而需要特别防护的物品，均属于危险品。该项目运营期间将使用大量的浓硫酸，浓硫酸属于危险化学品，需要妥善管理使用。

1. 化学危险品的储存

1）化学危险品储存必须有专用仓库、储存室，并设专人管理。

2）储存化学危险品的仓库、储存室应当符合有关安全、防火规定，与其他化学危险品分开，根据其种类及化学性质单独放置，并应有相应的通风、防爆、防火、灭火等安全措施。

3）化学危险品入库前必须进行检查登记，入库后应当定期检查。

4）储存化学危险品的仓库内严禁吸烟和使用明火。并根据消防条例配备消防力量和灭火设施及通信、报警装置。化验室内不得存放过多的易燃、易爆有机试剂和腐蚀性化学危险品。

2. 化学危险品的使用

1）应根据化学品的种类、性能设置相应的通风、防火、防爆、隔离等安全设施。

2）领用剧毒药品须由主管领导批准，取药品时由两人进行。

3）使用化学危险品时必须遵守操作规程及各项安全生产规章制度，正确使用安全防护用具。

七、效果经济评价

该项目污水处理站是一个创造社会效益的单位，污水经过处理后其中的重金属去除，出水符合国家标准，可以就近排入自然水体，受益群体是当地人民。

设计预期的吨水运行成本为 7 元，每年约需要支出 350 万元运行费用。该项目运行后，通过对处理水 pH 的有效控制，降低了药剂成本，实际吨水运行成本为 6 元，每年支出约 300 万元运行费用，年节省 50 万元，为类似项目的运行优化管理提供了重要的实践及数据资料。

八、修复技术优缺点

该废水处理工艺路线为酸化→硫酸钠还原→加碱沉淀→纳滤（吸附）最后达标排放。主要优缺点如下所述。

1. 优点

1）该工艺抗冲击能力强，操作弹性大，能持续稳定地将高浓度含铬废水处理达标。

2）根据实际实验及相关文献依据，单级化学沉淀法总铬去除率在 90% 左右。能适应该项目地下渗涌水水质、水量变化差异较大且最终排放指标要求高的特点。

3）纳滤深度处理出水水质优良，可靠性高，持续性好。

2. 缺点

1）化学药剂使用量大，对管理、使用要求较高，运营较为烦琐。

2）纳滤投资高，浓水需要妥善处理，操作维护复杂。

九、技术适用范围

目前，该技术为国内较先进技术结合应用的范例。适用于含铬地下水、地表水、工业废水、采矿废水领域的水处理项目，可针对水中不同的六价铬含量及去除率要求进行单独配置或整体配置工艺段，以达到最优的性价比。

十、启示

1）采用化学还原法，对运行管理人员及化学品的技术管理要求高。如果进水的六价铬浓度不高或是六价铬浓度变化较大，可采取化学法、电化学法、物理法并联及串联使用。即设置超越管，实现跨工艺段的运行处理方式。

2）采用化学法后端的含铬化学污泥量大，该类污泥属于危险废物，应按照危险废物暂存的要求设置危险废物暂存间，并按照其转运处置要求规范处置。

第五章　耕地污染生态修复

摘要：本章通过案例介绍耕地土壤污染的调查、评估、修复方案制定、工程实施与监理等工作实践，案例中通过深翻、钝化/稳定化、种植业结构调整和低累积作物筛选等技术方法，在保证耕地土壤安全利用和无二次污染的前提下，降低耕地土壤中 Cd、Pb、Zn、Hg 等重金属有效态，使粮食作物可食用部分和其他作物利用部分达到相应标准。本章总结了一套适用于类似耕地土壤污染修复与管理的流程与方法。

耕地污染土壤目前主要的修复方法有物理、化学、生物、农业生态和联合修复技术等。耕地土壤中污染物种类多、类型复杂、污染程度差异大，单一的修复技术往往很难实现修复目标，目前耕地污染土壤修复通常以多种技术协同联合的综合修复模式为主。发展绿色、安全、环境友好的联合修复技术，既能保证土壤肥力和生态环境功能，避免二次污染的发生，又具有技术和经济的双重优势，将是未来发展的方向。

第一节　铅锌冶炼厂周边耕地土壤污染修复治理技术及应用

该项目结合"安全利用-修复治理"的原则，采用"深翻+生土熟化+钝化调理+低累积玉米品种联合技术""钝化剂+低累积玉米/能源植物种植联合技术""钝化剂+种植业结构调整联合技术"等技术措施，建立降低土壤重金属总量及有效态含量、快速恢复土壤生产能力的修复技术示范。

一、项目概况

（一）项目由来

项目所在区域重金属污染被列为全国 138 个重金属污染重点防控区之一，该项目获得 2016 年中央土壤污染防治资金支持，资助金额 2800 万元，是全国土壤污染治理与修复技术应用试点项目之一。

（二）项目区域概况

1. 气候气象

项目区位于某县南部多雨区向北部少雨区的过渡地带，属季风性气候，干湿季节明显。夏季气候凉爽，雨量充沛，阴雨日数多；冬季气候干冷，雨量少，风干物燥。年平均气温 12.6℃，年平均降水量 847.1mm，无霜期 202 天。年平均风速 2.6m/s。地处牛栏江上游，属三峡库区及其上游流域，辖区内含有黑颈鹤国家级自然保护区，环境敏感度较高。

2. 土壤类型及土壤理化性质

项目区域耕地土壤类型主要以红壤土、红黏土为主，土壤质地一般，可耕性一般。区域污染耕地土壤主要为酸性和微酸性土壤，根据所采集的 496 个项目区及周边耕地土壤表层样品，其土壤 pH 为 4.17～7.77，中值为 5.72。土壤有机质含量为 17.8～46.5g/kg，中值为 31.0g/kg，平均含量为 31.5g/kg，属于中等偏上水平。土壤阳离子交换量为 14.0～23.5cmol(+)/kg，平均值为 19.21cmol(+)/kg，土壤阳离子交换量高。

3. 种植制度

项目区域内目前种植的作物主要以饲用玉米为主，每年 3～4 月播种，9～10 月收获，11 月至翌年 2 月主要种植绿肥和青菜。

4. 水文水系

某镇属于牛栏江流域、金沙江上游。区域河流水系较为发达，有阿依卡小河、简槽河、钢铁河、矿山河、鲁机河、瓦窑河、后冲河等河流，最终经大海河汇入牛栏江。

（三）项目前期调查及结论

1. 调查范围

前期调查选择项目区及周边 4 万亩左右耕地作为典型调查区域，对该地区的农田土壤、灌溉水和农产品重金属污染情况进行详细调查，调查范围为项目区及周边 11 个行政村。

2. 点位布设

（1）前期调查第一次采样

2016 年，第一次采样采用网格布点法，网格大小为 200m×200m，对项目区所在 G213 国道西边 2 万亩耕地进行采样调查，采集 346 个表层土壤及 3 个剖面样品。表层土壤采集深度为 0～20cm，采用"X"法均匀随机采取 5 个以上采样点，经充分混合后，四分法采集约 1kg 土样，装入密封袋；剖面土壤样品分 3 层采集：A 层（0～20cm）、B 层（20～60cm）、C 层（60～100cm），取多点混合后装入密封袋。在本次调查中，为了确定项目区可能存在的灌溉水体污染现状，在项目区共采集了 9 个地表水样品。同时参照《全国土壤污染状况调查农产品样品采集与分析测试技术规定》，采集农产品（玉米）样品数量 61 个。

（2）前期调查第二次采样

2016 年，第二次采样根据第一次采样所得结果对项目区及周边耕地进行补充采样，此次采样范围为项目区所在 G213 国道东边 2 万多亩耕地。采用网格布点法，采集 150 个 0～20cm 的表层土壤样品、3 个剖面样品。在本次调查中，共补采了 2 个地表水和 2 个地下水样品，共采集 148 个玉米样。

（3）项目施工前加密采样

2018 年，该项目施工前对项目区实施范围内耕地土壤进行加密取样，于 2018 年 4 月开展，共采集地表水样品 6 个、空气样品 6 个、噪声测试 13 次、土壤重金属样品 20 个、土壤金属有效态样品 102 个，土壤肥力样品 17 个。

各采样点采样一次，作为施工前对照值。具体监测取样情况如下。

地表水监测点：项目区灌溉河上游、项目区灌溉河下游，每期连续监测 3 天。

土壤重金属总量及有效态按照 1 个/5 亩进行采样，土壤肥力按照 1 个/50 亩进行采样。

噪声监测点：施工场界周边各 4 个点，项目区最近的村庄设 1 个点，共计 5 个点，每期监测 1 天，昼间 1 次。

环境空气监测点：项目区最近的村设 1 个点，每期连续监测 3 天。

3. 现场采样

（1）土壤采样

土壤采样执行《土壤检测 第 1 部分：土壤样品的采集、处理和贮存》（NY/T 1121.1—2006）标准。

（2）地表水采样

地表水样品采集参照《地表水和污水监测技术规范》（HJ/T 91—2002）中相关要求进行。

（3）农作物采样

玉米样品采集参照《无公害食品 产品抽样规范第 4 部分：水果》（NY/T 5344.4—2006）、《无公害食品 产品抽样规范第 2 部分：粮油》（NY/T 5344.2—2006）等标准。

4. 分析项目

（1）土壤样品监测项目

土壤理化性质测定：pH（全部土壤样品测定），另外选择 20%的土壤样品和土壤剖面测定土壤阳离子交换量、土壤有机质含量和机械组成。

重金属总量的测定：镉、铅、锌、汞、砷、铬、铜和镍。

重金属有效态：有效镉、有效铅、有效锌、有效汞、有效砷、有效铬、有效铜。

（2）地表水水样检测项目

重金属浓度的测定：镉、铅、锌、汞、砷、六价铬、铜。

（3）农产品样品检测项目

重金属测定：镉、铅、锌、汞、砷、铬、铜和镍。

5. 调查结论

前期调查结果显示，项目区耕地土壤主要污染重金属为 Pb、Cd、Cu、Zn、Ni 和 Hg，其含量分别为 Pb 372.60～547.10mg/kg，Cd 3.69～36.00mg/kg，Cu 210.40～274.30mg/kg，Zn 703.60～2532.20mg/kg，Ni 82.80～106.900mg/kg，Hg 0.20～0.49mg/kg。

某村农产品以玉米为主，农产品中主要污染物有 Pb、Cd。

综上，某镇耕地土壤已遭受较为严重的重金属污染，耕地土壤中污染重金属有效态含量高，已对种植的农产品安全造成威胁，其主要农产品玉米中 Cd、Pb、Zn 均存在超标现象，总超标率达 60.77%，最高超标倍数达 6.98 倍。

（四）污染成因分析

某镇区域内共有 32 家冶炼企业，由于长期的生产活动，关停后企业的生产场地堆积了大量的冶炼废渣，成为主要污染源，如某公司历史遗留堆存的冶炼废渣堆，该大渣堆是主要污染隐患之一。

大渣堆裸露在外，经雨淋水冲不断产生高浓度重金属渗漏液，渗漏液不仅流入河道而且渗入地下，对地表水和地下水均造成污染。位于大渣堆下方的耕地土壤经此类地表水和地下水的灌溉，水中重金属迁移至土壤中，导致土壤重金属含量不断升高，污染持续加重，土壤环境质量恶化。

结合重金属污染状况及项目区和周边耕地情况可判断各重金属污染来源，Cd 和 Zn 的污染来源可能与早期河水灌溉和地表径流及烟气、粉尘干湿沉降有关，也可能存在周边遗留矿渣及大气中污染物沉降后经雨水冲刷汇集到河流等原因。Pb 和 Hg 的污染则主要来源于烟气、粉尘的干湿沉降，As 污染分布范围小，相对较为集中，主要来源为相关工厂生产过程中产生的烟气及运输过程中产生的扬尘，Cu 和 Ni 的污染则与当地土壤背景值高有关。

（五）耕地土壤修复目标及范围

1. 耕地土壤修复目标

1）针对某县某镇受重金属 Cd、Pb、Zn、Hg 重度污染的农田，建立 607.5 亩重度污染农田修复示范工程（四标段），建立 214.5 亩重度污染农田种植业结构调整示范工程。

2）构建一套适合于不同类型重金属污染土壤的重金属减量的试剂与技术体系。

3）筛选出 1～2 种经济高效、环境友好且适合于修复某省某县某镇土壤的重金属污染钝化剂。

4）重度污染农田面积 822 亩，采用"深翻-生土熟化技术"的 100 亩（某村 A 地块）农田，修复后耕作层土壤中 4 种重金属（Cd、Pb、Zn、Hg）有效态降低 40% 以上。5 种重金属（Cd、Pb、Zn、Hg、As）总量超过《土壤环境质量　农用地土壤污染风险管控标准》（GB 15618—2018）筛选值的重金属，修复后耕作层土壤中重金属总量均降低 30% 以上（总量未超过筛选值的重金属不进行总量考核）；采用重金属钝化技术的 507.5 亩（某村 B、C、D 地块）农田，4 种重金属（Cd、Pb、Zn、Hg）有效态降低 40% 以上；采用种植业结构调整的 214.5 亩（某村 E、F、G 地块）农田，其经济效益不低于原来的水平。

5）整个工程 822 亩土壤治理示范农田，实现污染农田土壤安全利用，玉米可食部分 8 种重金属（Pb、Cd、Zn、Hg、As、Cu、Ni、Cr）达标率达 95% 以上。即符合《粮食卫生标准》（GB 2715—2005）、《食品安全国家标准　食品中污染物限量》（GB 2762—2017），其产量不低于原来的产量。

以上绩效目标分两年实施完成。

2. 修复范围及规模

该工程修复治理区域位于某镇某村委会某村，针对某县某镇受重金属 Cd、Pb、Zn、Hg 中度和重度污染的农田，在某村建立 607.5 亩重度污染农田修复示范工程和 214.5 亩重度污染农田种植业结构调整示范工程；修复范围见图 5-1。

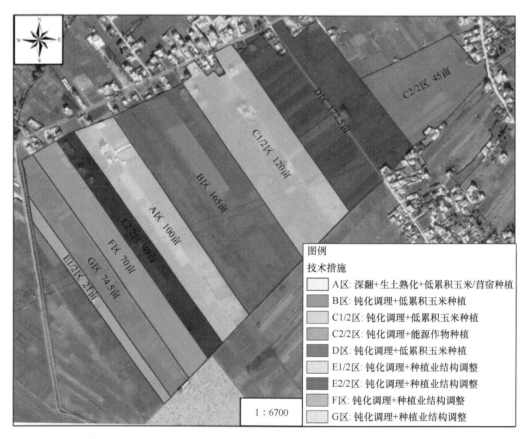

图 5-1 重度重金属污染耕地修复范围分布图（彩图请扫封底二维码）

二、修复技术筛选

（一）修复技术工艺说明

1. 总体修复策略

按照"安全利用-修复治理"相结合的原则，根据某县某镇污染土壤不同污染程度系统布局示范和检测监管的任务，采用重金属原位钝化、土壤深翻及生土熟化等技术措施，建立降低土壤重金属总量及有效态含量、快速恢复土壤生产能力的修复技术示范，在降低耕植层重金属总量的基础上，进一步钝化重金属，降低土壤重金属有效态含量，实现项目农田农产品（主要为玉米）的达标生产。

建立高效、实用的不同程度的重金属污染农田土壤安全利用与修复技术体系，为某县某镇农产品安全生产提供技术支撑，为某省重金属污染农田土壤治理提供经济高效、环境友好的实用技术体系，为某省土壤污染行动防治计划目标的实现提供技术支撑和保障。

2. 修复技术介绍

（1）深翻—生土熟化—钝化调理—低累积玉米品种联合技术

首先采用土壤深翻措施降低耕植层土壤重金属总量；利用生土熟化调控措施，进一步对土壤进行改良，快速高效增加土壤肥力，增强农田土壤的可耕性；然后在处理过的土壤中施撒重金属钝化调理剂，调理剂与土壤充分混合后，可降低土壤中重金属有效态含量，在治理后的耕地中种植重金属低累积农作物（主要为玉米）品种，保障作物可食部位重金属含量符合《食品安全国家标准　食品中污染物限量》（GB 2762—2017）要求。技术措施主要目标为降低土壤中重金属含量，实现目标区域主要农作物品种达标生产，该技术措施试点面积 100 亩。

（2）钝化剂—低累积玉米/能源植物种植联合技术

对于部分重度污染土壤，首先向耕地土壤中施撒重金属土壤调理剂，调理剂与土壤充分混合后，可降低土壤中重金属有效态含量，然后再种植低累积玉米和能源植物；低累积玉米品种与中度污染区低累积玉米品种一致，种植面积合计 462.5 亩；选择区域性能源植物，主要包括罗布麻（*Apocynum venetum*）和巨菌草（*Pennisetum giganteum*），种植面积合计 45 亩。吸收重金属后的能源植物，其韧皮纤维可用于制造纺织品、吸附剂和建筑材料等。在实现重度污染耕地土壤重金属总量逐步降低的同时，保持耕地土壤的耕作功能，同时，种植的能源植物体中重金属保持在一定的水平，以保障能源植物后续利用。采用钝化剂—低累积玉米/能源植物种植联合技术的试点农田面积合计为 507.5 亩。

（3）钝化剂—烤烟/苜蓿种植联合技术

重度污染土壤修复采用种植业结构调整工艺，首先在污染土壤上施撒重金属钝化调理剂，调理剂与土壤充分混合后，可降低土壤中重金属有效态含量，然后再种植与前茬作物不同的作物（烤烟和苜蓿轮作），保障其经济效益不低于当地的平均水平。该技术措施可有效降低土壤中有效态重金属含量，种植业结构调整后保障当地经济效益。采用该技术措施的试点农田面积 214.5 亩。

（二）修复总体工艺技术路线

根据修复技术方案要求，该项目修复总体工艺流程见图 5-2。

三、项目实施概况

（一）施工准备

1. 施工手续准备

项目正式施工前需进行工程开工报审、项目开工令申请、施工单位人员资格报审、施工单位资质报审、工程进度计划报审、施工组织设计报审等相关手续。

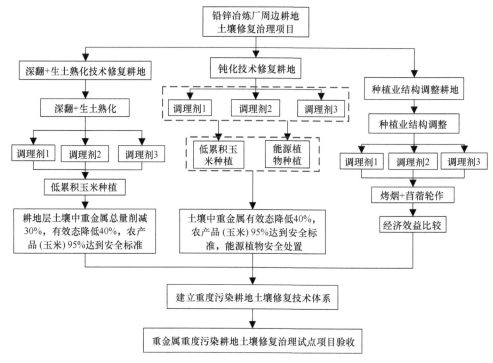

图 5-2　重金属重度污染耕地修复工艺路线图

2. 人员、材料、机械设备进场

（1）人员进场

该项目实施过程中抽调具有丰富施工经验的工程管理人员组建项目部，项目成员于2018 年 4 月 1 日到达项目现场。在项目经理的指导下，开始场地测量及交接等工作。

（2）材料进场

项目所需材料按照工程实施进度安排进场，未影响工程进度。该项目所涉及的材料包括钝化剂、生土熟化剂、有机肥、玉米种子、薄膜、化肥、办公用品、实验耗材等。

（3）机械设备进场

该项目施工过程中所用常规操作机械包括挖掘机、装载机、旋耕机、水泵等。

3. 小试、中试试验论证

（1）小试试验

固化/稳定化小试试验主要对固化/稳定化药剂的类型、施用量、反应条件进行研究，以寻找能达到治理修复效果且药剂成本及药剂施用成本较低的固化/稳定化药剂。共对纤维素负载金属铝氧化物材料、碱性钙渣、铁基生物碳、活性炭、海泡石、石灰、有机硅肥、沸石、高岭土、粉煤灰、磷酸二氢钙、磷矿粉 12 种固化/稳定化药剂在实验室进行实验，每种药剂按实验土壤质量比设置 0.10%、0.25%、0.50%的药剂投加梯度，通过比较分析不同药剂类型及不同药剂投加比对土壤中重金属 Cd、Pb、Zn 的固化/稳定化效果，得到碱性钙渣、海泡石、铁基生物碳、石灰能达到治理修复效果且具有明显的成本优势。

（2）中试试验

1）固化/稳定化药剂筛选中试试验

基于固化/稳定化小试试验结果，在项目区选定 16 亩中试试验区域，将碱性钙渣、海泡石、铁基生物碳、石灰共 4 种固化/稳定化药剂分别按照 250kg/亩、500kg/亩、1000kg/亩的投加量进行中试实验，最终得到碱性钙渣（药剂 A）、海泡石（药剂 B）、铁基生物碳（药剂 C）能达到治理修复效果且具有明显的成本优势。

中试试验结论：①药剂 A+药剂 B[(500+875)kg/亩]的药剂组合对 Cd、Zn 钝化效果较佳，海泡石对铅钝化效果较佳；②对 Cd、Zn 钝化效果最佳时，为土壤 pH 的较高值点，即土壤 pH 的升高对 Cd、Zn 的钝化有促进作用。

2）低累积玉米品种筛选中试实验

项目区主要农作物为玉米，玉米主要超标元素为 Cd、Pb、Zn，低累积玉米品种筛选中试实验目的在于筛选出不易吸收土壤中重金属的玉米品种，配合土壤重金属污染治理修复的固化/稳定化技术，种植出符合国家标准的玉米，实现对重金属复合污染农田土壤的安全利用。在项目区选定 17 亩土壤重金属污染情况基本一致的中试实验区域，对 17 个玉米品种开展中试实验，根据不同品种玉米籽粒重金属含量，利用综合污染评价法进行评价筛选，选出综合污染指数较低的玉米品种，结合各品种玉米产量、耐涝、抗旱能力等因素，最终确定'宣会 7 号'、'地沃 2 号'、'罗单 566'共 3 个玉米品种作为低累积玉米品种。

（二）耕地污染土壤修复方案

1. 工艺流程

耕地污染土壤修复工艺流程见图 5-3。

2. 药剂选择及投加量

中度污染区、重度污染区采用化学钝化技术修复重金属污染的农田，土壤调理剂的使用可以减少土壤中重金属的活性，并使其转化为固定态，从而减少农作物对重金属的吸收，保证农产品安全达标，在一定程度上解决土壤重金属超标带来的土壤环境污染问题；另外土壤调理剂的使用还能提高基本农田土壤 pH，减少肥料的流失；增加农田土壤的中量元素含量，增强作物的抗逆性，提高产量，保障受污染的农田土壤实现安全化利用。

该项目中所推荐的重金属钝化剂主要有钝化剂 A、钝化剂 B、钝化剂 C 共 3 种，均在大田试验及推广应用中表现出良好的效果。药剂相关成分及参数见表 5-1。

3. 主要修复装置装备情况

该修复工程的关键修复工作为重金属污染土壤的原位化学钝化修复。化学钝化技术的修复效果及污染土壤与修复药剂的均匀混合是该修复工程关注的技术重点。

为了更好地将污染土壤深翻，该项目采用专业的土壤深翻设备，以确保深翻深度达到相应要求，施工过程中采用的深翻设备为翻耕机，该设备具有技术成熟、运行稳定、

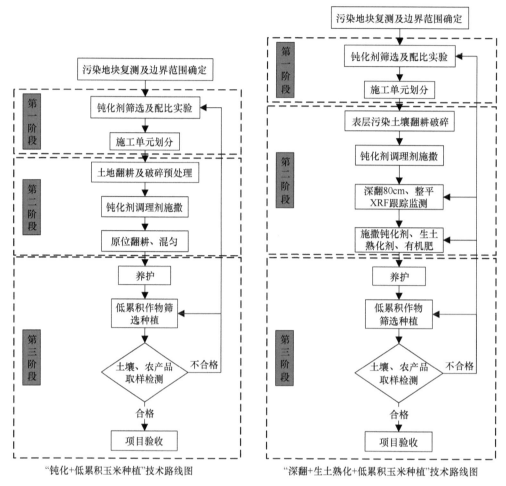

图 5-3　项目区重度污染耕地修复工艺流程图

XRF. 便携式 X-ray 荧光光谱仪

表 5-1　药剂相关成分及参数统计表

钝化剂名称	主要成分	施加方式	施加效果	长效性
钝化剂 A（钙镁型）	含 CaO≥30%, MgO≥8%, SiO$_2$≥4%, pH: 11～13, 粉状, 主要原料为处理后的碱性钙渣和活化磷镁矿粉混合物	植物播种前撒施 1 次, 一年一次, 其用量为 500～800kg/亩	可以减少土壤中重金属的活性, 并使其转化为固定态, 从而减少农作物对重金属的吸收, 保证农产品安全达标, 其微量元素可促进作物生长, 提高产量	—
钝化剂 B（硅酸盐类）	主要成分为硅酸盐类无机物	植物播种前撒施 1 次, 一年一次, 其用量 300～800kg/亩	有效降低土壤重金属有效态成分、农产品重金属含量, 增加农产品产量, 提升农产品品质	土壤重金属有效性降低的理论有效期达数十年, 现可证明有效期已达 3 年
钝化剂 C（铁基生物炭）	pH 9.0～12.0。其中富含钾、钠、钙、硅、镁、铁、硫、磷、锌、锰、铜、硒等有效组分	植物播种前撒施 1 次, 一年一次, 其用量 300～600kg/亩	有效降低农作物重金属含量, 及土壤有效态镉含量	钝化效果可持续 4 季

工作效率高等特点, 能够保障深翻工作高效、持续推进。同时针对某些深翻机深翻不了的地块, 采用挖掘机进行深翻。

4. 施工过程

（1）钝化剂修复技术实施概况

1）场地清理。在施工之前对场地进行清理，采用挖掘机及铲车相配合施工，将污染土壤上层的垃圾和杂草碎石清运至场地临近村庄垃圾中转站堆放。

2）土地翻耕、破碎。项目区污染耕地在修复治理前需对各地块进行清除杂草、破碎翻耕、平整等预处理，土地翻耕作业采用三台旋耕机翻耕破碎至少两遍以上，保证土壤粒径破碎完全，翻耕深度达到 30cm 左右，翻耕破碎后等待后续钝化剂施撒作业。

3）药剂转运。药剂的运输车辆装载均匀，不超载、不遗洒，按照设计的路线行驶，路线设有警示标识，按照施工工程修复需求，分批分量运输到药剂仓库及待修复区域时须听从现场指挥员指挥，按设计的行驶路线行驶，严格控制药剂堆放与进出场。主动搞好与周边环卫、交管部门及居民的关系，减少噪声污染。

4）药剂施撒、混匀。药剂施撒分人工施撒、机械作业施撒两种方式。人工施撒需将设计的修复药剂均匀地分布在目标地块内，然后人工用铁铲将药剂均匀地施撒开。机械作业采用药剂播撒机进行施撒，用拖拉机作为动力牵引，该机械一次装药量为 1t，药剂播撒机可以将修复药剂均匀地施撒至目标地块范围内。采用旋耕机将钝化剂与土壤翻耕混匀。同时，在土壤修复过程中进行洒水养护，含水率一般为 20%～30%；不定期取样检测，不合格区域再次翻耕，改善土壤理化性质，降低重金属有效态。项目现场药剂施撒、混匀情况见图 5-4。

图 5-4 药剂施撒、混匀作业（彩图请扫封底二维码）

5）养护。药剂经过旋耕混合后应洒水湿润土壤（该项目密切关注天气信息，在降雨前施撒药剂），使土壤含水率为 20%～30%，促进钝化修复药剂与土壤重金属发生物理化学作用，养护反应 7～14 天。

（2）深翻-生土熟化技术实施概况

1）对污染耕地土壤进行深翻，中度污染区 50 亩地块翻耕深度为 60cm，重度污染区某村 100 亩地块翻耕深度为 80cm 以上，将上层 0～60cm 土壤与 60～80cm 深度范围的土壤层进行上下深翻置换，以便降低耕植层重金属污染物的浓度，并对深翻至表层的土壤施撒药剂进行钝化，阻隔污染物向耕植层土壤及农作物根系的迁移途径。

2）在表层土壤施撒有机肥和生土熟化剂，对深翻上来的生土进行高效快速熟化，增强耕地土壤的肥力及可耕性。生土熟化措施主要包括向生土中添加有机肥及熟化剂，其中有机肥在植物播种前撒施 1 次，用量 500kg/亩；生土熟化剂在土壤深翻后和植物播种前各撒施 1 次，共两次，按 2.25%的质量比（生土熟化剂/土）投加生土熟化剂。

3）首先在生土熟化的过程中，利用旋耕机对耕植层进行深松，中耕深松深度为 20～30cm，可以使耕层疏松绵软、结构良好、活土层厚、平整肥沃，使固相、液相、气相比例相互协调，适应作物生长发育的要求。其次，可以创造一个良好的发芽种床或苗床。深松不翻转土层，使残茬、秸秆、杂草大部分覆盖于地表，既有利于保墒，减少风蚀；又可以吸纳更多的雨水；还可以延缓径流的产生，削弱径流强度，缓解地表径流对土壤的冲刷，减少水土流失，有效地保护土壤。

（3）低累积作物种植实施概况

根据低累积玉米筛选实验确定了'罗单 566'、'地沃 2 号'、'宣会 7 号'三个品种，玉米种植选择当地最佳种植节令清明节前后 1 周内开始种植。结合当地气候条件和玉米种植方法，采用打塘、施肥、覆膜、插籽的方法进行种植。采用双行种植，单行（小行）之间的距离为 40cm，双行（大行）之间的间距为 90m。

种植参数：玉米播种量为 2.5kg/亩左右；底肥（复合肥）施肥量为 50kg/亩左右；地膜施用量为 1.5 亩/筒。项目区低累积玉米人工、机械种植作业情况见图 5-5。

低累积玉米人工种植作业　　　　　　　　低累积玉米机械种植作业

图 5-5　低累积玉米种植作业（彩图请扫封底二维码）

玉米种植后进入田间管理阶段，田间管理包括间苗（补苗）、中耕追肥、除草、防病虫害等。中耕追肥使用尿素（氮肥），在玉米拔节期至成熟期间追肥 2 次，施用量为 40kg/亩。

（4）烤烟/苜蓿种植实施概况

烤烟种植采用"膜下烟"种植方式，项目区种植节令在清明节后 1 周左右，烤烟种植分整地理塘、施肥、栽种、浇水、盖膜、揭膜几个步骤。烤烟种植参数：烟苗用量 1000株/亩；烤烟复合肥 50kg/亩；硝酸钾 10kg/亩；有机肥 20kg/亩；地膜 7.5kg/亩。

播种紫苜蓿（*Medicago sativa*）前应清理烟秆、地膜和田间杂草。播种时期为 9 月中旬。播种量 6.0kg/亩。播种采用穴播的方式，待烟秆清理后，直接在种植烟秆的穴塘里进行播种，穴距 15～20cm，播深 4～5cm，也可用插籽器（当地农户习惯用的一种玉米插籽、绿肥插籽的工具）在烟墒两侧进行播种。

（5）能源植物种植实施概况

1）巨菌草（*Pennisetum giganteum*）种植

按照种植要求开条形沟，沟深 20cm、行距 0.8m，每亩 4000 芽。按条栽法，把处理过的草种整株平放于沟内，以每株间隔 0.4m 的距程直线摆放，最后进行人工覆土，覆土厚度为 3～5cm。整片地块种植完成后前期需进行适当的灌溉浇水管理，首次灌溉以土地湿透为标准（或有条件进行大水漫灌为佳），首次灌溉后种植首月在不下雨的情况下每隔 7 天进行一次浇水管理，直至出芽均匀即可。

施肥方法：①中耕除草后，在雨天对巨菌草进行一次追肥，每亩 15kg 尿素和 10kg 复合肥混合使用；②当草长到 120cm 左右时，再进行一次追肥，每亩用复合肥 25kg。

2）罗布麻（*Apocynum venetum*）种植

采用垄沟种植，垄距 65cm，垄上双行，精播机播种，每延长 1m 下种粒数 35 粒，播深 3～4cm。播种时要求下籽均匀，深浅一致，覆土良好，播后轻压。播种量根据种子质量决定，发芽率为 70% 的种子，播种量为 2kg/亩左右，如果种子发芽率低于 70% 应按比例酌情增加播种量。

施肥方法：每亩施肥总量为尿素 22kg、二铵 11kg、硫酸钾 23kg（折合每亩纯量氮 12.1kg、五氧化二磷 5kg、氧化钾 7.6kg）。施足基肥：每亩深施尿素 5.2kg、二铵 11kg、硫酸钾 13.8kg；追肥：15 叶龄（播种后 50 天）进行追肥，每亩追施尿素 9.5kg、硫酸钾 9.2kg。40 叶龄补施，每亩追施尿素 7.3kg。

（6）作物秸秆安全处置工程

项目区种植的能源植物罗布麻、巨菌草收割后采用卧式焚烧炉对其统一安全焚烧处置。焚烧炉带有烟气处理装置，能够处理燃烧产生的废气和灰烬。

焚烧炉采用的是一次热解气化+环绕风混燃+二次焚烧+燃尽处理的燃烧方式。该焚烧炉的一次燃烧室的设计由于采用气化焚烧技术使焚烧炉内气温在 650～850℃，有机物及垃圾在焚烧过程中不会产生熔块、渣块、烧结等问题。在二次混合焚烧室内设置有二次焚烧燃烧器与环向给风装置。在高温下，烟气中可燃气体能够充分燃烧，可以高效率地把气化炉所产生的气体与空气充分混合燃烧，防止气焰中的碳物质逸出和迟烧现象的发生。有机废物（秸秆）处理时烟气产量小，最后残余灰渣储于炉底灰斗，由于灰渣量少（实用统计约占处理秸秆量的 5%），该机采取定时人工清理。该项目能源植物安全焚烧装置见图 5-6。

图 5-6　能源植物安全焚烧处置作业（彩图请扫封底二维码）

四、修复效果评估

（一）修复效果评估开展情况

1. 评估方法

该项目修复效果评估委托第三方某省环境科学研究院进行跟踪评估。

（1）土壤修复评估方法

根据修复前取样（本底值）检测结果，与修复结束后取样检测结果相对比，比较 A 区、B 区、C 区、D 区重金属有效态含量相比修复前是否下降 40% 以上。比较 A 区耕植层重金属总量相比修复前是否下降 30% 以上、有效态含量相比修复前是否下降 40% 以上。

（2）农产品质量评估方法

项目区农产品质量考核玉米籽粒（可食部分），评价指标为玉米籽粒中 Cd、Pb、Zn、Hg、As、Cu、Ni、Cr 8 种重金属含量是否满足《食品安全国家标准 食品中污染物限量》（GB 2762—2017）和《粮食（含谷物、豆类、薯类）及制品中铅、铬、镉、汞、硒、砷、铜、锌等八种元素限量》（NY 861—2004）的要求。

2. 评估内容

1）A 区、B 区、C 区、D 区有效态消减率，A 区深翻后耕植层重金属总量消减率、土壤肥力情况；

2）农产品玉米可食用部分达标率，玉米产量是否达到往年产量水平，种植业结构调整区经济效益是否达到往年平均水平；

3）土地翻耕深度、药剂混合均匀程度是否达到要求；

4）药剂安全性是否合格，是否造成二次污染问题。

（二）安全利用或修复目标完成情况

本期工程重度污染区和中度污染区修复治理后对重金属总量、有效态消减率达到考核目标要求，即采用深翻+生土熟化的 100 亩农田，5 种重金属（Cd、Pb、Zn、Hg、As）总量均降低 30% 以上；采用重金属钝化技术的 562.5 亩农田，4 种重金属（Cd、Pb、Zn、Hg）有效态降低 40% 以上。农产品玉米可食部分（籽粒）8 种重金属（Pb、Cd、Zn、Hg、As、Cu、Ni、Cr）达标率达 95% 以上，即符合《粮食卫生标准》（GB 2715—2005）、《食品安全国家标准 食品中污染物限量》（GB 2762—2017）。

（三）效果评估结论

该工程于 2018 年 4 月 1 日开工，于 2019 年 10 月完工。项目运行期间，施工单位严格按照"某县某镇耕地土壤污染修复治理项目实施方案"落实各项工艺技术措施和二次污染控制措施。对某镇某村重度污染耕地进行修复治理工作，采用深翻+生土熟化+钝化剂+低累积作物品种联合技术、钝化剂+低累积作物品种联合技术、钝化剂+烤烟/苜蓿种植联合技术，共计完成污染耕地药剂喷洒 822 亩、钝化剂施撒 1129.6t，生土熟化剂施撒 621t，有机肥施撒 58.2t，低累积玉米种植 562.5 亩，烤烟与苜蓿轮作种植 214.5 亩，罗布麻种植 22.5 亩，巨菌草种植 22.5 亩，以上作物均种植 2 年。

第三方检测单位分别在施工前、施工中、施工后对项目实施进行跟踪监测。将监测结果与修复前本底值进行比较，分析检测结果显示，污染区重金属有效态消减率均达到 40%以上，实施"深翻+生土熟化"修复后地块根植土层重金属总量消减率均达到 30% 以上，土壤肥力不低于本底值，达到考核目标。

修复后，第三方检测单位对种植的低累积玉米可食部分（籽粒）采集样品进行检测分析，结果显示玉米可食部分 8 种重金属（Pb、Cd、Zn、Hg、As、Cu、Ni、Cr）达标率达 95%以上。即符合《粮食卫生标准》（GB 2715—2005）、《食品安全国家标准　食品中污染物限量》（GB 2762—2017），其产量不低于原来的产量，项目修复合格。

五、技术适用范围

对于"深翻—生土熟化—钝化"联合技术的推广应用需要加强耕地土壤纵向污染分布的调查，对垂直剖面不同深度土壤重金属含量取样检测分析，确定不同深度的重金属污染程度，进而确定能达到修复目标的翻耕深度。同时应关注土壤耕植层和底层的土壤肥力情况，确保培肥措施能快速恢复土壤肥力及生产能力。该技术适用于表层土壤重金属超标倍数较高，而底层土壤污染较轻、田间石块较少的区域。

对于重度污染区域，"烤烟+苜蓿"种植结构模式具有较好的推广价值，并请当地政府加大烟叶集中采购帮扶政策，确保当地农户能享受到土壤修复带来的经济效益。

六、启示

1）农田土壤采用协同联合技术体系修复可以克服单一修复措施的缺点，与单一修复技术相比，具有连接不同技术在时间和空间上的优势，从而提高修复效率，缩短修复时间。该体系主要采用"重金属钝化+土壤深翻+生土熟化+种植结构调整"联合技术、"重金属钝化+低累积作物品种"联合技术、"重金属钝化+种植业结构调整"联合技术对 Cd、Pb、Zn 等重金属复合污染土壤治理修复是可行的。农作物选择上可以优先考虑种植低累积玉米作物、烤烟和苜蓿轮作。

2）对农田土壤修复钝化剂开展实验室筛选、小试实验与大田实验等多重验证。在相对可控的条件下，采用"钝化修复+低累积玉米品种""深翻+生土熟化+钝化修复+低累积玉米品种"等种植联合技术，筛选出对土壤重金属生物有效性含量具有显著钝化作用的钝化剂，为各项修复方案效果评估提供技术支撑，为指导大田施工提供理论依据。并通过深翻在降低根植层重金属总量的基础上，快速恢复土壤生产能力，进一步钝化重金属，降低土壤重金属有效态含量，实现项目农田农产品的达标生产。

3）针对污染区域土壤重金属有效态超标的情况，项目实施过程中根据实施方案开展重金属钝化剂筛选，通过测定钝化后土壤中重金属有效态含量，并结合经济效益、环境效益及适用性等因素比较，最终筛选出铁基生物炭、碱性钙渣及活化磷镁矿粉混合物、无机硅酸盐具有较好的推广价值。

第二节　农田重金属复合污染土壤修复治理技术及应用

项目对 Cd、As、Pb、Zn、Cu 复合污染的 300 亩示范区耕地，通过钝化/稳定化（投加土壤调理剂）、农艺调控和种植结构调整等措施，经小试、中试和示范区种植，实现"粮改饲"种植试点示范，最终选育出的重金属低累积牧草品种为巨菌草（*Pennisetum giganteum*）、王草（*Pennisetum purpureum* × *Pennisetum americanum*）、皇竹草（*Pennisetum sinese*）。

一、项目概况

（一）项目由来

该项目获得 2018 年中央土壤污染防治资金支持，资助金额 500 万元，是全国土壤污染治理与修复技术应用试点项目之一。

（二）项目区域概况

1. 气候气象

项目所在地属亚热带山地季风类型气候，受地理位置和地形条件的影响，气候的垂直变化显著。寒、温、热三大气候差异并存，四季不甚分明，海拔高差悬殊，气候的垂直分布规律明显。年均日照数 1968.6h，年均气温 15.9℃，年均相对湿度 78%，年均降水量 1292.8mm，全年风向多为南风和西南风，年均风速 3.3m/s，风力一般为 3～5 级。项目地气温最高 36℃，最低 15℃，年均 18.5℃。年均降水量 700～800mm。

2. 种植制度

项目地受某乳业产业链影响，耕地以种植牧草和蔬菜为主，历年来以蔬菜或玉米（*Zea mays*）和牧草轮种居多，部分区域蔬菜、牧草混种。片区奶牛养殖户约有 110 户，奶牛养殖规模 5000 多头。片区种植牧草品种主要涉及象草（*Pennisetum purpureum*）、紫苜蓿（*Medicago sativa*）、黑麦草（*Lolium perenne*）和青贮玉米（*Zea mays*）等，种植规模分别为象草 8500 亩、紫苜蓿 1500 亩、青贮玉米 1200 亩、黑麦草 1200 亩。象草和紫苜蓿为多年生牧草，片区每年 5 月种植青贮玉米，10 月种植黑麦草。当地特色奶牛养殖产业已经呈规模型发展，牧草种植面积较广，牧草需求量较大。

3. 土壤类型及土壤理化性质

项目所在地为耕地，土壤属于红壤，以燥红土为主。

经详细调查，项目区土壤基本理化性质为，pH 为 6.85～8.5，平均值 7.75。土壤样品有机质含量在 15.02～98.80g/kg，中值 56.19g/kg，平均含量为 55.19g/kg。土壤阳离子交换量范围在 21.44～30.60cmol(+)/kg，平均值为 25.84cmol(+)/kg。土壤样品中砂粒（2～0.05mm）的含量在 84.15～346.17g/kg，平均值为 189.30g/kg；粉粒（0.05～0.002mm）

的含量在 340.83~517.78g/kg,平均值为 430.49g/kg;黏粒(<0.002mm)的含量在 285.78~519.13g/kg,平均值为 380.15g/kg。土壤肥力:全钾 0.41~0.90mg/kg,速效钾 396~1181mg/kg。

(三)项目范围

项目位于某小镇附近,示范区东西方向长 840m,南北方向长 710m,项目修复或安全利用面积为 300 亩。

(四)项目详细调查情况

在前期调查工作的基础上,对修复示范区的土壤及牧草、牛奶等农产品等开展详细的补充调查工作。

1. 调查范围

该项目具体调查内容涉及示范区耕地土壤和农作物污染情况等。其中,土壤调查范围为 300 亩示范区;灌溉水、地表水调查范围为项目示范区及周边;农作物、牧草调查范围为项目示范区及周边 500m 范围内随机布置,调查监测指标见表 5-2。

表 5-2 土壤及农作物监测指标一览表

介质	监测项目及指标	样品数量
土壤等固体样品	理化特性:pH、机械组成	100
	基本指标:镉、砷、锌、铜、铅、汞、镍、铬	100
	其他项目:六六六、滴滴涕、苯并[a]芘	20
	有效态:镉、砷、铅、汞、铬	50
农作物及农产品样品	重金属指标:镉、砷、铅、汞、铬、镍、锌、铜	300
地表水、灌溉水等样品	重金属指标:镉、砷、铅、汞、铬、镍、锌、铜	12

2. 点位布设

土壤样品:土壤调查时,布点密度为每 3 亩一个,采取 0~20cm 表层混合土壤样品(采用双对角线法,5 点混合)。每个点位采集 1 个土壤样品,共计 100 个。样品采集频次为 1 次。

农作物样品:示范区选取象草(*Pennisetum purpureum*)、黑麦草(*Lolium perenne*)、紫苜蓿(*Medicago sativa*)、玉米(*Zea mays*)、蔬菜或其他典型作物,共计 300 个样品。

灌溉水、地表水样品:采集项目示范区周边农田灌溉水、地表水水样,共 12 个。

3. 土壤环境状况

(1)土壤 pH 调查结果

经过检测,100 个表层土壤样品的 pH 范围为 6.85~8.50,示范区土壤为碱性,仅西北方向局部为中性土壤。

（2）土壤重金属元素含量调查结果

对项目示范区土壤一类重金属污染物进行统计分析。Cr 含量 96～183mg/kg，平均 144.74mg/kg，所有样品 Cr 含量均低于筛选值，Cr 元素含量变异系数较小，说明土壤中 Cr 元素含量差异不大。Pb 含量 33.3～368.0mg/kg，平均 119.00mg/kg，15 个土壤样品 Pb 含量超过筛选值 0.018～1.16 倍，超标率 15%，所有样品均未超过管制值。Cd 含量 0.91～38.10mg/kg，平均 5.32mg/kg，所有土壤样品的 Cd 含量均超过筛选值，超筛选值 0.52～62.50 倍，超标率 100%，其中 48 个土壤样品超过管制值 0.023～8.53 倍，超标率 48%。As 含量 88.80～1550mg/kg，平均 186.35mg/kg，经检测，该片区所有表层土壤样品 As 含量均超过筛选值，超标率 100%，超筛选值 2.11～50.67 倍，93 个样品超过管制值 0.01～11.92 倍，超标率 93%。Hg 含量 0.16～0.96mg/kg，平均 0.36mg/kg，所有土壤样品 Hg 含量均未超过筛选值。

所采集的土壤样品中，对二类重金属污染物进行统计分析。Cu 含量 47～718mg/kg，平均 160.49mg/kg，其中 95 个土壤样品 Cu 含量超过筛选值，超筛选值 0.06～6.18 倍，超标率 95.00%。Zn 含量 21～661mg/kg，平均 179.36mg/kg，所有土壤样品 Zn 含量均超过筛选值，超筛选值 0.032～1.64 倍，超标率 100.00%。Cu 含量 47～718mg/kg，平均 160.49mg/kg，其中 95 个土壤样品 Cu 含量超过筛选值，超筛选值 0.06～6.18 倍，超标率 95.00%。Ni 含量 10～303mg/kg，平均 71.24mg/kg，1 个土壤样品 Ni 含量超过筛选值，超筛选值 2.03 倍，超标率 1%。经统计所得，8 种重金属元素含量的变异系数均小于 1，说明土壤中重金属元素含量差异不大。

综上，项目示范区调查区域内土壤同时存在 Cd、Pb、As、Zn、Cu 污染，其中 Cu、Cd、As 三种元素污染分布范围较广，Cd、As 污染最为严重。

以地统计学与 ArcGIS 相结合的方法，利用克里金空间插值法分析，并制作重点污染 Cd、As 的单项重金属全量及有效态污染空间分布图，见图 5-7、图 5-8。

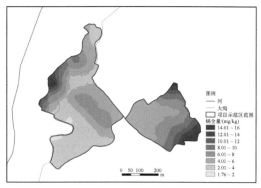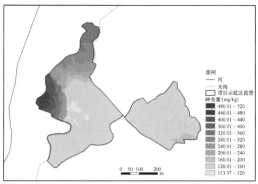

图 5-7　土壤中 Cd（左）、As（右）全量分布（彩图请扫封底二维码）

（3）土壤重金属单因子污染指数评价

各重金属单因子污染指数统计结果：Cr、Ni、Zn、Pb、Hg 5 种元素的单因子污染指数平均值小于 1，说明示范区土壤 Cr、Ni、Zn、Pb、Hg 的污染不明显或未产生污染；而 Cu、Cd、As 的单因子污染指数平均值均大于 1，说明 Cu、Cd、As 污染显著，特别

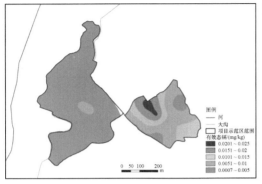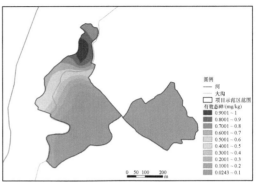

图 5-8 土壤中有效态 Cd、As 含量分布（彩图请扫封底二维码）

是 Cd、As 两种重金属已存在严重的污染现象，其所对应的单因子污染指数平均值分别为 Cd（9.90）、As（7.17）。从最大值来看，部分采样点的重金属污染程度相当严重，Cd、As 的最高值已分别达到评价标准值的 62.50 倍、50.67 倍，其次 Pb、Cu、Zn、Ni 的最高值分别达到评价标准值的 1.16 倍、6.18 倍、1.64 倍、2.03 倍。

在 8 种重金属中，Cr、Hg 的单因子指数均小于 1，说明示范区土壤整体表现出 Cr、Hg 清洁；Pb、Ni、Zn 的单因子指数以小于 1 为主，Ni 元素仅少数点位单因子指数为 3～5，Pb 和 Zn 元素仅少数点位单因子指数分别为 1～2 和 2～3，说明该示范区土壤整体表现出 Pb、Ni、Zn 清洁，仅局部区域存在 Pb、Zn 轻度、中度污染和 Ni 中重度污染。Cu 的单因子指数以 1<Pip≤2 等级为主，占比 84%，中度、中重度、重度污染三个等级均有分布，且分布数量情况基本相近，说明示范区土壤同时存在 Cu 的轻度、中度、中重度及重度污染，以轻度污染为主，部分地区为中度、中重度及重度污染。

重金属 Cd 的单因子指数以大于 5 为主，占全部采样点位的 74%，3<Pip≤5 等级占比 15%，仅少数点位单因子指数为 1～2 和 2～3，说明示范区土壤同时存在 Cd 的轻度、中度、中重度及重度污染，以重度和中重度污染为主，局部地区为轻度、中度污染。

重金属 As 的单因子指数分布于 3<Pip≤5 和 Pip>5 两个等级，分别占比 41% 和 59%，说明示范区土壤 As 污染情况严重，为重度污染和中重度污染。

综上，该示范区整体呈现 As 和 Cd 的重度、中重度污染，整体表现 Cr、Hg 清洁。示范区 Pb、Ni、Zn 等整体表现清洁，仅局部表现轻度、中度、中重度污染。Cu 同时存在清洁、轻度、中度、中重度及重度污染，以轻度污染为主。

（4）重金属综合污染指数评价

依据重金属综合污染指数计算公式，计算示范区土壤重金属的 Pn 值，并进行描述性统计。评价结果显示，示范区土壤重金属综合污染指数为 2.45～46.24，平均为 8.69。经统计 Pn>5 的比例最大，占比 61%，说明该片区土壤主要呈现重度污染；其次为 3<Pn≤5，占比 34%；土壤样品中有 5% 的 Pn 值为 2～3（中度污染）。重金属综合污染空间分布详见图 5-9。

综上，示范区以重度、中重度污染为主，占比 95%；另有中度污染分布于示范区西南部，占比 5%。

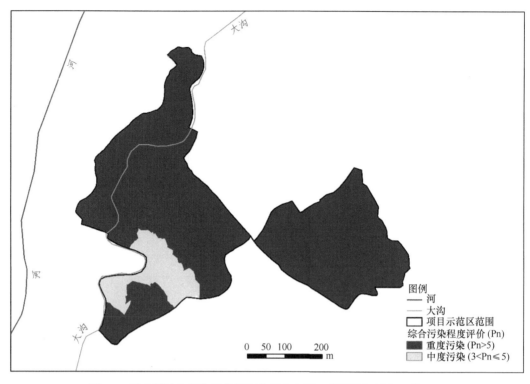

图 5-9　重金属综合污染评价程度空间分布图（彩图请扫封底二维码）

（5）土壤重金属有效态分析

本次调查选取了 53 个土壤样品进行土壤重金属有效态分析，从有效态含量来看，土壤重金属有效态平均含量顺序依次为铅＞砷＞镉＞铬＞汞。

项目示范区有效态镉、有效态砷的含量分布不均匀，其中，项目示范区的东部区域有效态镉含量最高，西北部区域有效态砷含量最高。

（6）其他检测项目评价分析

项目示范区检测了 20 个样品的六六六总量、滴滴涕总量、苯并[a]芘含量等其他指标，均未超过农用地土壤污染风险筛选值。

（7）土壤环境质量评价

项目示范区一共布设了 100 个土壤采样点，均采集浅层样品。对土壤样品的质量初步分级发现，在 100 个采样点中，没有点位属于优先保护类；属于安全利用类的点位数为 6 个，占比 6%；另外，还有 94 个点位属于严格管控类，占比 94%。

4. 农作物质量状况

2020 年 4 月 10～12 日，采集了项目示范区及周边的 7 种作物共 21 个样品，包括：韭菜（*Allium tuberosum*）、甘蓝（*Brassica oleracea* var. *capitata*）、黄花菜（*Hemerocallis citrina*）、空心菜（*Ipomoea aquatica*）、莴笋（*Lactuca sativa* var. *angustata*）、葱（*Allium fistulosum*）和薄荷（*Mentha haplocalyx*）。

甘蓝中的 Cd、Hg、Pb、Cr 及 As 全部达到《食品安全国家标准　食品中污染物限量》

（GB 2762—2017）的标准值要求；除甘蓝外的其他作物，韭菜、黄花菜、空心菜、莴笋、葱和薄荷，其 Cd、Hg、Pb、Cr 及 As 均存在不同程度的超标情况，其中以 Pb、Cd、As 的超标情况最严重，超标率均为 100%，综合呈现为重度超标（E_{ij}>2.0）。

《食品安全国家标准 食品中污染物限量》（GB 2762—2017）中无 Cu 和 Zn 的考核要求，故参考《粮食（含谷物、豆类、薯类）及制品中铅、铬、镉、汞、硒、砷、铜、锌等八种元素限量》（NY 861—2004）中的最小标准值，7 种蔬菜作物中的 Cu 和 Zn 均达到标准要求。

5. 牧草质量状况

除了 7 种农作物（蔬菜）之外，详细调查还采集了项目示范区及周边 500m 范围内种植的多种牧草并进行检测，主要有多花黑麦草（*Lolium multiflorum*）、紫苜蓿（*Medicago sativa*）、皇竹草（*Pennisetum sinese*）、象草（*Pennisetum purpureum*）、毛苕子（*Vicia villosa*）等。其中，牧草的 Cd、Hg、Pb、Cr 及 As 的标准值参考标准为《饲料卫生标准》（GB 13078—2017），Cu 和 Zn 的标准值参考国家农业行业标准《粮食（含谷物、豆类、薯类）及制品中铅、铬、镉、汞、硒、砷、铜、锌等八种元素限量》（NY 861—2004）中的标准取值（Cu≤6mg/kg、Zn≤50mg/kg），检测结果如下：

毛苕子的茎叶样品，砷超标率 88.24%，超标 0.125～1.275 倍，镉超标率 11.76%，超标 0.1～0.2 倍；所采集的多花黑麦草的茎叶样品，砷超标率 79.44%，超标 0.25～1.75 倍，镉超标率 22.22%，超标 0.1～1 倍；所采集的紫苜蓿的茎叶样品，砷超标率 20%，超标 0.1～0.85 倍；皇竹草、象草的茎叶样品，各指标均达到标准要求。

6. 地表水、灌溉水调查结论

2020 年 4 月 10～12 日，采集了项目示范区及周边的 12 个地表水、灌溉水样品检测分析。2020 年 5 月 26～27 日，再次取样，并进行检测。其中，2#、3#、6#不具备灌溉用水功能，其他 9 个地表水监测点位水体具备灌溉用水功能，具备灌溉用水功能的 1#、4#、5#、7#、8#、9#、10#、12#点位水体均出现 As 超过《农田灌溉水质标准》（GB 5084—2021）蔬菜标准、旱作标准的情况。

项目实施期间，灌溉水源为示范区东部半山腰上流淌下来的泉涌水（11#监测点位），其水质优于《地表水环境质量标准》（GB 3838—2002）III 类标准，满足灌溉标准要求。

（五）耕地土壤修复目标

通过开展某市农田土壤污染治理与修复技术应用试点项目，实施污染耕地"粮改饲"修复示范试点工程，探索锡冶炼污染农用地的修复及安全利用技术的科学性、经济性及适用性，总结形成"粮改饲"种植模式及经验。

到 2020 年 12 月底，通过项目的实施，实现如下目标。

1）示范区土壤重点重金属镉的有效态降低 10%以上（土壤改良区域）；

2）通过示范试点工程的实施，300 亩重度污染土壤实现"粮改饲"种植调整；

3）选育出 1～3 种适合奶牛养殖的相对低累积牧草品种；

4）牧草产量不低于以往常规产量水平，且牧草中重金属含量（砷、镉）较现有水平降低 20%以上；

5）编制完成"某市农用地粮改饲种植技术规范"（征求意见稿）。

二、修复技术筛选

（一）修复技术工艺说明及技术介绍

1. 低累积牧草品种筛选

项目结合片区原有种植结构、原有牧草品种、"粮改饲"种植试点示范要求及项目区发展规划，综合考虑牧草生物学特性、适口性、产量及景观性等因素，以初步确定的 27 种牧草开展田间小区中试试验，试验从 27 种牧草品种中筛选出 7 种相对低累积牧草品种。最终经示范区大田推广种植，复核中试成果并进一步优化筛选低累积牧草品种，参加试验牧草品种信息见表 5-3。

表 5-3　27 种试验牧草品种信息统计表

参试牧草	科	属	种	试验品种
饲用高粱 Sorghum bicolor	禾本科	高粱属	高粱	12FS9003、13FB7001、12FS9011
苏丹草 Sorghum sudanense	禾本科	高粱属	苏丹草	12SU9003、12US9004
高丹草 Sorghum bicolor × sudanense	禾本科	高粱属	高粱×苏丹草	12SU9001、超级唐王
黑麦草 Lolium perenne	禾本科	黑麦草属	黑麦草	麦迪
多花黑麦草 Lolium multiflorum	禾本科	黑麦草属	多花黑麦草	邦迪
苇状羊茅 Festuca arundinacea	禾本科	羊茅属	苇状羊茅	法恩
紫苜蓿 Medicago sativa	豆科	苜蓿属	紫苜蓿	WL525
王草 Pennisetum purpureum×Pennisetum americanum	禾本科	狼尾草属	象草×御谷	热研 4 号
菊苣 Cichorium intybus	菊科	菊苣属	菊苣	大满贯
鸭茅 Dactylis glomerata	禾本科	鸭茅属	鸭茅	德娜塔
墨西哥玉米草 Purus frumentum	禾本科	类蜀黍属	墨西哥玉米草	优-12
象草 Pennisetum purpureum	禾本科	狼尾草属	象草	彩虹
皇竹草 Pennisetum sinese	禾本科	狼尾草属	皇竹草	12SU9005
小冠花 Securigera varia	豆科	小冠花属	小冠花	西辐
狗尾草 Setaria viridis	禾本科	狗尾草属	狗尾草	VNS
巨菌草 Pennisetum giganteum	禾本科	狼尾草属	巨菌草	绿舟一号
光叶紫花苕 Vicia villosa var. glabrescens	豆科	野豌豆属	光叶紫花苕	洪章
冬牧草 Secale cereale	禾本科	黑麦草属	冬牧	冬牧 70
狼尾草 Pennisetum alopecuroides	禾本科	狼尾草属	狼尾草	御谷
猫尾草 Uraria crinita	豆科	猫尾草属	猫尾草	夜明珠
苦荬菜 Ixeris polycephala	菊科	苦荬菜属	苦荬菜	超胜
紫云英 Astragalus sinicus	豆科	黄耆属	紫云英	天缘-4 号
毛苕子 Vicia villosa	豆科	野豌豆属	毛苕子	内毛叶苕

项目实施后将项目示范区原有种植黑麦草、象草、紫苜蓿等对重金属镉、砷吸附能力强的高累积作物的区域，替换种植筛选出的低累积牧草品种，降低牧草安全风险。

2. 重金属钝化稳定化技术

项目结合钝化剂小试试验成果，以海泡石、石灰、碱性钙渣、牡蛎壳、钙镁磷肥、氯化铁、硫酸亚铁、纤维素负载 Fe-Ce、纤维素负载 Al/O、磷化材料等多种材料组成的不同配方的钝化剂，用于温室盆栽试验（中试），以确定对镉、砷的钝化稳定化效果良好的重金属改良药剂配方和投加用量。

项目大田推广阶段，按项目示范区详细调查结果，参照项目中试试验配方和投加用量成果投加筛选出的稳定化改良药剂，对示范区土壤调理改良后种植试验筛选出的低累积牧草品种。

3. "粮改饲"种植结构调整

项目示范区及周边地区种植韭菜、甘蓝、黄花菜、空心菜、莴笋、葱、薄荷等蔬菜，均为食用农作物，可食部分铅、镉、砷重金属元素超标情况严重。通过项目实施，将示范区内种植食用农作物的区域，调整种植筛选出的低累积牧草品种，以"粮改饲"种植结构调整的方式，防止重金属元素直接进入人体危害人类健康。

（二）修复总体工艺技术路线

该项目结合项目区牛奶养殖产业对牧草的需求，筛选低重金属富集牧草品种进行示范种植，保障牛奶产品安全，促进区域奶牛养殖产业发展。利用种植业结构调整并结合钝化剂施撒的方式，选取适合该区域种植的重金属低累积牧草品种，进行中试试验和大田推广应用。

根据实施方案及修复技术方案要求，项目治理实施技术路线见图 5-10。

三、项目实施概况

（一）田间小区中试试验筛选低累积牧草

1. 试验设置

（1）田间小区试验区

根据前期工作总结，筛选出 27 种牧草用于田间小区中试试验，试验区组随机排列，每种牧草种植区块随机布置，每种牧草设 3 次重复，共 81 个小区，每个小区面积 15m^2（3m×5m），小区间隔 0.3m，区组间隔 1.0m，试验区四周设置 1m 保护带。

（2）温室小区试验区

2019 年 12 月 9 日、10 日，项目区严重霜冻天气，田间小区部分牧草受霜冻天气影响枯萎或死亡。为保证试验按时完成，除原来的 3.5 亩田间小区试验区外，另外划定了 0.54 亩的温室小区试验区，将部分不可越冬的牧草种于大棚内，即温室小区试验区。温

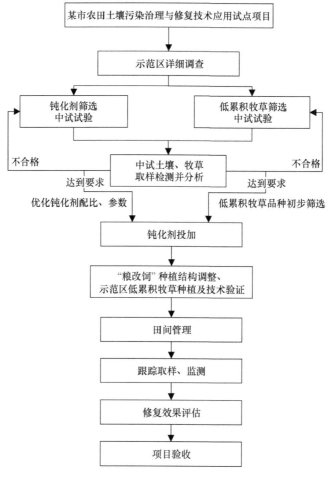

图 5-10　项目实施技术路线图

室小区试验区内种植了 22 种试验牧草，试验区组随机排列，每种牧草种植区块随机布置，每种牧草设 2 次重复，共 44 个小区，每个小区面积 3m²（2m×1.5m），小区间隔 0.7m。

2. 试验实施

2019 年 10 月 15～17 日，完成田间小区整地、区块划分，10 月 19 日完成牧草种植，温室小区于 2019 年 12 月 30 日完成牧草种植，种植后均持续进行牧草田间管理。2020 年 4 月 3～8 日，第三方检测单位完成试验区样品采集。项目温室小区实验情况见图 5-11。

3. 试验检测数据分析

（1）产量、营养、经济效益筛选分析

按照植物学分类，27 种牧草可分为禾本科牧草、豆科牧草、菊科牧草。牧草主要用于饲养奶牛，通过查阅相关资料文件，利用最小显著性差异法（LSD）进行均值比较分析。在牧草营养和经济效益价值上，豆科>禾本科>菊科；在奶牛饲料的适宜性上，禾本科>豆科>菊科；在牧草产量方面，禾本科较为突出，排序为巨菌草>象草>王草>皇竹草>

图 5-11　温室小区试验区（2020 年 2 月 25 日）（彩图请扫封底二维码）

饲用高粱>高丹草>苏丹草>狼尾草>墨西哥玉米草>狗尾草>菊苣>紫苜蓿>黑麦草>多花
黑麦草>冬牧草>鸭茅>小冠花>苇状羊茅>苦荬菜>猫尾草>紫云英>光叶紫花苕>毛苕子。

（2）牧草转运系数（TF）、富集系数（BCF）

转运系数（TF），用于表征重金属通过根部进入地上部转运及地上部不同器官转运
的能力，转运系数越大表明重金属从根系向地上部器官转运能力越强，或在器官之间的
转运能力越强。

富集系数（BCF），用于表征植物对重金属元素的吸收积累能力，富集系数越大表
明植物对重金属的吸收能力越强。

为客观反映牧草在多种重金属元素复合胁迫下，各牧草对重金属元素的转运系数
（TF）、富集系数（BCF）的差异，采用不同重金属元素的转运系数的乘积，表示不同重
金属元素的转运系数。该项目主要涉及镉、砷重金属，则采用镉与砷转运系数的乘积来
表示牧草在镉、砷重金属元素复合胁迫下的转运系数，采用镉与砷富集系数的乘积来表
示牧草在镉、砷等多种重金属元素复合胁迫下的富集系数。

通过图 5-12 可知，各牧草对重金属镉（Cd）、砷（As）元素的转运系数差异显著
（$P<0.05$）。重金属转运能力排序如下：苏丹草（12SU9003）<饲用高粱（12FS9003）<
高丹草（12SU9001）<饲用高粱（13FB7001）<高丹草（超级糖王）<墨西哥玉米草<苏
丹草（12US9004）<王草<饲用高粱（12FS9011）<紫云英<小冠花<菊苣<紫苜蓿<苦荬菜。

通过图 5-13 可知，各牧草对重金属镉（Cd）、砷（As）元素的富集系数差异显著
（$P<0.05$）。牧草对重金属镉（Cd）、砷（As）元素的吸收积累能力排序如下：狼尾草<
皇竹草<狗尾草<菊苣<象草<巨菌草<鸭茅<冬牧草<王草<墨西哥玉米草<高丹草（超级糖
王）<猫尾草<多花黑麦草<苦荬菜<饲用高粱（12FS9003）<紫苜蓿<高丹草（12SU9001）<
苏丹草（12US9004）<毛苕子<紫云英<黑麦草<饲用高粱（12FS9011）<小冠花<苇状羊
茅<光叶紫花苕<苏丹草（12SU9003）<饲用高粱（13FB7001）。

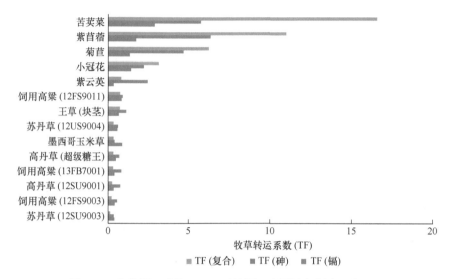

图 5-12　牧草转运系数（TF）对比图（彩图请扫封底二维码）

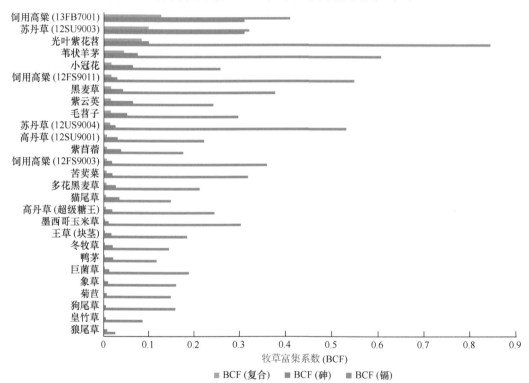

图 5-13　牧草富集系数（BCF）对比图（彩图请扫封底二维码）

（3）牧草地上部（茎叶）器官达标情况

按照《饲料卫生标准》（GB 13078—2017）中重金属 As、Cd 的限量值，评价各牧草的地上部茎叶器官的达标情况，牧草筛选的优先顺序为饲用高粱（12FS9003）=饲用高粱（13FB7001）=苏丹草（12SU9003）=高丹草（12SU9001）=高丹草（超级糖王）=菊苣=鸭茅=墨西哥玉米草=象草=皇竹草=狗尾草=巨菌草=狼尾草=苦荬菜>冬牧草>多花黑麦草>紫苜蓿>王草>小冠花>苏丹草（12US9004）>饲用高粱（12FS9011）=黑麦草=苇状羊茅=光叶紫花苕=猫尾草=紫云英=毛苕子。

（4）牧草茎叶 Cd、As 含量聚类分析

为了区分不同牧草品种的茎叶部分对 Cd、As 的累积能力，优先筛选牧草茎叶中 Cd、As 含量低的牧草品种，对 26 个牧草品种茎叶中的 Cd、As 含量分别进行聚类分析（图 5-14）。所参试牧草均种植在同一片区，生长环境一致，环境对牧草吸收 Cd、As 的影响也一致，因此不同牧草品种茎叶中的 Cd、As 含量的差异主要来自其对 Cd、As 的吸收、转运及累积能力。

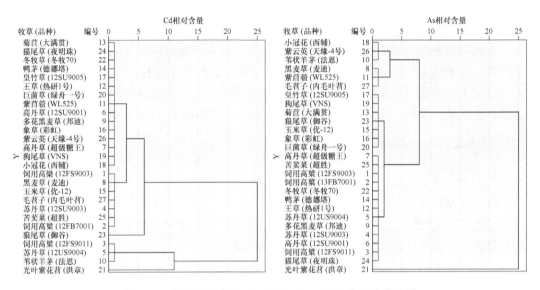

图 5-14 牧草茎叶中的 Cd（左）、As（右）含量聚类分析

结合《饲料卫生标准》（GB 13078—2017）分析，可将参试的 27 个牧草品种的地上部分对 Cd 的累积差异划分为 4 类：光叶紫花苕为第一类，代表地上茎叶部分 Cd 含量较高，为 Cd 高累积类群，其茎叶中 Cd 含量为 1.950mg/kg，超过国家饲料卫生标准（≤1mg/kg）；饲用高粱（12FS9011）、苏丹草（12US9004）和苇状羊茅为第二类，地上茎叶部分的 Cd 含量处于中等水平，变化范围为 1.227～1.400mg/kg，超过国家饲料卫生标准（≤1mg/kg），为 Cd 中等累积类群；其余 23 种牧草为第三类，地上茎叶部分的 Cd 含量变化范围为 0.093～0.870mg/kg，属于 Cd 低等累积类群。

结合《饲料卫生标准》（GB 13078—2017）分析，可将参试的 27 个牧草品种的地上部分对 As 的累积差异划分为 3 类：光叶紫花苕为第一类，代表地上部分的 As 含量较高，为 As 高累积类群，其茎叶中 As 含量为 11.45mg/kg，超过国家饲料卫生标准（≤4mg/kg）；小冠花、紫云英、苇状羊茅、黑麦草、紫苜蓿、毛苕子为第二类，地上部分的 As 含量处于中等水平，变化范围为 4.625～8.700mg/kg，超过国家饲料卫生标准（≤4mg/kg），为 As 中等累积类群牧草；其余牧草为第三类，地上部分茎叶的 As 含量变化范围为 0.560～4.000mg/kg，符合国家饲料卫生标准（≤4mg/kg），属于 As 低等累积类群。

（5）低累积牧草筛选结果

由于试验区种植的牧草用作奶牛饲料，所以按照《饲料卫生标准》（GB 13078—2017）筛选各牧草的地上部茎叶器官的达标情况为前提，结合各牧草的重金属转运能力和重金属吸收积累能力，综合考虑牧草生物学特性、适口性、株高、生物量、产量等指标，牧草筛选的优先顺序如下：皇竹草=墨西哥玉米草=象草=巨菌草=高丹草（超级糖王）>饲用高粱（12FS9003）=王草=高丹草（12SU9001）>菊苣>鸭茅>狗尾草>狼尾草>苏丹草（12SU9003）>苦荬菜>黑麦草>冬牧草>紫苜蓿>饲用高粱（13FB7001）>多花黑麦草>苏丹草（12US9004）>小冠花>猫尾草>紫云英>毛苕子>光叶紫花苕>饲用高粱（12FS9011）>苇状羊茅。

4. 试验结果

本次试验筛选的适宜种植的低累积牧草品种，其中筛选顺序前 7 的牧草用于大田示范种植，并通过大面积种植进一步筛选出 1～3 种低累积牧草品种。

通过试验筛选用于大田示范种植的牧草及品种如下：巨菌草、皇竹草（12SU9005）、墨西哥玉米草、象草、高丹草（超级糖王）、王草、饲用高粱（12FS9003）。

（二）温室盆栽中试试验筛选钝化剂

1. 试验设计

（1）供试牧草

根据项目区气候、土壤等特点，结合项目前期田间小区试验情况，选取长势较好的牧草品种进行温室盆栽试验，具体品种详见表 5-4。

表 5-4　供试牧草品种

序号	牧草种名	科	牧草品种	编号
1	多花黑麦草（*Lolium multiflorum*）	禾本科	邦德	HM
2	冬牧草（*Secale cerale*）	禾本科	冬牧 70	DM
3	象草（*Pennisetum purpureum*）	禾本科	彩虹	XC
4	皇竹草（*Pennisetum sinese*）	禾本科	12SU9005	HZC
5	墨西哥玉米草（*Purus frumentum*）	禾本科	优-12	YM
6	紫苜蓿（*Medicago sativa*）	豆科	WL525	MX
7	光叶紫花苕（*Vicia villosa* var. *glabrescens*）	豆科	洪章	ZHS
8	毛苕子（*Vicia villosa*）	豆科	内毛叶苕	MSZ

（2）供试药剂

根据项目前期的钝化剂小试试验，筛选出海泡石、石灰、碱性钙渣、牡蛎壳、氯化铁、钙镁磷肥、硫酸亚铁、纤维素负载 Fe-Ce、纤维素负载 Al/O、磷化材料等多种材料组成的不同配方的钝化剂，用于温室盆栽试验。各试验药剂及配方见表 5-5。

（3）试验设置

采用 13 种钝化剂组合及 8 种牧草进行"牧草+钝化剂"的盆栽试验，故盆栽试验主要考虑牧草种类及钝化剂组合 2 个因素，共设 104 种处理，每个处理设 3 次重复，同时每种牧草设 1 个空白对照组，每个空白对照组设 3 次重复，共计 336 组试验。

表 5-5　钝化剂种类及用量

钝化剂组合	药剂编号	钝化剂用量（ω/ω）
石灰+海泡石	CS	1.63‰+2.72‰[(400+500)kg/亩]
石灰+海泡石+碱性钙渣	CSAC	1.63‰+2.72‰+1.09‰[(400+500+200)kg/亩]
石灰+硫酸亚铁	FCC	1.63‰+2.72‰[(400+500)kg/亩]
润鸣药剂	RM-01（1%） RM-01（5‰） RM-02（1%） RM-02（3‰） RM-02（5‰） RM-03（5‰）	0.5%（920kg/亩）
牡蛎壳土壤调理剂	OS	1.09‰（200kg/亩）
纤维素负载 Fe-Ce	CFC2	5%（920kg/亩）
	CFC1	1%（1840kg/亩）
纤维素负载 Al/O	CAO2	5%（920kg/亩）
	CAO1	1%（1840kg/亩）
磷化材料	PL PF RL RZ	1%（1840kg/亩）
钙镁磷肥+海泡石+氯化铁（1：2：2）	$P_1S_2FC_2$	1%（1840kg/亩）
钙镁磷肥+海泡石+氯化铁（1：1：1）	$P_1S_1FC_1$	1%（1840kg/亩）
钙镁磷肥+海泡石+氯化铁（2：1：2）	$P_2S_1FC_2$	1%（1840kg/亩）

收集后的土壤经粉碎、混匀，除去石砾、植物残体等杂物后，加入钝化剂与之混匀（钝化剂具体施用量见表 5-5，盆栽施用量与大田施用量相对应，按照每亩内表层土壤 150t 计算），同时施入复合肥（N-P-K 为 15-15-15）作为底肥（添加量按照 10kg 土壤配 5g 复混肥），混匀后装入栽植盆内。

盆栽试验采用圆形塑料套盆，直径 40cm，高 35cm，每个盆装土 15～18kg，共种植 336 盆，试验所用盆钵采用随机区组排列。在 60%田间持水量下平衡 1 周后，开始种植，发芽后定苗。盆栽试验期间施肥及病虫害防治与当地大田常规管理措施一致。

各牧草具体收获时间和次数按品种特点进行安排。播种量与播种方式及田间管理主要根据查阅相关资料及咨询当地农户种植经验，同时参考《中国主要农区绿肥作物生产与利用技术规程》，适时浇灌。

为区分各个盆栽种植的作物和药剂的添加情况，采用系挂物流吊牌，并在吊牌上进行试验编号的方式。每种牧草单独采用一种颜色的吊牌。

（4）试验盆栽摆放

试验用大棚宽 6m，脊高 3m，大棚中间设置 1m 宽的人行过道，两侧按 1000mm×600mm 的间距随机摆放盆栽，区组随机排列。盆栽距大棚开口处 1.5m，距大棚边缘 0.5m 以上。

2. 试验实施

2019 年 12 月 15 日，开始破碎旋耕大棚内土壤，随后筛土、称量、混药、装袋、挂牌等工作；12 月 21 日，开始浇水养护；2019 年 12 月 30 日，开展并完成大棚盆栽牧草种植，随后持续进行牧草田间管理。2020 年 4 月 1～5 日，完成试验区样品采集，开展样品检测分析工作。温室盆栽试验情况见图 5-15。

图 5-15　温室盆栽试验区全貌（2020 年 2 月 25 日）（彩图请扫封底二维码）

3. 试验数据分析

（1）牧草检测数据分析

根据检测结果，计算每种牧草投加不同药剂的 3 个平行样镉（Cd）、砷（As）元素含量的平均值和标准偏差，并与空白样对比，计算牧草中重金属镉（Cd）、砷（As）元素含量变化幅度（%）。

（2）土壤样品检测数据分析

试验共检测了 280 个土壤样品的有效态铅、有效态镉、有效态铬、有效态汞、有效态砷。其中，有效态铅、有效态铬、有效态汞大都低于各检测方法限值，因此，仅分析各土样的重金属全量和有效态含量，计算镉（Cd）、砷（As）元素的生物有效性系数，并以不同药剂进行分类统计分析（图 5-16、图 5-17、图 5-18）。

4. 试验药剂筛选

通过中试试验，对镉（Cd）、砷（As）钝化效果较为明显的药剂主要有以下几种：石灰+海泡石、石灰+硫酸亚铁、BJRM 药剂、纤维素负载 Fe-Ce、磷化材料。

为实现项目示范区土壤镉、砷的同步钝化，通过中试试验，结合项目示范区土壤污染特性和储备的大量特征药剂材料，最终确定本项目使用 2 种钝化剂材料：pH 调节剂+硫酸亚铁+纤维素负载 Fe-Ce（施用量 500～800kg/亩）；pH 调节剂+海泡石（施用量 300～500kg/亩）。

（三）大田推广示范区实施概况

1. 项目施工过程

（1）施工准备

钝化剂投加施工前，除药剂采购、进场等准备工作外，提前 20 天对示范区拟投加

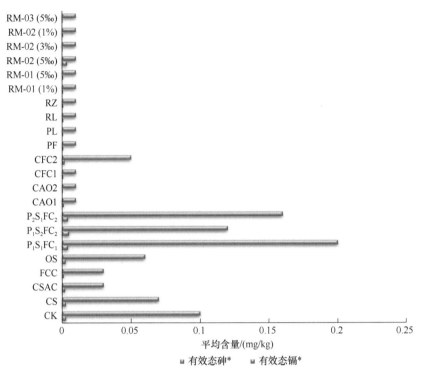

图 5-16　投加不同药剂的土壤有效态平均含量（彩图请扫封底二维码）

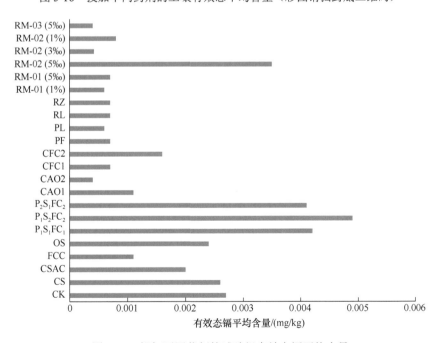

图 5-17　投加不同药剂的试验组有效态镉平均含量

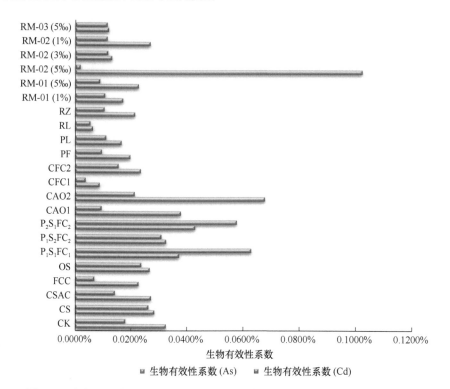

图 5-18　投加不同药剂的试验组生物有效性系数对比（彩图请扫封底二维码）

药剂的地块采用旋耕机（犁头）犁一遍，开始晾晒土壤，便于后续的土壤旋耕破碎，为土壤和药剂充分混合提前做准备。

（2）旋耕机翻耕破碎土壤

示范区面积为 300 亩，经扒犁晾晒的地块，其土壤含水率降低，土壤破碎粉碎变得容易。在钝化剂施撒前再次翻耕一遍，使土壤均匀粉碎，为土壤和钝化剂充分混合做准备。

（3）钝化剂施撒

复耕土壤经晾晒后再施加钝化剂，钝化剂由卡车运至示范区附近空地，再用拖拉机转运至示范区，并布置防雨措施。

按照药剂配比，雇佣当地农民人工施撒药剂，安排人员用铲子施撒钝化剂，施撒过程中严格按照"低空抛洒、均匀施撒"的原则施工。

项目示范区主要施用两种钝化剂，其中，钝化剂 1 主要成分为 pH 调节剂+硫酸亚铁+铁氧化物改性纤维素，施用量 500～800kg/亩；钝化剂 2 主要成分为 pH 调节剂+海泡石，施用量 300～500kg/亩。

根据中试试验确定的钝化剂投加量，钝化剂使用人工在田间布袋。为保证土壤不受二次污染，由第三方检测单位对钝化剂进行抽检。

（4）药剂土壤混合

钝化剂于田间均匀布袋后，人工破袋将钝化剂均匀施撒于土壤上，用过的药剂包装袋收集后妥善处置。钝化剂施撒完成后，用旋耕机进行钝化剂混匀、复翻作业。旋耕机将混有药剂的土壤旋耕 3 次以上，旋耕深度 20～30cm，使钝化剂与土壤充分混合均匀。

旋耕机最后一遍旋耕土壤混匀药剂时，旋耕机挂犁，旋耕土壤的同时进行开沟，完成种植沟布置作业，节约施工成本，做好牧草种植准备。

（5）牧草种植

药剂施撒后，养护 7～10 天，机械布置种植沟后，雇佣当地农民进行人工种植，种植时同步施放 15-15-15 复合肥。

项目种植了 10 个牧草品种，其中 7 种为中试试验初步筛选的相对低累积牧草，包括：巨菌草、皇竹草、墨西哥玉米草、象草、高丹草、王草、饲用高粱。其中增加种植的青贮玉米项目区种植广泛但由于种植节令原因未能纳入中试试验，增加种植的紫苜蓿由于项目区种植广泛且蛋白质含量高，旨在探寻添加药剂后再种植的紫苜蓿各指标能否达到《饲料卫生标准》（GB 13078—2017）。

（6）田间管理

根据牧草生长情况，及时浇水，及时进行病虫害防治，适时施肥。

（7）牧草测产

牧草收割前进行产量测定。测产采取样方法，每种牧草的长势均衡区域分别划定 2 个样方收割牧草地上部分，每个收割样方尺寸为 2m×2m，面积 4m²。收割后直接称重，记录样方牧草鲜重，多处多次测量，取平均值。

（8）作物收割

结合当地实际情况，该项目采用人工收割牧草，拖拉机转运。

2. 样品检测

根据实施方案，施工前、后需对示范区土壤取样检测。示范区施工前、后各采集土壤样品 1 次，布点密度为每 5 亩一个，采取表层 0～20cm 混合样品（采用双对角线法，5 点混合）。每个点位采集 1 个土壤样品，共计 120 个，检测 pH、重金属全量（镉、砷、铅、汞、铬、镍、锌、铜）和有效态 5 项（有效态：镉、砷、铅、汞、铬）；同时，其中 5 个点位检测土壤肥力指标。

四、修复效果评估

（一）效果评估工作开展情况

2020 年 7 月 23 日，项目效果评估单位立即介入项目，逐步开展效果评估相关工作；2020 年 9 月 4～6 日，完成项目示范区种植牧草的样品采集（图 5-19）；2020 年 10 月 11～12 日，项目示范区牧草收割后，按每 5 亩一个点位完成项目示范区土壤样品采集。随后，根据检测结果，展开效果评估工作。

（二）效果评估结论

1. 资料审核

本次修复工程的施工总结报告、工程施工日志较齐备。施工单位的记录文字、影音

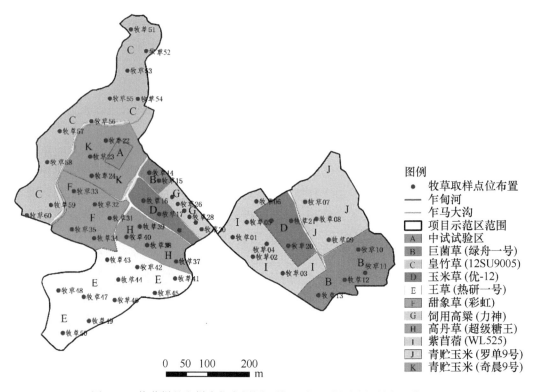

图 5-19　牧草样品取样点位布置图（施工后）（彩图请扫封底二维码）

资料、数据较完备，能够全面反映本次修复工程的施工全过程。本次污染土壤修复工程的施工工艺、修复治理范围、修复内容满足《项目实施方案》及其审查意见和《项目施工组织设计》相关要求，施工过程未有投诉、举报现象发生。

2. 修复目标完成情况

项目中试初步筛选出 7 种重金属低累积牧草品种用于示范区推广种植，其中巨菌草、王草、皇竹草这 3 种低累积牧草茎叶部位样品中 Pb、Hg、Cr、Cd、As 含量均满足《饲料卫生标准》（GB 13078—2017），牧草安全性达标，且产量不低于当地以往常规产量水平，为推荐种植的低累积牧草品种。

实施单位完成了 300 亩重度污染土壤"粮改饲"种植调整，饲用高粱、墨西哥玉米草与王草 3 种牧草地上部位 Cd、As 含量降低情况满足实施方案降低 20% 以上的要求，且示范区种植的大部分牧草产量不低于以往常规产量水平。

300 亩示范区土壤经钝化修复后有效态 Cd 含量平均降低了 22.24%，可以达到对土壤有效态 Cd 含量降低 10% 以上的修复目标。

效果评估单位认为项目实施单位基本完成《项目实施方案》及其审查意见考核目标。

3. 牧草安全性评价

示范区土壤修复后种植的牧草地上部位样品中重金属 Pb、Hg、Cr 含量均满足《饲料卫生标准》（GB 13078—2017）中的相关含量限值，Cd、As 存在超标现象。检验结果显示，60 个评价点位牧草中 Cd、As 单因子污染指数均值 E 显著小于 1，超标率分别为10%、13.33%。

示范区种植的 10 种牧草中，巨菌草、墨西哥玉米草、玉米、王草、皇竹草这 5 种牧草茎叶部位样品中 Pb、Hg、Cr、Cd、As 含量均满足《饲料卫生标准》（GB 13078—2017）中的相关限值。

4. 肥力影响、产量影响

大部分牧草产量可以达到实施方案中"不低于当地以往常规产量水平"的要求，示范区耕地修复治理措施没有对修复治理区域种植的牧草产量造成不良影响。经过修复土壤肥力指标中全磷、全钾、硝态氮、有机质的含量有所下降，全氮、铵态氮、有效磷、速效钾含量有所上升。

5. 二次污染控制

根据《耕地污染治理效果评价准则》（NY/T 3343—2018），项目施用的钝化剂，其 8项重金属含量指标均未超过《土壤环境质量　农用地土壤污染风险管控标准（试行）》（GB 15618—2018）规定的筛选值或治理区域耕地土壤中对应元素的含量，未对施用区域造成二次污染，评价结论为合格。

项目实施期间，灌溉水水质优于《地表水环境质量标准》（GB 3838—2002）Ⅲ类标准，满足灌溉标准要求，未造成二次污染，评价结论为合格。

（三）效果评估建议

1）建议在同类型重金属重度污染土壤上进行"粮改饲"，推广种植重金属低累积牧草品种巨菌草、王草、皇竹草。

2）建议在同类型重金属重度污染土壤上根据当地农业种植条件继续尝试其他非食用类作物的种植结构调整，在安全利用的前提下，提高同类型污染耕地的利用率。

五、启示

通过项目实施，得到以下启示。

1）重金属通过牧草根部进入地上部分转运及地上部分不同器官转运的能力强弱与牧草地上部分重金属含量的相关性显著；据检测分析，相对菊科、豆科牧草，重金属从禾本科牧草根系向地上器官或器官之间的转运能力最弱。在"粮改饲"等牧草的安全利用中，推荐优先选择禾本科牧草。

2）按照《饲料卫生标准》（GB 13078—2017），通过青饲或制作青贮饲料和干草料等利用方式的不同，牧草部分指标执行标准存在差异，如牧草青饲使用时总砷指标执行≤2mg/kg，制成干草料则执行≤4mg/kg。

3）该项目结合区域土壤污染情况和特色奶牛养殖产业发展需求，通过编制"某市农用地"粮改饲"种植技术规范"，完善了当地"粮改饲"技术指导体系，填补了"粮改饲"种植技术规范的空缺，带动了当地"粮改饲"工作高质量推进。

第六章 场地污染生态修复

摘要：本章主要介绍了化工企业地块、砒霜厂地块重金属污染土壤治理与修复技术及应用，主要涉及污染土壤开挖、重金属固化/稳定化药剂筛选、原位修复、异位修复、污染地下水修复、表层阻隔、生态恢复及二次污染防控等综合修复治理措施。

我国污染场地土壤和地下水的生态修复模式仍处于起步阶段，生态修复理念在场地调查、风险评估及修复技术的研究和应用等环节仍存在较大提升空间。随着科学技术的发展和场地调查、风险评估方法的完善，针对污染复杂的场地环境状况高精度、全覆盖的调查、评估能力将会不断提高，综合考虑土壤、地下水潜在受体污染和社会、经济及环境效应的影响，以达到效益最大化的生态修复模式，将是未来污染场地修复治理、开发再利用的发展方向。

第一节 化工地块重金属污染土壤治理与修复技术及应用

项目地块实施风险管控范围为 12 580m²，风险管控包气带污染土壤约 125 800m³，其中主动处理方式管控污染土壤 23 498m³。针对 0～10m 深度范围内的污染土壤，采取 0～2m 深度污染土壤开挖后异位稳定化修复，2～10m 深度污染土壤原位稳定化修复，处理后将异位处理污染土回填至原地，表层建设水平阻隔层后进行绿化。修复后的土壤污染物砷、镉、铅、锌、铜、镍、汞、六价铬等指标浸出浓度（浸出方法参照 HJ/T 299—2007 和 HJ/T 557—2007）不超过《地下水质量标准》（GB/T 14848—2017）Ⅳ类水浓度限值，项目区域地下水关注污染物砷监测值趋于稳定或降低。

一、项目概况

（一）项目由来

该项目获得 2019 年中央土壤污染防治资金支持，金额 1500 万元，是云南省土壤污染治理与修复技术应用试点储备项目之一。

（二）项目区域概况

1. 场地地理位置

项目修复地块位于某县某工业片区某化工企业原址北部，占地面积约为 12 580m²，距离主城区约 4km。项目地块中心坐标为 103°37′10.72″E，25°0′28.22″N，海拔 1860.248m。地块具体位置见图 6-1。

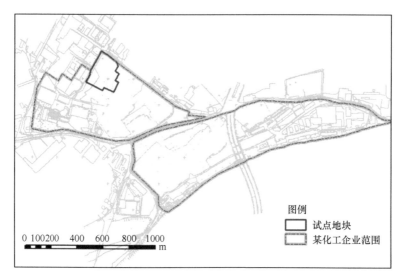

图 6-1 项目区位图（彩图请扫封底二维码）

2. 场地周边环境敏感区及保护目标

根据现场踏勘，该项目周边分布大量化工企业，除已关停的企业外，还有某化工有限责任公司、某复合肥厂、某科技有限公司、某县复合肥厂、某县化肥厂等在产企业。以上企业在运营过程中会产生废水、废气、噪声、废渣等，对区域地表水质量、地下水质量、环境空气质量、声环境质量产生影响，降低区域环境质量。

3. 水文地质条件

（1）水文条件

地表水：项目地块位于南盘江北岸某工业片区，紧邻南盘江。

地下水：项目场地地下水类型主要为岩溶水，地下水受南盘江构成的排泄基准面控制，南盘江北岸西桥片区一带地下水总体向南径流，项目所在区域地下水向东南径流，地下水最终排泄至某工业片区东南边界处的南盘江。

（2）地质条件

根据"某工业片区土壤及地下水调查及风险评估报告"，该区域处于坝区，是新生界的第四系全新统和更新统地层，主要是湖积底泥层，厚度不一，在县城附近仅 10m，在地块周边深达 300～500m。在山间洼地和江河两岸还广泛留下了第四系残积层、坡积层和冲积层，由黏性土、砂砾组成，为坝区的主要成土母质。区域地层由老至新分布有元古界、上古生界、新生界地层。

4. 地形地貌

项目所在位置地处滇东岩溶高原，为典型的岩溶高原山间盆地，呈高原、山地、盆地相间的地貌特征，海拔最高为 2687m，最低为 1600m。县境内三面环山，中间是平坦开阔的大坝子，中部海拔为 1830～1900m，地势平坦，微向东倾斜，南盘江贯穿其间。北、西、南三面坝区和山区的结合部为地势平缓略有起伏的浅丘陵区。项目所处的某工业片区地势平缓、北高南低、西高东低，局部地段有一定起伏。

（三）场地利用历史现状与用地规划

1. 场地利用历史

某化工厂前身为某县氮肥厂、某县磷肥厂，始建于 1969 年，建有 3 条硫酸生产线，2006 年，在某化工厂区内建设了两条硫酸生产线，2016 年关停。厂区总占地面积约 29.75 万 m²，停产前公司主要产品生产装置能力为：合成氨 6 万 t/a（其中商品液氨 4 万 t/a），农用碳酸氢铵 16 万 t/a，工业硫酸五套 17.5 万 t/a，磷酸一铵 10 万 t/a，过磷酸钙 20 万 t/a，多元复合肥 5 万 t/a，腐植酸钠 0.5 万 t/a，塑料编织袋 2500 万条/a，年消耗磷矿 6.43 万 t、硫铁矿 13.33 万 t、无烟块煤 5.22 万 t。采用硫铁矿沸腾焙烧制酸工艺，流程包括硫铁矿的粉碎、煅烧、催化氧化和吸收；废酸用于磷酸一铵的制备，废气经过吸收装置吸收后少量尾气排空，废水经中和反应处置，处理规模为 600m³/d。

2. 场地用地规划

根据"某县城市总体规划（2012—2030 年）"，项目地块拟开发为公园绿地。某化工厂区范围内后续规划包括公共设施用地、社会福利用地；项目所在的某工业片区规划涉及商业及居住用地。

（四）场地调查与风险评估结论

1. 场地土壤调查与风险评估结论

某化工厂区土壤总体呈酸性，重金属元素砷、铜、镍、锌、铅、镉、汞和六价铬超标，其中砷超标较为严重。

根据"某工业片区土壤及地下水污染状况调查及风险评估报告"，试点地块共布设 28 个点位，采集样品 165 个，检测结果显示试点地块土壤重金属污染较严重。超筛选值污染因子有汞、镉、铜、砷、镍、铅、锌，最大浓度分别为 104mg/kg、136mg/kg、3240mg/kg、6040mg/kg、224mg/kg、2340mg/kg、7040mg/kg。其中砷为主要污染因子，其超标率达到 81.1%，最大值达到 6040mg/kg，砷的污染普遍存在于试点区域内，分布于 0.5～12m 的土壤深度范围内。

风险评估结果显示，某化工厂场地规划作为社会福利设施用地和公园绿地，地块土壤中砷和镉的致癌风险和危害商均超过人体可接受风险水平，镍和六价铬的致癌风险超过人体可接受风险水平，汞和铜的危害商超过人体可接受风险水平，锌的危害商超过人体可接受风险水平；规划作为供应设施用地、环境设施用地和防护绿地，地块土壤中砷和镉的致癌风险和危害商均超过人体可接受风险水平，六价铬致癌风险超过人体可接受风险水平，汞和石油烃的危害商超过人体可接受风险水平，锌和总铬的危害商均未超过人体可接受风险水平。

2. 场地水环境现状调查与风险评估结论

某化工厂区地下水调查共开展 3 次，分别为地下水初步调查、地下水详细调查和地下水补充调查。3 次调查结果显示，厂区地下水主要污染指标有：硫酸盐、氨氮、硝酸盐、亚硝酸盐、氟化物、镉、砷、铁、锰等。厂区地下水超标点主要分布在硫酸生产区东侧、废水处理区、普钙生产区和碳酸氢铵生产区。主要污染面积约 $160\,000\,\text{m}^2$，即为地下水风险管控范围。

试点地块区域布设了监测井 ZK43、ZK44、ZK45，根据地下水采样检测结果，试点地块区域地下水污染主要指标有：总硬度、溶解性总固体、锰、砷、硫酸盐。

（五）场地污染修复范围及修复目标

1. 修复范围

该试点工程风险管控范围 $12\,580\,\text{m}^2$，风险管控包气带污染土壤约 $125\,800\,\text{m}^3$，其中主动处理方式管控污染土壤 $23\,498\,\text{m}^3$。

施工单位按照修复技术方案要求，对项目场地内污染土壤进行修复处理，实际清挖与修复污染土壤方量大于方案预估工程量，满足修复范围。

2. 修复目标

根据资料收集、现场踏勘及检测结果，确定关注的污染物及修复目标（见表 6-1）。

表 6-1　稳定化处理污染土壤考核目标

类型	考核指标	控制项目	控制限值/（mg/L）
原位和异位稳定化处理的污染土	砷污染浓度超过 400mg/kg 及重金属浸出浓度超过Ⅳ类水标准污染土	汞（以总汞计）	0.002
		铅（以总铅计）	0.1
		镉（以总镉计）	0.01
		六价铬	0.100
		铜（以总铜计）	1.5
		锌（以总锌计）	5
		镍（以总镍计）	0.1
		砷（以总砷计）	0.05

二、修复技术筛选

（一）修复技术工艺说明

1. 总体修复策略

根据某场地污染介质、类型，结合该场地未来规划用途及开发进度等因素，采用污染物稳定化修复的综合策略进行修复治理和风险管控。

1）污染土壤风险管控及修复策略：针对场地污染土壤采取原位修复和异位修复的方式进行修复，异位修复后的土壤回填至基坑压实并进行表层阻隔绿化。

2）地下水风险管控策略：实施地表顶部水平阻隔和生态修复，防止污染土通过地表雨水冲刷、淋溶导致污染物下渗进一步污染地下水，协同管控地下水关注污染物砷污染羽扩散程度不增加，污染物监测值不升高。

3）环境风险控制及管理策略：针对场区及周边大气、水、噪声和固体废物等环境要素，制定符合该项目实际的环境管理、环境监测计划。针对工程施工过程中各重点环节，制定有效、严格的二次污染防治专项方案。

2. 修复技术介绍

针对试点地块内采样点位污染程度较重样品进行浸出结果分析，浸出液中重金属污染浓度超过地下水Ⅳ类水（GB/T 14848—2017）的指标有铜、锌、镉、砷。其中以镉和砷超标倍数和超标率最大，为地块处理主要污染物。

通过分析浸出数据，土壤中砷总量浓度超过 400mg/kg，浸出浓度超过地下水Ⅳ类水比例超过 90%；低于 400mg/kg，浸出浓度低于地下水Ⅳ类水比例超过 90%。因此，从风险及管控经济性角度考虑，提出对砷总量浓度超过 400mg/kg 的污染土壤进行主动处理降低污染物迁移性，对砷总量浓度低于 400mg/kg 的部分土壤可参照浸出测试复验结果进行优化。

因此该试点方案针对迁移性管控范围主要为砷总量浓度超过 400mg/kg 的部分土壤，及特征重金属污染物浸出超过地下水Ⅳ类水（GB/T 14848—2017）的部分土壤。

（二）修复总体工艺技术路线

项目属于土壤污染修复治理的环保工程，无施工期和运营期之分，根据实施方案比选结果，采取以下技术路线对某化工厂区土壤进行综合治理：原中风险废渣以上扰动极大污染土及砷污染浓度超过 400mg/kg 及重金属浸出浓度超过《地下水质量标准》（GB/T 14848—2017）Ⅳ类水标准污染土全部清挖至异位进行稳定化处理，并进行地表平整后，对 2～10m 污染土进行原位稳定化处理。处理后将异位处理污染土回填至原地，平整后依次采用"两布一膜"（HDPE 膜）阻隔层及 200mm 黏土保护层；300mm 碎石排水层；土工布隔离层；500mm 黏土层；1000mm 覆土绿化的覆盖阻隔措施进行风险管控，在表层设置截水沟、排水沟导流地表水。

项目实施整体思路见图 6-2。

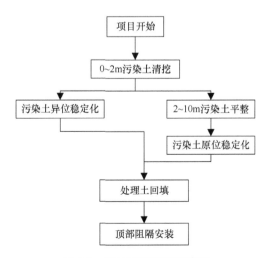

图 6-2　项目实施整体路线图

修复总体工艺技术路线见图 6-3。

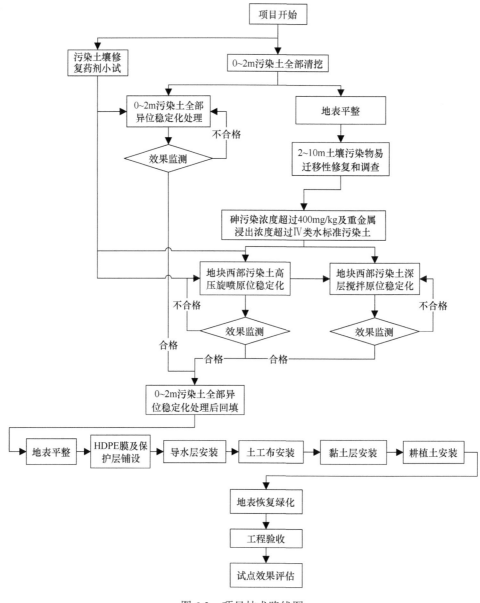

图 6-3　项目技术路线图

三、场地修复模式

(一) 施工准备

1. 施工手续准备

项目正式施工前进行开工报告、开工令及各专项方案编制审查备案等手续。准备资料清单见表 6-2。

表 6-2　施工前准备资料清单

序号	文件名称	办理情况
1	某化工厂地块污染土壤修复技术应用试点药剂及试点实验项目实施方案	专家审查通过并备案
2	某化工厂地块污染土壤修复技术应用试点项目施工组织设计	专家审查通过并备案
3	某化工厂地块污染土壤修复技术应用试点监测服务项目环境监测工作方案	专家审查通过并备案
4	某化工厂地块污染土壤修复技术应用试点项目效果评估实施方案	专家审查通过并备案
5	开工令	已办理
6	开工报告	已办理

2. 施工现场平面布置图

施工单位现场布置包括临时水电、消防设施、运输道路、办公区和施工区等区域，施工单位现场临时设施情况见表 6-3。

表 6-3　临时设施一览表

序号	临时设施	材质	规格
1	项目部	场区原有厂房租赁	245m²
2	临时排水设施	沟渠	
3	临时道路	碎石垫层	
4	暂存场	混凝土	1500m²
5	水处理设施	场区周边处理站	500m³/d
6	药剂间	临时垫层、防雨棚	600m²

3. 进场测量

控制点现场交接与复测。

4. 小试、中试试验

该项目按照试验实施方案进行了小试、中试试验，具体实验情况如下。

（1）小试试验

2020 年 7 月 31 日按试验方案分别对高污染、中污染、低污染土壤采用 7 组复配药剂实施试验，并于 8 月 3 日、7 日、13 日分别进行监测，最终得到优选的 3 种成熟药剂解决方案。其中，X_1 配方主要成分为硫酸亚铁、石灰、硅酸钙等，X_2 配方主要成分为还原铁粉、氧化铁、硫酸亚铁、石灰、氧化镁等，X_4 配方主要成分为硫酸亚铁、石灰、氧化镁等。

小试试验结论：通过修复材料研发试验，得到适用于高污染土稳定化修复的材料配伍依次为 X_1、X_4、X_2，最佳养护时间为 3 天，最优修复材料 X_1 投加量宜为 3.5%；适用于中污染土稳定化修复的材料配伍依次为 X_4、X_1、X_2，最佳养护时间为 3 天，最优修复材料 X_4 投加量宜为 2.5%；适用于低污染土稳定化修复的材料配伍依次为 X_1、X_4、

X_2，最佳养护时间为 3 天，最优修复材料 X_1 投加量宜为 1.5%。

（2）中试试验

1）异位污染土壤稳定化中试试验。2020 年 8 月 15 日按试验方案取项目地块高污染、中污染、低污染土壤，采用优选的 X_1 药剂以添加量分别扩大 1.5 倍（5.3%）和 2.0 倍（7.0%）系数开展试验，通过异位污染土壤稳定化中试试验，得到对于需异位处理的污染土壤最佳的修复材料配伍为 X_1，考虑到实际工程实施中的测量误差及操作范围性，同时结合中试试验结果，修复材料投加量放大系数宜为 2.0，即异位中试试验效果最佳的修复材料投加量为污染土壤质量的 7.0%，其最佳养护时间为 3 天。

2）原位旋挖搅拌中试试验。2020 年 8 月 16 日，现场进行设备安装调试后，采用优选的 X_4 修复材料配伍以添加量分别扩大 1.5 倍和 2.0 倍系数按试验方案开展原位旋挖搅拌中试试验，修复材料浆料浓度由试验现场试配确定，料浆泵流量由现场测定，下钻速度、提钻速度、修复平均速度通过计算确定，搅拌速度、喷浆管道压力现场设定。原位旋挖搅拌中试试验完成养护 3 天后，在项目监理单位、效果评估单位现场见证下，由第三方检测机构现场取样，检测土壤 pH，土壤砷、镉、锌、铅、铜、镍、汞、铬的全量及酸浸出浓度和水浸出浓度，评价稳定化效果。通过原位旋挖搅拌中试试验，得到对于原位旋挖搅拌区域污染土壤最佳修复材料配伍为 X_4，修复材料投加量放大系数宜为 2.0，即原位旋挖搅拌中试试验效果最佳的修复材料投加量为污染土壤质量的 5.0%。

3）原位高压旋喷中试试验。2020 年 8 月 16 日，现场进行设备安装调试后，按试验方案布置 6 个试验点位，每个点位设置 3 个高压旋喷桩呈正三角形相互咬合，旋喷半径 50cm，旋喷深度 6m（4 个点位，标高 2～8m）、8m（2 个点位，标高 2～10m），采用优选的 X_4 药剂以添加量分别扩大 1.5 倍（3.8%）和 2.0 倍（5.0%）系数试验，共完成试验桩数 18 个、工程量 120 延米、试验土方 94.2m³；并于 9 月 18～22 日由检测单位取样检测，取样时每个点位（桩位）在垂直深度上 1.0m、5.0m（7.0m）分别取样，每个深度上取 3 个平行样（取样位置为 3 个高压旋喷桩相互咬合范围内），共取 36 个样品进行检测。通过原位高压旋喷中试试验，所有试验组处理均未达到修复目标。建议后期工程实施采用原位旋挖搅拌进行修复。

4）施用工艺参数结论。根据小试和中试试验，得出两点结论：①异位污染土壤稳定化处理。选用 X_1 修复材料配伍（主要成分为硫酸亚铁、氧化钙、硅酸钙等）开展试点项目区异位修复，修复材料用量为修复土壤质量的 7%。稳定化处理实施步骤为将修复材料与污染土壤混合均匀，洒水至含水率为 25%～35%，养护 3 天后取样检测。②原位旋挖搅拌稳定化处理。选用 X_4 修复材料配伍（主要成分为硫酸亚铁、氧化钙、氧化镁等）开展试点项目区原位旋挖搅拌稳定化处理，修复材料用量为修复土壤质量的 5%。稳定化处理实施步骤为将修复材料在反应罐内配制成浆液，通过料浆泵将浆液输送至搅拌设备并最终注入污染土壤后搅拌均匀。主要操作参数详见表 6-4。

表 6-4 原位旋挖搅拌工艺操作参数

参数	单位	数值	备注
修复材料料浆浓度	g/L	305	—
料浆泵流量	L/s	0.90	—
下钻速度	m/min	1.16	
提钻速度	m/min	1.16	药剂投加质量比 5%
修复平均速度	延米/min	0.58	
搅拌速度	r/min	60	
喷浆时管道压力	MPa	0.5～0.7	

（二）污染土壤修复方案

1. 药剂选择及投加量

项目通过小试、中试试验成果报告，高污染土最优选药剂 X_1 解决方案为投加量 3.5%，中污染土最优选药剂 X_4 解决方案为投加量 2.5%，低污染土最优选药剂 X_1 解决方案为投加量 1.5%。异位处理药剂 X_1 最佳解决方案为投加量 7.0%，原位搅拌工艺优于原位高压旋喷工艺，且原位搅拌工艺在药剂添加量为 5.0%时能达到项目考核目标，养护时间 3 天。

2. 施工过程

（1）污染土壤 0～2m 清挖转运施工

施工单位分区、分时段从 2020 年 9 月 3 日开始基坑清挖，2020 年 12 月 15 日清挖结束，实际清挖土方量 5055m³（表 6-5）。污染土壤清挖过程中认真地执行自检程序、质量报验程序。主要涉及施工方自检记录、清挖基坑侧壁报审表、污染土壤开挖运输记录表、效果评估见证采样记录、清挖基坑底部及侧壁质量报验报表。

表 6-5 表层污染土壤实际清挖方量

日期	开挖部位	面积/m²	开挖方量/m³	备注
2020 年 10 月 18～26 日	2 号地块	3158	3100	0～2m 污染土壤开挖
2020 年 11 月 5～10 日	3 号地块	1239	1460	0～2m 污染土壤开挖
2020 年 12 月 15～18 日	2 号、3 号地块基坑侧壁超标区域	918	495	基坑侧壁超标区域开挖
	合计	5315	5055	—

表层 0～2m 污染土壤清挖范围见图 6-4。
现场基坑清挖作业见图 6-5。

图 6-4　表层 0～2m 污染土壤清挖修复范围（彩图请扫封底二维码）

(a) 污染土壤清挖　　　　　　　　　　　　　(b) 清挖后的基坑

图 6-5　污染土壤清挖施工（彩图请扫封底二维码）

（2）异位修复施工

1）处置流程。项目区 0～2m 污染土壤采用开挖异位稳定化技术进行处置，工艺流程如图 6-6 所示，主要包含污染土壤开挖、破碎筛分预处理、稳定化药剂混合、养护和检测，污染土壤修复达标后于原基坑回填。工艺流程见图 6-6。

2）处置参数。通过异位污染土壤稳定化中试试验，得到需异位处理的污染土壤，最佳修复材料配伍为 X_1，考虑到实际工程实施中的测量误差及操作范围性，同时结合中试试验结果，修复材料投加量放大系数宜为 2.0，即异位中试试验效果最佳的修复材料投加量为污染土壤质量的 7.0%，其最佳养护时间为 3 天。具体相关参数见表 6-6。

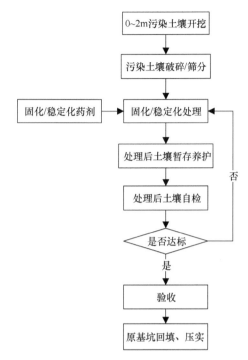

图 6-6 表层 0～2m 异位修复流程图

表 6-6 固化/稳定化参数一览表

序号	项目	工艺参数
1	粒径	≤40mm
2	X_1 复配药剂	7%
3	药剂搅拌/拌和次数	4～5 次
4	含水率	25%～30%
5	养护时间	不少于 3 天

（3）污染土壤处置施工

修复过程主要采用挖机进行药剂拌和，按照实验结果及土方量添加 X_1 复配药剂进行搅拌混合，并洒水进行养护。异位修复土壤堆体台账记录见表 6-7。

表 6-7 异位修复土壤堆体台账

序号	采样时间（年.月.日）	堆体名称	修复土方量/m³	药剂/t	备注
1	2020.11.03	1 号异位修复堆体	3100	434	取平行样 1 个
2	2020.11.21	2 号异位修复堆体	1460	204.4	取平行样 1 个
3	2020.12.23	3 号异位修复堆体	495	69.3	第一次 2 号地块、3 号地块基坑侧壁开挖后超标，扩挖后取样，取平行样 1 个
	合计		5055	707.7	—

（4）原位修复施工

原位搅拌工艺修复范围见图6-7。

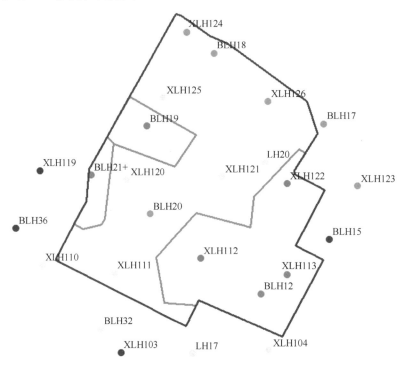

图 6-7　原位搅拌修复处置范围（彩图请扫封底二维码）
XLH 表示详细调查阶段样地，BLH 表示补充调查阶段样地；数字表示编号

原位搅拌施工技术参数见表6-8。

表 6-8　原位搅拌施工参数表

参数	单位	数值	备注
修复材料料浆浓度	g/L	305	
料浆泵流量	L/s	0.90	
下钻速度	m/min	1.54	
提钻速度	m/min	1.54	药剂投加质量比 3.8%
修复平均速度	延米/min	0.77	
下钻速度	m/min	1.16	
提钻速度	m/min	1.16	药剂投加质量比 5.0%
修复平均速度	延米/min	0.58	
搅拌速度	r/min	60	
喷浆时管道压力	MPa	0.5~0.7	

原位搅拌修复情况见表6-9。

表 6-9 原位搅拌修复台账

处理时间（年.月.日）	土壤类型	处理总方量/m³	工程量/延米	药剂/t	备注
2020.09.02～2020.10.05	红黏土	7 526	57 464	1 624	原位深搅修复区域
2020.10.25～2021.11.09	红黏土	12 193	33 472	945.8	高压旋喷变更为原位深搅
2021.01.05～2021.01.07	红黏土	1 574	6 728	190	其他区域复验超标区域原位搅拌修复
合计		21 293	97 664	2 759.8	

现场施工作业见图 6-8。

图 6-8 原位搅拌施工作业（彩图请扫封底二维码）

（5）场区污水处理

该场地清挖采用逐坑验收回填方式，场地最大基坑面积约为 6000m²，工程点的年最大 24h 暴雨均值 H_{24}=0.08m，最大积水量约为 6000×0.08=480m³。该项目施工方通过自检、第三方检测单位取样检测结果显示，基坑积水存在 As、Cd、Pb 等重金属污染，尤其是砷污染含量高，项目部通过采用撬装式罐车转运至含砷涌水处理厂进行处理。该厂含砷污染废水处理能力为 500m³/d，现平均每日仅进水 100～200m³，且该厂区集水调节池 1000m³，收纳能力远大于场地内 24h 最大积水量，能够保障现场污染地表水处理效率，避免二次污染。

处理站工艺见图 6-9。

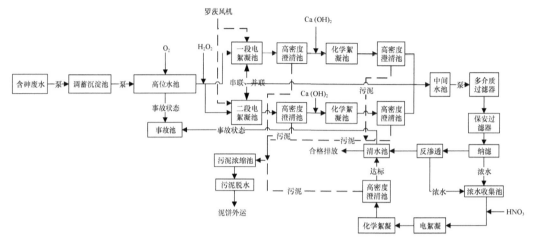

图 6-9　水处理流程图

（6）土方回填施工

施工单位于 2021 年 1 月 10 日至 2021 年 2 月 5 日对开展异位修复合格后的土壤进行回填施工，共计 6027m³。主要涉及施工方自检记录、异位修复土壤对题见证采样记录、基坑回填审批表。修复土壤回填台账记录见表 6-10。

表 6-10　修复土壤回填台账

回填日期	回填土类型	回填土来源	回填方量/m³	回填部位
2020 年 12 月 15 日	异位修复土壤	场区范围内 0～2m 污染土壤	2818	0～2m 基坑
2020 年 12 月 16 日	异位修复土壤	场区范围内 0～2m 污染土壤	2240	0～2m 基坑
2020 年 12 月 17 日	异位修复土壤	场区范围内 0～2m 污染土壤	969	0～2m 基坑
合计			6027	

异位修复后的土壤回填情况见图 6-10，回填工作结束后，将进行上部阻隔防渗单元的建设。

异位修复土方外运

异位修复土壤回填、压实

图 6-10　异位修复后的土壤回填情况（彩图请扫封底二维码）

（7）表层阻隔施工

在地面阻隔风险管控的覆土绿化前，需要对整个场地进行平整。

第一，阻隔层防止人体直接接触及通过扬尘扩散等迁移至周围敏感目标区域；第二，阻隔层减少雨水通过对污染土壤作用，使得污染物淋溶下渗进入地下水体；第三，阻隔层设置在经济可行情况下尽量满足地块后期开发为公园绿地需求。阻隔覆盖结构各层应由下至上依次为平整基底（污染土层）；"两布一膜"（HDPE 膜）阻隔层及 200mm 黏土保护层；300mm 碎石排水层（DN110 排水管 HDPE 排水管）；土工布隔离层；500mm 黏土层；1000mm 绿化土及植被层。顶部水平阻隔层结构见图 6-11。

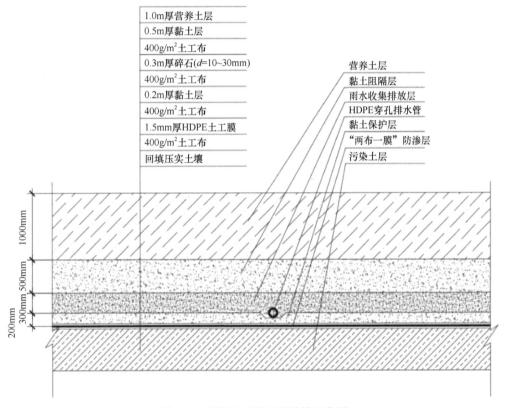

图 6-11　顶部水平阻隔层结构示意图

（8）施工单位自检

1）基坑清挖自检。基坑清挖自检包括侧壁和基坑底部监测两部分。根据《污染地块风险管控与土壤修复效果评估技术导则（试行）》（HJ 25.5—2018）和《建设用地土壤污染状况调查技术导则》（HJ 25.1—2019）要求对完成土壤清挖后的界面进行检测。施工单位于 2020 年 10 月 11 日、2020 年 12 月 20 日在现场监理见证下分两次对基坑进行取样检测，检测结果达到考核目标要求。

2）修复土壤自检。异位修复土壤堆体自检。施工单位根据《污染地块风险管控与土壤修复效果评估技术导则（试行）》（HJ 25.5—2018）原则上按照每个样品代表的土壤体积不超过 500m³ 进行采样。2020 年 10 月 11 日、2020 年 10 月 26 日、2020 年 11 月 4

日在监理见证取样下，施工单位对异位修复土壤堆体进行采样自检，所有样品自检结果合格。原位修复土壤自检。2020 年 11 月 10～11 日、2021 年 1 月 8 日在监理见证取样下，施工单位对原位修复区域土壤进行采样自检，所有样品自检结果合格。

3）回填种植土壤自检。施工单位根据《污染地块风险管控与土壤修复效果评估技术导则（试行）》（HJ 25.5—2018），对表层阻隔层外来绿化种植土进行自检采样。检测指标根据《土壤环境质量 建设用地土壤污染风险管控标准（试行）》（GB 36600—2018）基本项目 45 项，评价标准选用第一类用地筛选值。2021 年 10 月 10 日施工单位委托第三方检测单位采集 25 个土壤样品进行检测，样品检测结果符合评价标准。

3. 修复工程量统计

该修复项目中，0～10m 深度内土壤中污染物易受淋溶作用影响，浸出污染物浓度水平处理至低于地下水IV类水（参照 GB 14848—2017）限值。共计稳定化处理污染土壤 23 498m³，包括异位稳定化处理污染土 5055m³、原位稳定化处理污染土 18 443m³。表层采用顶部水平阻隔的工程措施进行风险管控，建设地表顶部阻隔层 11 944m²。

（三）施工进度

该修复工程于 2020 年 7 月 29 日签署开工令，正式开工。2021 年 3 月 15 日完成了该场地污染土壤修复工作。

（四）现场监理

1. 监理程序及方法

该项目严格按照实施方案、技术交底文件进行施工，同时在环境监理的监督审查下，顺利完成了修复工程及自检验收工作。整个项目从前期到竣工验收全过程报审现场监理方的资料清单见表 6-11。

表 6-11　报审现场监理资料清单

序号	报审资料	纸质版	报审情况
1	开工令、开工报告	√	
2	施工进度计划报审表	√	
3	施工单位人员资格报审表	√	施工前
4	施工单位资质报审表	√	
5	施工组织设计表	√	
6	工程材料（修复药剂、阻隔防渗材料等）、设备（原位搅拌设备、高压旋喷设备等）进场报验表	√	
7	（基坑开挖、异位修复、原位修复、回填）报验申请表	√	
8	分部（子分部）/隐蔽工程竣工质量验收记录	√	施工过程中
9	安全技术、施工技术交底报审/报验表	√	
10	污染土壤清挖运输记录表	√	
11	污染土壤修复药剂投加原始记录表	√	
12	修复设备运行记录表	√	

续表

序号	报审资料	纸质版	报审情况
13	厂区废水收集运输记录表	√	
14	基坑/异位修复土壤堆体/原位修复土壤见证取样记录	√	施工过程中
15	工程量确认单	√	
16	施工签证	√	
17	竣工报验申请表（施工总结报告）	√	施工完成后
18	场地移交单	√	

2. 监理工作评价及验收结论

工程自 2020 年 7 月 29 日开工以来，在整个施工过程中，工程所用的修复药剂及材料、机械设备进场后均严格按照规定进行质量报验。施工组织设计和有关施工方案的主要内容，在过程中得到了落实。现场甲方代表、监理人员和施工人员都认真履行各自的岗位职责，做到开工复工有申请、完工竣工有报验，认真地执行了施工自检程序、质量报验程序，各方均严格执行工程强制性条文。

通过监理单位对某县某工业片区环境综合整治项目某化工原址地块污染土壤修复技术应用试点项目中 0～2m 污染土壤清挖后异位修复、2～10m 污染土壤原位修复、修复后土方回填、表层阻隔工程实施、截水沟、表面水沟、表层平整覆土、植被恢复、场区废水处理 9 个分部工程质量评估，认为该工程已按设计及合同要求完成工作内容，各分部、分项工程符合相关技术标准和要求；各相关资料齐全、有效、符合要求，认定该工程施工质量验收结论为合格。

四、修复效果评估

（一）效果评估开展情况

1. 评估内容

本次评估工作的主要目的如下。

1）核查异位稳定化修复（1 号土壤堆体、2 号土壤堆体、3 号土壤堆体）、基坑侧壁及底部、原位稳定化修复（原位搅拌工艺超标点位区域、高压旋喷变更为原位搅拌区域）范围及目标是否与修复方案提出的修复范围一致。

2）核查原位稳定化修复目标物、修复面积、修复深度及土方量是否与修复方案一致。

3）根据实施方案要求，评估项目区红线范围内 2～10m 原位修复其他区域取样调查（复测）超标区域原位搅拌修复后是否达到修复方案中确定的目标污染物的修复目标值。

4）评估异位修复、原位搅拌工艺修复后的土壤是否达到修复方案中确定的目标污染物的修复目标值。

5）评估修复后试点项目区域地下水，风险评估报告确定地下水关注污染物砷主要监测井位 GW02，关注污染物砷污染羽扩散程度不增加，污染物监测值不升高。

6）评估表层风险阻隔实施是否达到实施方案技术考核要求。

7）评估修复工作中二次污染防控措施是否达到预期。

2. 评估方法

采用 2018 年 12 月 29 日生态环境部发布实施的《污染地块风险管控与土壤修复效果评估技术导则（试行）》（HJ 25.5—2018）土壤修复效果评估方法，具体如下。

1）采用逐一对比和统计分析的方法进行土壤修复效果评估。

2）当样品数量<8 个时，应将样品检测值与修复效果评估标准值逐个对比。若样品检测值低于或等于修复效果评估标准值，则认为达到修复效果；若样品检测值高于修复效果评估标准值，则认为未达到修复效果。

3）当样品数量≥8 个时，可采用统计分析方法进行修复效果评估。一般采用样品均值的95%置信上限与修复效果评估标准值进行比较，下述条件全部符合方可认为地块达到修复效果：样品均值的95%置信上限小于等于修复效果评估标准值；样品浓度最大值不超过修复效果评估标准值的 2 倍。

4）原则上统计分析方法应该在单个基坑或者单个修复范围内分别进行。

5）对于低于报告限的数据，可用报告限数值进行统计分析。

针对基坑底部、侧壁清挖及异位修复土壤堆体效果评估采用逐一对比法，针对采用原位修复工艺（深层搅拌）后的 2～10m 土壤效果评估采用 95%置信上限与修复标准值进行比较，对项目区场地基坑底部及侧壁、异位、原位修复区域进行修复工程实施后的整体评价。

3. 效果评估布点情况

（1）基坑清理效果评估布点

根据《污染地块风险管控与土壤修复效果评估技术导则（试行）》（HJ 25.5—2018）要求，结合场地实际情况设置采样点，不同基坑的布点数量见表 6-12。

表 6-12　场区 0～2m 基坑评估采样点信息表

采样时间	采样基坑	开挖面积/m²	深度/m	坑底采样数量/个	侧壁采样数量/个	备注
2020 年11 月 3 日	2 号区块	1239	0～2.0	4	5	一期工程超挖导致 2 号区靠近 1 号区一侧基坑侧壁消失，无法取样
	3 号区块	918	0.4～1.7	3	1	3 号区东侧边界因一期工程超标区域超挖，导致 3 号区东侧及靠近 1 号区一侧基坑侧壁消失，无法取样
	5 号区块	2918	0.6～2.0	6	1	5 号区南侧边界因一期工程 7 号及 8 号高风险废渣区开挖，已无侧壁，故 5 号区基坑验收南部侧壁以试点地块红线物理边界作为清挖验收边界，不进行采样点位布设，所有采样点位布设在其他方向侧壁
2020 年12 月 23 日	2 号区块	—	0～2.0		3	基坑侧壁超标区域扩挖
	3 号区块	—	0～2.0		1	基坑侧壁超标区域扩挖

现场采样过程中，不同基坑点位布置见图 6-12。

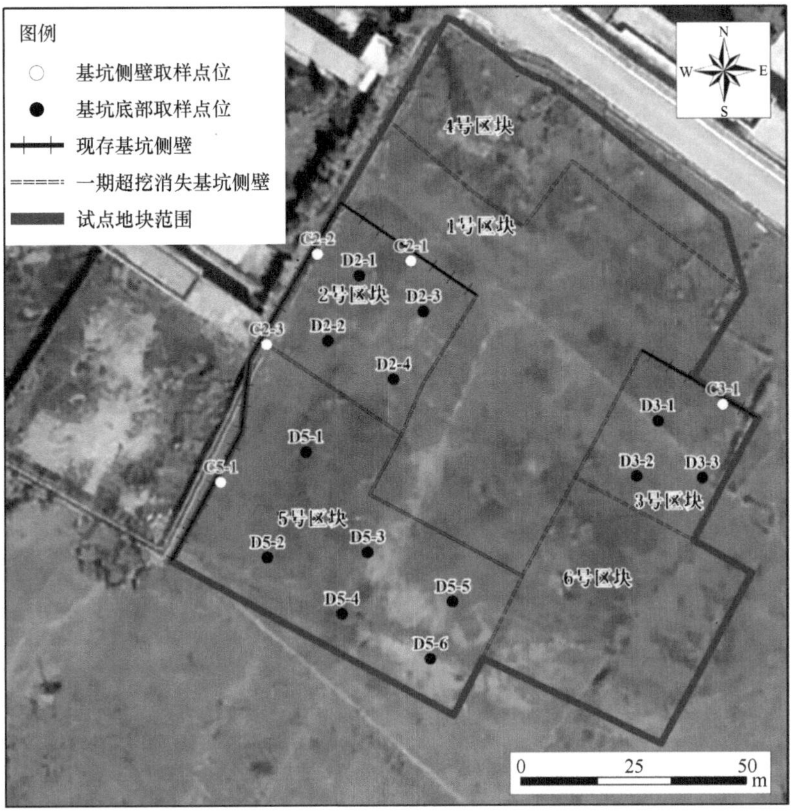

图 6-12　基坑侧壁及底部清挖后评估采样示意图（彩图请扫封底二维码）

图中 C 表示基坑侧壁，D 表示基坑底部。数字表示取样编号，例如，2-1 表示 2 号区块的 1 号样本

（2）异位修复效果评估布点

根据施工进度，异位修复土壤堆体效果评估分批进行取样，分别于 2020 年 11 月 3 日、2020 年 11 月 21 日、2020 年 12 月 23 日完成了异位修复土壤堆体的采样工作，具体采样时间节点与修复土壤的采样数量情况见表 6-13。

表 6-13　异位修复土壤堆体评估取样时间节点

序号	采样时间（年.月.日）	堆体名称	修复土方量/m³	采样个数/个	备注
1	2020.11.3	1 号异位修复堆体	3100	8	取平行样 1 个
2	2020.11.21	2 号异位修复堆体	1460	4	取平行样 1 个
3	2020.12.23	3 号异位修复堆体	495	1	第一次 2 号地块、3 号地块基坑侧壁开挖后超标，扩挖后取样，取平行样 1 个

根据《污染地块风险管控与土壤修复效果评估技术导则（试行）》（HJ 25.5—2018）要求，对于异位修复后的土壤，采用随机布点法布设采样点，原则上每个样品代表的土壤体积不应超过 500m³，采样网络示意见图 6-13。

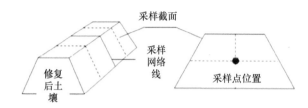

图 6-13　异位修复土壤堆体采样点布设示意图

（3）原位修复效果评估布点

根据《污染地块风险管控与土壤修复效果评估技术导则（试行）》（HJ 25.5—2018）要求，结合场地实际情况，不同区域的布点数量见表 6-14。

表 6-14　场区 2～10m 原位修复区采样点信息表

采样区域	地块分区	修复（采样）深度/m	修复土方/m³	采样个数/个
设计深层搅拌修复区域	A 区	2～4m	1 626	13（含 1 个平行样）
	B 区	2～4m	5 900	16（含 2 个平行样）
		4～6m	5 900	30（含 2 个平行样）
	小计		13 426	59
高压旋喷变更为深层搅拌区域（原设计高压旋喷修复区域）	C 区	2～4m	1 524	17（含 2 个平行样）
		4～6m	1 524	8
		6～8m	1 524	18（含 2 个平行样）
	D 区	2～4m	814	20（含 4 个平行样）
		4～8m	814	16
		8～10m	814	17（含 1 个平行样）
	小计		7 014	96
深层搅拌超标点区域	B 区	2～4m	800	9（含 1 个平行样）
	小计		800	9
复验后其他超标区	/	2～6m	1 573.48	27（含 3 个平行样）
	小计		1 573.48	27

现场采样过程中，不同区域点位布置见图 6-14、图 6-15。

（二）效果评估结论

该工程修复过程中，施工单位按照评审备案的方案设计要求，组织项目实施并于 2021 年 3 月 15 日完成了全部修复工程。项目竣工总结报告、环境监测情况总结报告、监理总结报告及监理日志等资料齐备。施工单位、监测单位、监理单位的资料、数据较完备，能清楚反映该项目的施工过程，项目修复效果评估通过全过程跟踪、验收采样和实验室检测、资料查阅及审核，按照《污染地块风险管控与土壤修复效果评估技术导则

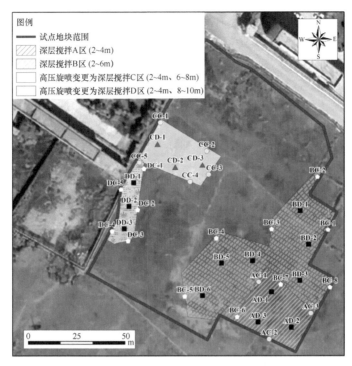

图 6-14　原位修复效果评估布点采样示意图（彩图请扫封底二维码）

AD：A 区基坑底部；AC：A 区基坑侧壁；BD：B 区基坑底部；BC：B 区基坑侧壁；CD：C 区基坑底部；CC：C 区基坑侧壁；DD：D 区基坑底部；DC：D 区基坑侧壁；数字表示点位编号

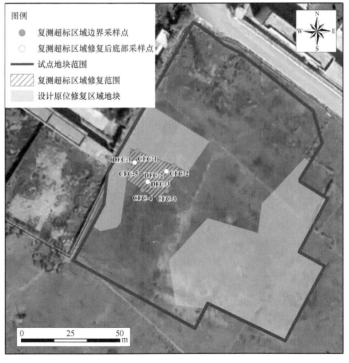

图 6-15　复测超标区域原位修复效果评估布点采样示意图（彩图请扫封底二维码）

DFC：基坑底部复测；CFC：基坑侧壁复测。数字表示点位编号

（试行）》（HJ 25.5—2018）中相应的评价方法，对检测数据进行了科学合理的分析，认为该场地污染物治理和风险管控达到考核目标要求。

该修复工程评估结论如下。

1）该修复工程已按照已经备案的实施方案完成了 0～2m 污染土壤清挖和异位修复、2～10m 污染土壤原位修复、基坑侧壁土壤及修复后土壤的取样检测等工作，原位和异位稳定化后的污染土壤浸出液浓度达到《地下水质量标准》（GB/T 14848—2017）中的Ⅳ类标准，满足实施方案考核目标及审查意见要求。

2）修复工程表层风险阻隔实施中采购外来的回填土壤检测结果均未超过《土壤环境质量 建设用地土壤污染风险管控标准（试行）》（GB 36600—2018）第一类用地筛选值（砷采用标准中红壤筛选值），满足回填及用地规划要求。

3）表层风险阻隔工程实施中，阻隔材料（HDPE 膜）检测结果符合出厂标准，HDPE膜渗透系数低于 $1.0×10^{-13}$cm/s，工程性能完好；地下水导排层（碎石层）厚度满足 300mm要求，黏土层厚度满足 500mm 要求，黏土层压实度未低于 95%，渗透系数达到 10^{-6}cm/s，达到阻隔层安装技术考核要求。

4）项目自开工实施到工程修复完成，通过每个月跟踪监测，地下水中各超标因子监测值未升高。其中地下水关注污染物砷（As）污染浓度未增加，进一步显示污染羽扩散程度不增加。随着工程实施，地块内污染土壤得到有效的治理和管控，使得地块内的地下水环境得到改善，说明工程的原位稳定化修复和表层阻隔措施具有一定的效果。

5）表层生态修复选用狗牙根草种，种植成活率大于 96%，达到不低于 95%的考核目标要求。

6）满意度调查结果显示，该项目的实施获得了周围群众的支持，同时工程实施后也获得极高的满意度。

项目修复治理前后效果对比见图 6-16。

（a）地块修复前　　　　　　　　　　　　　（b）地块修复完成后

图 6-16　地块修复前后对比（彩图请扫封底二维码）

五、启示

1）该项目采用的固化/稳定化技术适用于受 As、Cd、Pb、Hg、Cu、Ni 等重金属复合污染的土壤，该项目采用的 X_1 药剂（主要成分为硫酸亚铁、氧化钙、硅酸钙等）、X_4 药剂（主要成分为硫酸亚铁、氧化钙、氧化镁等）主要具有稳定化作用，使其与重金属发生凝硬反应，降低其迁移能力和浸出毒性。

2）该项目创建了固化/稳定化药剂研发与专用药剂复配技术体系。针对该场地的多种重金属复合污染特点，通过对重金属污染土壤的系统检测、实验室小试、现场中试及放大处置，开发了针对 As、Cd、Pb、Hg、Cu、Ni 等重金属复合污染特效修复药剂；通过集成创新与复配研发，研制了针对多种重金属污染的复配药剂，结合项目的实际修复过程，形成完善了"小试—现场中试及放大施工—工程实施—各环节严格检验"的固化/稳定化工艺技术体系。

3）该项目作为试点创新，针对西南片区红土复合重金属污染类型场地稳定化药剂研发，并对异位稳定化修复工艺、原位高压旋喷搅拌工艺、原位旋挖搅拌工艺及地表多功能结构阻隔层施工效果与经济性，以及对后期用地规划类型适用性先试先行及评估。探索并优化出适合工业片区污染地块"异位修复+原位修复+表层阻隔+生态修复"组合的土壤修复技术模式。

第二节　砒霜厂地块重金属污染治理与修复技术及应用

某砒霜厂由于经营管理不完善，生产过程中未对砷进行严格控制，含砷粉尘、废水及废渣排入厂区，导致厂区内土壤砷超标严重，同时砷进入地下水，引起区域内地下水超标。因此，采取工程修复措施，对某砒霜厂地块污染土壤和地下水进行修复治理，减少废渣和污染土壤中有害物质在降雨情况下向周边环境迁移。

一、项目概况

（一）项目由来

该项目由重大水利工程建设专项过桥贷款资金支持，金额 3676.89 万元，项目用于某水库工程流域内重金属污染治理。

（二）项目区域概况

1. 场地地理位置

某砒霜厂原是所在区域最大的砒霜、金属砷生产厂家，中心点坐标为 104°00′03″E，23°32′42″N，地面高程 1398.78m，洼地长轴长 144.72m，长轴方向 76°，短轴长 87.88m，厂区总面积约 3.5 万 m^2。该厂位于某水库某河库区的右岸，与库区仅一山之隔，与回水线淹没区直线距离仅 500m，且有地下水力联系，距该水库坝址约 2.5km。

2. 水文地质条件

项目区四周环山，为一个不规则菱形，厂区中部场地较为平滑，高程为 1393～1400m，四周山体高程为 1420～1470m，南侧有厂矿道路与外界相连，为泥结石路面，宽度 6m 左右。

项目区位于某河水文地质单元北东部，地处南盘江流域与红河流域分水岭地带。在南盘江流域与红河流域分水岭地带，地表与地下分水岭位置不一致，据区域地质资料，流域地下水分水岭地带出露地层主要为石炭系、二叠系、三叠系的纯灰岩、白云质灰岩、泥质灰岩等。某砒霜厂位于天然洼地内，受地形条件限制，污染途径以下渗型为主。根据水文地质调查，场区内有一个小型的地下水分水岭，基本走向由西向东。地下分水岭使地下水流向两个方向：场地西南侧某河和场地东北方向。

（三）场地历史

该厂于 2005 年开始生产，年生产砒霜 5000t、金属砷 2000t。2007 年 12 月厂区内废水池垮塌，大量高浓度含砷废水排入厂区，同时由于管理不完善，生产过程中未对砷进行严格控制，含砷粉尘、废水及废渣排入厂区，导致厂区内土壤砷超标严重。由于该区域所处地层大部分为岩溶地层，地层渗入条件好，从而导致砷进入地下水，引起区域内地下水超标，2007 年 12 月该企业被关停。

1. 场地生产工艺

砒霜的生产工艺是先将砷原料、焦炭破碎至一定粒度，计量加入反射炉进行封闭式焙烧，适当手工补料以作调整。焙烧产生的 As_2O_3 烟气先经水冷室冷却降温，随后进入产品收集室，经收集、计量包装入库成为砒霜产品。烟气中含有烟尘和二氧化硫，进入混合室收尘，随后进入喷淋洗涤室进行脱硫除尘，进入脱硫塔进一步脱硫，再经碳吸附反应器和风机后，经爬山烟道输送至山顶烟囱排放。

金属砷生产工艺是将 As_2O_3 和焦炭加入电炉中密封，进行还原熔炼，得到金属砷，烟气量较小，进入废气处理室进行处理后外排。

2. 矿区废渣

矿区废渣主要为冶炼产生的残渣和废弃原料，根据检测结果，矿区废渣鉴定属于危险废物。一期工程将原有废渣全部清运，仅残留少量未打扫干净的废渣，根据调查，2017 年 7 月剩余废渣约为 $30m^3$。

3. 建筑物与构筑物

项目区的治理范围包括原生产厂区、中间区域和原料储存区三个部分，原生产厂区占地约 $608m^2$，中间区域占地约 $20767m^2$，原料储存区占地约 $1418m^2$。

其中与生产直接相关的建筑物与构筑物（烟道、烟筒、反应车间、原料储存间、产品储存间等），拆除后均清运至某水泥厂进行水泥窑协同处置，共计 $3420m^3$。

与生产不直接相关的建筑物与构筑物（办公室、员工宿舍等），拆除后作为建筑垃圾运至某选矿厂原尾矿库集中堆存，共计 $797.5m^3$。

4. 厂区废水池

厂区西侧有两个 $500m^3$ 的含砷废水处理池，2017 年 7 月存有废水约 $600m^3$，根据资料显示，废水砷含量严重超标，需要进行处理。

（四）场地调查评价结论

由于该项目工矿企业污染的影响，项目所在区域地表水重金属元素含量超标，地表水经过农田灌溉，在农作物中富集，进而进入人体内危害人体健康。该项目尾渣中重金属元素不断析出，容易造成地下水污染，进而威胁当地居民的饮用水安全。

该项目处于某水库地表水径流区，位于某河末端支流两侧，根据水库流域环境现状调查，尾渣堆放不规范，若不按要求治理，还将持续对水库环境产生影响，并会持续增加下游生态系统中砷等重金属的含量。控制流域内工业企业污染土壤及废水污染，保证某水库的供水安全是水库建设急需解决的问题。

场地风险评估结论：厂区内废渣和受污染土壤含有砷等重金属，这些重金属通过地表生物、地球化学等作用释放和迁移到土壤及河流中，污染当地环境；同时受到砷污染的地下水，通过地下暗流向某水库流域扩散，对某水库坝址处取水口存在较大威胁。因此，需采取可靠的工程措施，对某市某砒霜厂厂区污染区域进行集中处置，减少废渣和污染土壤中有害物质在降雨情况下向周边环境的迁移。

（五）场地治理范围及目标

该项目需要治理的对象如下（表6-15）。

表6-15 该项目治理对象汇总表

类型	污染源	特征	单位	数值
固体废物	受污染土壤	中等污染土壤（水浸超标）	m^3	39 710
		清理后场地	m^2	20 767
废水	含砷废水	超标	m^3	600
	受污染地下水	超标	m^3	186 178
生产设施	生产厂区	生产区建筑垃圾	m^3	3 420
		一般建筑垃圾	m^3	797.5
		拆除后裸露场地	m^2	7 498

1）厂区内水浸超标的中等污染土壤 39 710m^3。

2）厂区里砷超标废水 600m^3，受污染地下水 186 178m^3。

3）对厂区建筑及设备拆除和安全处置，生产区建筑垃圾 3420m^3，一般建筑垃圾 797.5m^3。

4）清理后对场地和厂区进行绿化，绿化面积 23 934.1m^2。

二、修复技术

（一）修复技术工艺说明

1. 场地概念模型

建立合理的场地概念模型对于有效指导后期污染修复治理至关重要。场地概念模型建立主要基于在现状调查中收集的各种信息。概念模型的建立应综合考虑场地的水文地质情况、调查区域背景、污染源、污染物的迁移转化、可能存在的敏感受体等，以合理解释污染物在场地内的分布、迁移途径及可能存在的环境风险。

（1）地形地貌及水文地质情况

准确描述调查区域的地形地貌特征、高程范围及高差、地表覆盖情况、回填土、地层岩性、地下水位埋深、地下水流向、地下水补给、地下径流、地下水平均水力梯度与水平渗透流速等。

（2）污染源

整理分析污染源分布特征及成因等。分析某砒霜厂历史生产运营过程中污染物排放量、污染处理设施和技术、潜在污染源及可能污染区域等。

（3）污染现状

说明污染的主要分布区域及程度。

2. 总体修复策略

1）确保厂区内受污染土壤全部清挖，防止其对周围环境造成持续污染；厂区内土壤水浸 As 不超过《污水综合排放标准》（GB 8978—1996）最高允许排放标准。

2）对生产厂区进行拆除，产生的固体废物根据污染情况分别进行处理，防止厂区重新启用生产。

3）对拆除后的厂区及清理后的场地进行绿化，绿化率达到 90%以上。

4）对厂区地下水进行处理，处理后地下水水质达到《地下水质量标准》（GB/T 14848—2017）Ⅲ类水质标准。

（二）修复总体工艺技术路线

项目修复治理总体工艺技术路线见图 6-17。

三、场地修复模式

（一）工程施工部署

某砒霜厂重金属污染治理工程由某市环境保护局牵头，施工单位组织实施，为确保项目的顺利实施，施工管理组织分为项目前期部、计划财务部、合同管理部、设备采购部、施工管理部、工程造价部、质量安全部。其中项目前期部负责：规划设计招标、工程勘察招标、施工招标、工程进度总体控制、工程技术管理等。

（二）施工准备

1. 施工现场平面布置图

施工现场平面布置见图 6-18。

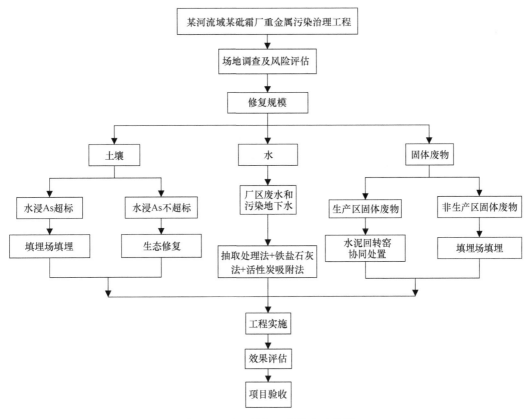

图 6-17　项目总体工艺技术路线图

2. 施工场地准备

开挖前，对开挖地块进行测量定点放线，并确定开挖深度及开挖标高，设立界桩与标示牌。并对开挖区表面的杂物和石块等进行清理，便于施工机械进场。同时，在废渣堆与开挖土壤区四周修建临时排水沟，排水沟开挖土方堆砌在外侧，形成围堤，用于分流场外雨水。项目现场需准备彩条布、石灰等防水应急材料，遇到雨天停止施工，并对开挖面进行覆盖，以减少废水产生量。

3. 施工手续准备

项目正式施工前需进行工程开工报审、项目开工令申请、施工单位人员资格报审、施工单位资质报审、工程进度计划报审、施工组织设计报审等相关手续。

（三）污染土壤修复方案

1. 土壤污染情况

该项目污染土壤区厂区面积为 20 767m²，0～100cm 土壤危险废物全部进行清理，危险废物总量为 20 767m³。

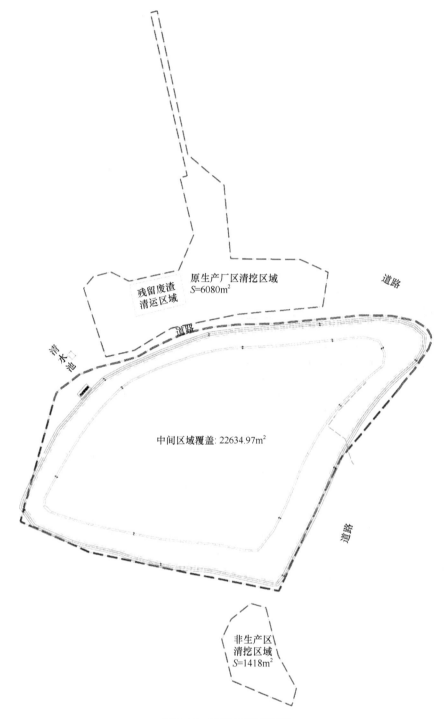

图 6-18　项目平面布置图

2. 技术介绍

（1）中度污染土壤

对于该项目水浸超标的中度污染土壤，由于性质与第Ⅱ类一般工业固体废物类似，所以参照第Ⅱ类一般工业固体废物的处置方式进行处置。

该项目距离某多金属选矿厂Ⅱ类场 23.2km，由于某多金属选矿厂Ⅱ类场填埋场目前仍有库容余量且方便扩容，将该项目属于Ⅱ类工业固体废物的中度污染土壤转运至该选矿厂填埋符合《一般工业固体废物贮存、处置场污染控制标准》（GB 18599—2001）规范要求，在经济上和技术上均比较可行，因此，对该项目属于第Ⅱ类一般工业固体废物的中度污染土壤，设计采用异位填埋的方式进行处置，均转运至某多金属选矿厂已有Ⅱ类场进行填埋。

（2）轻微污染土壤

在该项目污染场地，属于危险废物的严重污染土壤和水浸超标的中度污染土壤清理后，剩余土壤污染程度较轻，采用生态修复的方式进行治理。

生态修复技术是一种利用自然生长或遗传培育植物修复重金属污染土壤的技术。根据其作用过程和机理，重金属污染土壤的植物修复技术可分为植物提取、植物挥发和植物稳定 3 种类型。①植物提取：利用重金属超积累植物从土壤中吸取金属污染物，随后收割地上部并进行集中处理，连续种植该植物，达到降低或去除土壤重金属污染的目的。例如，目前已发现有多种超积累重金属植物，积累 Mn 的量可达到茎式叶干重的 1% 以上。②植物挥发：其机理是利用植物根系吸收金属，将其转化为气态物质挥发到大气中，以降低土壤污染。该方法主要用于处理受 Hg 和 Se 污染的土壤。③植物稳定：利用耐重金属植物或超累积植物降低重金属的活性，从而减少重金属被淋洗到地下水而进一步污染环境的可能性。其机理主要是通过金属在根部的积累、沉淀或根表吸收来加强土壤中重金属的固化。

3. 施工过程

对于该项目对水浸超标或者成分分析超标的 39 710m³ 中度污染土壤依次进行开挖。开挖时，采取四侧放坡，坡度小于 1∶1.5，以保证施工操作安全。

该项目租用 3 台斗容 0.8m³ 履带式反铲挖掘机作为挖掘机械，租用 6 辆载重量为 8t 的密闭式自卸车机作为运输车辆，租用 1 辆 10m³ 槽罐车作为施工废水运输车辆。为了防止土壤挖掘机械、运输车辆进出受污染地块对周边环境造成二次污染，在治理区域对挖掘机械、运输车辆进行清洗。清洗废水收集后，经沉淀池沉淀后，利用该项目配套的污水处理站进行处理。

（四）地下水修复方案

1. 工艺流程

项目受污染需处理的地下水量为 186 178m³，水中含砷浓度为 0.701mg/L。首先利用现有的循环池，对池中残留的废水进行预处理，然后再与受污染的地下水进入活性炭吸附塔进行深度处理，处理后清洁废水进行回灌，通过不断的循环处理，直至地下水达标。地下水治理循环注水—抽水净化示意图见图 6-19。

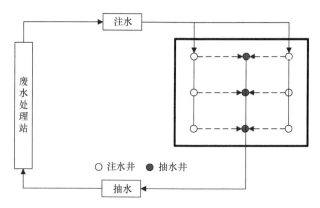

图 6-19　地下水治理循环注水—抽水净化示意图

2. 废水处理站设计规模

依据厂区钻孔地下水水质检验，以及上述地下水污染分布图估算已污染地下水面积为 58 349.4m²，重力给水度为 0.04，含水层厚度为 80m，体积约为 186 178m³。由于地下水处于不断的动态变化过程中，难以准确确定地下水处理量，综合考虑处理周期为 2～5 年，地下水循环处置 2 次以上，因此废水处理规模为 1000t/d。

3. 废水处理站处理方式

1）含 As 废水与受污染地下水在调节池混合后进入废水处理站处理，混合比例 1.5∶100。

2）地下水抽出设置抽水井 5 座，根据污染现状在场地中心采用梅花形布置，间距 25m；抽水井深入潜水层以下、弱透水层以上 2～3m；采用深井泵提升，液位控制启停。

3）调节池调蓄时间 6h，设置 2 台潜污泵，1 用 1 备，采用液位控制，−1.000m 水位自动启泵，−4.500m 水位自动停泵；调节池设置潜流搅拌机，采用液位控制，−1.000m 水位自动启动，−3.500m 水位自动停机；根据实际运行需要人工投加氯片进行氧化。

4）采用两段式一体化反应沉淀处理，共分 4 组并联运行；一体化反应沉淀器自带加药、反应、沉淀装置，其中药剂采用氢氧化钠和硫酸铁，投加比例第一段 Fe/As 大于 2，第二段 Fe/As 大于 10，pH 控制在 8～9，具体根据现场试验确定。采用机械搅拌混合，反应时间 10～30min，沉淀采用斜管沉淀，表面水力负荷 1.0m³/(m²·h)。

5）反应沉淀器出水设置缓存水箱，有效容积 4.5m，提升采用 2 台螺杆泵提升，1 用 1 备。

6）过滤器采用双层滤料，上层砂滤，下层活性炭过滤，滤速 9～12m/h；冲洗采用水洗，反冲洗强度 13～16L/(m²·s)，反冲洗时间 6～8min，反冲洗周期 24h；反冲洗水排入调节池。

7）出水设置清水池，对地下水进行回灌，并提供过滤器反冲洗水；地下水回灌设置 2 台潜污泵，液位控制启停，1 用 1 备；过滤器反冲洗设置 1 台潜污泵，定时控制反冲洗，并设置液位保护。

8）设置回灌井 8 座，沿受污染场地边界采用网格布点，网格尺寸 25m×40m；回灌井深入潜水层以下 1~2m，采用不加压下渗。

9）沉淀污泥脱水：①污泥脱水采用 2 班制，每班 8h，每班脱水 2 次，具体根据实际情况；绝干泥量 0.2t/d。②污泥脱水采用叠螺式污泥脱水机，脱水后污泥含水率≤80%。③叠螺式污泥脱水机处理能力 15kg DS/h（DS 是指绝干污泥），手动控制启停。污泥调理剂采用 PAM，PAM 加药采用自动加药装置。

10）脱水污泥送某水泥厂进行水泥协同窑处置。

11）设计出水水质：含 As 废水及受污染地下水混合后进入废水处理站处理，处理后主要污染物指标达《地下水质量标准》（GB/T 14848—2017）中规定的Ⅲ类水质后回灌。

废水处理方式详见图 6-20。

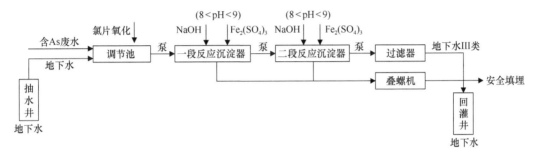

图 6-20 含砷地下水的处理工艺流程图

4. 抽水井和注水井的布设

该项目注水井布置于污染场地四周，共布设 9 口，注水井直径 1.0m，深度 6m，抽水井布置于场地中间，共 6 口，直径 1.0m，深度 45m（注：地下水水位深为 35m）。

采用 φ1000mm 口径开孔，下入 DN800mm 的 7mm 厚的优质螺旋钢管、桥式滤水管及沉淀管。钻机采用反循环钻机，DN1000mm 钻头钻进至终孔。采用潜水泵抽取地下水，24h 连续抽水。抽水孔过滤器选择骨架过滤器。

5. 水处理设备运行过程

该项目地下水不断循环处理，日处理量 1000t，预计运营周期 5 年，运营直至地下水 As 含量达到《地下水质量标准》（GB/T 14848—2017）Ⅲ类标准。

（五）厂区拆除方案

某砒霜厂冶炼厂区建筑面积 7498m²，其中与生产直接相关的建筑物与构筑物（烟道、烟筒、反应车间、原料储存间、产品储存间等）拆除后均清运至某水泥厂进行水泥窑协同处置，共计 3420m³。与生产不直接相关的建筑物与构筑物（办公室、员工宿舍等）拆除后作为建筑垃圾回填至某选矿厂原尾矿库，共计 797.5m³，厂区拆除后进行覆土绿化。主要流程如下。

1）施工前准备：前期工作主要包括厂区和设备的彻底清扫，对易燃、易爆、易倒塌的拆除安全风险源进行识别，断电，断水。

2）人工拆除：人工拆除主要拆除厂区设备，按由外向内、由高到低、先易后难原则进行拆除，先拆除电气、仪表等辅助设备，再拆除塔、罐等容器类装置，后拆除管线的作业流程。

3）机械拆除：机械拆除主要拆除厂房结构建筑，机械进场，布置警戒线张贴警示牌。机械拆除应从上往下逐层、逐段进行，先拆除非承重结构，后拆除承重结构，必须按楼板、次梁、主梁、柱子的顺序进行施工。路面及地面破碎采用挖机带破碎头施工，施工区域需布置警戒线张贴警示牌，有专人看护指挥施工。

4）一般建筑垃圾运输：对于厂区内可以回收利用的设备，在清理干净设备中遗留的危险废物后，允许施工单位出售给有资质资源回收利用的单位，其余无法利用的建筑垃圾统一转运至某选矿厂原尾矿库填埋，转运距离 10km。

四、现场环境监测情况

（一）监测目的

1）针对项目提出的环保措施的落实情况进行全面监理，使项目的环保措施落到实处。

2）针对施工过程中主要的环境影响问题进行全面监控，使项目可能引起的水土流失、水体污染、植被破坏等不利影响减小到最小限度。

3）针对施工过程中可能发生的水质污染、噪声扰民、扬尘污染、妨碍交通等因素进行监控，及时处理污染事件。

（二）噪声、大气环境监测情况

1. 环境空气监测

对施工区的大气污染源（废气、粉尘）排放提出达标控制要求，运输路面和施工场地定期洒水，场地及时清扫；对施工车辆尘土进行冲洗，设置洗车台，渣土车加盖篷布，使施工区及其影响区域达到规定的环境质量标准。

2. 地表水环境监测

对施工过程中含砷污染土壤产生的渗滤液处理效果进行监测，进入该项目地下水处理系统处理后出水，主要用于项目场地洒水和绿化用水。

3. 声环境监测

对产生强烈噪声或振动的污染源，要求按设计进行防治，优选施工期材料运进和建筑垃圾运出线路，尽量避开居民集中点，选择噪声低的运输车辆，避免夜间使用噪声大的设备。要求采取降噪措施使施工区域的噪声环境质量达到相应标准，重点是对靠近生活区的施工行为进行监理。

（三）固体废物管理

主要包括矿区污染土壤是否处理完全，污染土壤是否全部进行了封场。施工人员生活垃圾送区域生活垃圾填埋场集中处理，禁止乱扔乱倒，生活垃圾达到保持工程所在现场清洁整齐的要求和不产生二次污染。

五、治理效果及监理工作评价

（一）治理效果

施工单位在建设单位、环境监管单位、验收监测单位等部门的监督、监管和大力支持、配合下，完成了合同内的土壤与地下水修复工作。主要结论如下。

1）该项目实际开挖并转运完成水浸 As 超标污染土壤 39 440.3m³ 进入某Ⅱ类填埋场进行安全填埋。

2）项目地块内水浸 As 不超标土壤，采用 20cm 黏土加 40cm 植被土的方式进行封场覆盖，封场覆盖后进行绿化，喷播植草（灌木）籽 35 865m²，栽植灌木 35 865.04m²。

3）处理场区废水 600m³，处理污染地下水 186 178m³，建设 1000m³/d 废水处理站 1座，地下会水处理后达到《地下水质量标准》（GB/T 14848—2017）Ⅲ类标准。

4）拆除砒霜厂生产区构筑物面积 7498m²，拆除后的建筑垃圾均清运至某水泥厂进行水泥窑协同处置，共计 3420m³；非生产区属于一般建筑垃圾的固体废物回填至某选矿厂原尾矿库，共计 797.5m³，场区拆除后进行生态修复。

（二）监理工作评价

监理单位对该修复治理工程中厂房拆除、As 污染土壤清挖后异位填埋、清挖后表层平整覆土、种植土回填、截排水沟施工、植被恢复、场区废水处理及地下水抽提处理 8 个分部工程质量评估，认为该工程已按设计及合同要求完成工作内容，各分部、分项工程符合相关技术标准和要求；各相关资料齐全、有效、符合要求，认定该工程施工质量验收结论为合格。

六、启示

1）项目污染土壤治理技术工艺流程简单，可操作性强，治理效果稳定，治理场地可作为建设或绿化用地。针对中度污染土壤采用异位填埋的方式进行处置；针对轻度污染土壤采用生态修复的治理方式，降低单位土壤中重金属的含量，土壤基质改变巨大。治理成本为 100～450 元/t 土壤。

2）项目首次提出受污染地下水修复采用"抽水—处理—注水"循环的方式进行异位处理，适用范围广，成本中等，设备简单，修复周期可调节。

3）项目中涉及多种不同的污染类型，对不同类型的污染土壤、地下水及固体废物采取合适的修复方式对症下药，可适用于土壤污染治理与修复及地下水污染治理等类似项目。

第七章　固体废物污染生态修复

摘要：本章主要介绍了危险废物安全填埋场及其附属工程的建设；利用原位安全填埋封场治理技术对造纸厂历史遗留废碱渣地块进行原位风险管控；生活垃圾填埋场陈腐垃圾通过垃圾筛分设备，将垃圾中可燃烧部分、建筑垃圾部分和腐殖土部分分选出，将陈腐垃圾进行分类处置。通过对污染源的控制，将改善环境质量，使流域水体功能逐步好转，生态环境逐步恢复，区域环境安全基本得到保障，人民居住环境质量得到提高。

固体废物产生源分散、产量大、组成复杂、形态与性质多变，可能含有毒性、燃烧性、爆炸性、放射性、腐蚀性、反应性、传染性与致病性的有害废弃物或污染物，甚至含有污染物富集的生物，有些物质难降解或难处理，排放具有不确定性与隐蔽性，这些因素导致固体废物在其产生、排放和处理过程中对资源、生态环境、人民身心健康造成危害，甚至阻碍社会经济的持续发展。固体废物的处理通常是指通过物理、化学、生物、物化及生化方法把固体废物转化为适于运输、储存、利用或处置的过程，固体废物处理的目标是无害化、减量化、资源化。

第一节　工业固体废物集中安全处置技术及应用

某县工业固体废物集中安全处置工程规划建设总库容 30 万 m³。项目分两期建设，每期库容为 15 万 m³。一期工程主要用于解决某县历史遗留废渣处置问题，现库容已满并已封场。为有效提高项目所在县区后期工业生产危险废物的安全处置率，利用好省环境保护厅批准剩余的危险废物处理能力，经当地政府批准申请国家专项贷款，启动了某县工业固体废物集中安全处置工程（二期）项目的建设。

一、项目概况

（一）项目由来

该项目为某县工业固体废物集中安全处置二期工程，项目资助额度 8000 万元。

（二）项目区域概况

1. 水文环境及水资源

工程区属珠江流域南盘江水系上游地带，根据前期工程资料，工程区地下水埋藏较深，项目区周边临近区域基本无出露的地表水系。

地表水分布：工程区上游集水面积较小，场内无天然水塘、河沟分布。场区内东北角山脚有一条季节性排水沟，平常干枯，雨季时排水到设计拦渣坝下游 20m 的积水池。

地下水埋藏：勘察区基底为古生界泥盆系中统曲靖组厚层状灰岩，赋存裂隙水。本次勘探孔深度有限，未见到孔内地下水。据了解，距场地西北约 1.5km 处的某化工厂有水井，地下水位深埋为 100m 以下，地下水位较深。

2. 地形地貌

某县总体地貌为典型的高原山间盆地，东、西、北三面环山，西南面岗丘起伏，中部是开阔的坝区，整个地势北高南低，最高海拔 2687m，最低海拔 1640m，山地、丘陵、盆地相间分布。

3. 地质

由于受多期构造运动、海进海退频繁影响，古地理环境多变；其岩石类型、厚度及其交互组合形式在时间和空间上有大的变化。项目区土壤多为红壤、黄壤、棕红壤，土层深厚、肥沃。

4. 气候

项目区属亚热带高原季风型冬干夏湿气候区，具有冬无严寒、夏无酷暑、春暖干旱、秋凉湿润的特点。年平均气温 14.7℃，年总积温 5326℃。多年平均降水量 941.9mm，年内分干湿两季，11 月至翌年 4 月为干季，降水量仅有 152.4mm，占年降水量的 16.2%，5～10 月为雨季，降水量多达 789.51mm，占年降水量的 83.8%，因此，6～8 月多洪涝灾害。无霜期 249 天，年日照时数 2442.5h，年太阳辐射量为 125.2kcal/cm^2。

（三）项目建设内容及实施目标

1. 建设内容

该项目建设内容主要包括如下 5 点。

1）生产设施：新建柔性填埋区（第三、第四、第五填埋库区）14.4 万 m^3，新建刚性填埋区库容 6000m^3，建设预处理车间（2718.50m^2）及安装固化/稳定化设备（1 套）。

2）配套设施：暂存库改造（1062.67m^2）、渗滤液处理站设备更换和维修、填埋场生产配套机械设备。

3）公用设施：包括场内道路、供配电、消防、给排水及绿化工程等。

4）综合管理设施：包括综合楼、化验室（原管理楼）改造、传达室等。

5）辅助工程：包括建设环境监测井、停车场等。

2. 实施考核目标

1）柔性填埋场、刚性填埋场建设满足《危险废物填埋污染控制标准》（GB 18598—2019）规定要求。

2）二期工程拟新设地下水监测井 5 眼，加上一期已建二期仍可使用的地下水监测井 3 眼，填埋场四周共有 8 眼地下水监测井，且井位遵照《危险废物填埋污染控制标准》

（GB 18598—2019）相关要求，符合环评批复意见。

二、技术方案筛选

（一）固化处理工艺设计方案

1. 固化/稳定化处理基本要求、方法、方案确定

（1）对固化/稳定化处理的基本要求

1）有害废物的固化体应具有良好抗渗透性、抗浸出性、抗干湿性、抗冻融性。

2）固化过程中材料和能量消耗要低，增容率要低。

3）固化过程简单，容易操作。

4）固化剂、稳定剂来源丰富，价廉易得。

5）固化处理成本要低。

（2）固化/稳定化各种方法的比较

固化/稳定化处理技术，按所用固化剂、稳定剂的不同可分为水泥基固化/稳定化法、石灰基固化/稳定化法、沥青固化/稳定化法、热塑固化/稳定化法和玻璃固化/稳定化法等。

1）水泥基固化/稳定化法。水泥是最常用的危险废物稳定剂，水泥基固化是基于水泥的水化合和水硬胶凝作用而对废物进行固化处理的一种方法。因水泥是一种天然胶结材料，经过水化反应后可生成坚硬的水泥固化体，废物的物理化学性质和所用水泥的数量决定最终产品是否成为像岩石一样的整块硬结材料。废物被掺入水泥的基质中，在一定条件下经过物理化学作用，可减少物质在废物—水泥基质中的迁移率。目前，水泥基固化/稳定化技术已广泛用于处理各种废物，尤其含各种金属（如镉、铬、铜、铅、镍、锌等）的电镀污泥，也用于处理含有机物的复杂废物，如含 PCB_5、油脂、氯乙烯、二氯乙烯、树脂、石棉等。这种工艺设备技术有比较成熟的经验，实践证明是适用性最为广泛的技术之一，大量的危险废弃物都可以通过此种技术得到固化。因水泥是碱性物质，可与废酸类废物直接进行中和，由于水泥固化时需要用到水作为反应剂，所以对含水量比较大的废物也适用。此法是所有固化处理方法中最为经济和常用的方法。

2）石灰基固化/稳定化法。用石灰作为基材，粉煤灰、水泥窑灰及熔矿炉渣等作为添加剂，基于水泥窑灰和粉煤灰含有活性氧化铝和二氧化硅，因此能与石灰在有水存在的条件下发生反应生成硬结物质，最终形成具有一定强度的固化体。石灰基固化技术多用于处理含有硫酸盐或亚硫酸盐类泥渣，石灰固化处理所能提供的结构强度不如水泥固化，因而较少单独使用。虽然石灰固化使用的添加剂本身是废物，来源广，成本低，操作简单，无需特殊设备，处理的废物不要求完全脱水，但石灰基固化产品比原废物的体积和重量要大，易被酸性介质侵蚀，要求表面进行包覆处理并放在有衬里的填埋场中处置。

3）沥青固化/稳定化法。以沥青为固化剂与废物混合在一起，通过加热、蒸发使废物均匀地包容在沥青中，形成固化体。用于废物固化的沥青有直馏沥青、氧化沥青和乳化沥青。沥青固化的优点在于固化产物空隙小，致密度高，难于被水渗透，与水泥固化

相比，有害物质的浸出率小于 3%，且不论废物的性质和种类如何，均可得到性能稳定的固化体。此外，沥青固化处理后随即就能固化，不像水泥固化那样必须经过一段时间的养护。但由于沥青的导热性不好，加热蒸发的效率不高，若废物中含水率较大，蒸发时会有起泡现象和雾沫夹带现象，容易排出废气发生污染。另外，因沥青高温可燃，所以要防止沥青过热着火。

4）热塑固化/稳定化法。以塑料为固化剂与有害物质按一定的配料比，并加入适量的催化剂和填料（骨料）进行搅拌混合，使其共聚合固化而将有害废物包容形成具有一定强度和稳定性的固化体。因塑料的不同可分为热塑性塑料固化和热固性塑料固化两类，热塑性塑料有聚乙烯、聚氯乙烯树脂等，热固性塑料有脲醛树脂和不饱和聚酯等。塑料固化的优点是可在常温下操作，增容率和固化体的密度较小，为使混合物聚合凝结仅需加入少量的催化剂，且固化体是不可燃的。缺点是塑料固化体耐老化性能较差，固化体一旦破裂，污染物浸出会污染环境，因此处理前应有容器包装，故处理费用增加，另在混合过程中释放有害烟雾，污染周围环境，还需熟练的操作技术以保证固化质量。热塑固化/稳定化法一般用于处理毒性危害大的化学废物，如砷化物、氰化物。

5）玻璃固化/稳定化法。以玻璃原料为固化剂，将其与有害物质以一定的配料比混合后，在高温（900～1200℃）下熔融，经退火后即可转化为稳定的玻璃固化体。目前较普遍采用的是磷酸盐玻璃和硼硅酸盐玻璃。玻璃固化的优点是固化体结构致密，在水、酸性、碱性水溶液中的沥滤率很低，减容系数大。其缺点在于工艺复杂，处理费用昂贵，设备材质要求高，由于高温操作，会产生多种有害气体。玻璃固化法主要用于固化剧毒废物或高放射性废物。

（3）药剂稳定化技术

目前国内外所选用的固化基材主要以水泥、石灰和粉煤灰为主，酌加一定量的添加剂，通过凝结剂与废物中危险成分的物理包胶和化学胶结作用使固体趋于稳定，水泥固化增容率高达 1.5～2。随着法规对固化浸出率的要求日益严格，需要使用更多的凝结剂和添加剂，造成费用增加，从而失去廉价的优势。另外一个重要问题是废物的长期稳定性，固化/稳定化技术的机理是废物和凝结剂间的化学键合力、凝结剂对废物的物理包容、凝结剂水合产物对废物的吸附作用。当包容体破裂后，废物会重新进入环境造成不可预见的影响。

药剂稳定化技术是通过药剂和重金属间的化学键合力的作用，形成稳定化产物，在填埋场环境下不会再浸出。药剂稳定化技术增容率为 1，可以有效利用填埋场库容。

采用药剂稳定化工艺，虽然投资增大，运行费用也会提高，但重金属废物经药剂稳定化处理后形成长期稳定化产物，减少对环境的长期影响。采用该工艺可以降低废物处理的增容率，尤其对于某县而言，处理场选址非常困难，节约库容十分重要，药剂稳定化技术更为适合。

药剂稳定化技术主要有 pH 控制技术、无机硫化物沉淀技术、有机硫化物沉淀技术、有机螯合物技术、氧化还原技术。

1）pH 控制技术。因为大部分金属离子的溶解度与 pH 有关，pH 对金属离子的固定有显著影响。当 pH 较高时，许多金属离子将形成氢氧化物沉淀。大多数金属在 pH 为 8.0～9.7 时基本沉淀完成。但 pH 过高时，会形成带负电荷的羟基络合物，溶解度反而升高。许多金属离子都有这种性质，Cu 当 pH>9.0 时、Pb 当 pH>9.3 时、Zn 当 pH>9.2 时、Ni 当 pH>10.2 时、Cd 当 pH>11.1 时，都会形成金属络合物，造成溶解度增加。一般需要将含重金属废物的 pH 调到 8 以上、9 以下。pH 控制技术具体流程为，加入碱性药剂，将 pH 调整到使重金属离子具有最小溶解度的范围。常用的 pH 调节剂有 CaO 或 $Ca(OH)_2$、Na_2CO_3、NaOH 等。

2）无机硫化物沉淀技术。应用最广的是无机硫化物沉淀剂，大多数重金属硫化物在所有 pH 下溶解度都大大低于其氢氧化物，为防止 H_2S 逸出和沉淀物再溶解，仍需将 pH 保持在 8 以上。硫化剂要在固化剂添加之前加入，因为固化剂中的钙、铁、镁等会与危险废弃物中的重金属争夺硫离子。常用的无机硫化物沉淀剂有：可溶性无机硫化沉淀剂（硫化钠、硫氢化钠、硫化钙），不可溶性无机硫沉淀剂（硫化亚铁、单质硫）。

3）有机硫化物沉淀技术。由于有机含硫化合物普遍具有较高的分子量，因而与重金属形成的不可溶性沉淀具有很好的工艺性，易于沉淀、脱水、过滤等操作，可以将废水和固体废物中的重金属浓度降到很低，而且非常稳定，适宜的 pH 范围也较大，主要用于处理含汞废物和焚烧余灰。常用的有机硫化物沉淀剂有：二硫代氨基甲酸盐、硫脲、硫代酰胺、黄原酸盐。

4）有机螯合物技术。高分子有机螯合剂是利用其高分子长链上的二硫代羟基官能团以离子键和共价键的形式捕集废物中的重金属离子，生成稳定的交联网状的高分子螯合物，能在更宽的 pH 范围内保持稳定。例如，乙二胺对 Pb^{2+}、Cd^{2+}、Ag^+、Ni^{2+}、Cu^{2+} 重金属离子的去除率均达 98%以上，对 Co^{2+}、Cr^{3+} 重金属离子的去除率均达 85%以上。有机螯合物技术主要用于处理 Pb、Cd、Zn、Cr、Hg、Ni 等。常用的高分子有机螯合剂有多胶类、聚乙烯亚胺类。

5）氧化还原技术。把六价铬（Cr^{6+}）还原为三价铬（Cr^{3+}），五价砷（As^{5+}）还原为三价砷（As^{3+}）。常用的还原剂有硫酸亚铁、硫代硫酸钠、亚硫酸氢钠、二氧化硫等。

（4）固化/稳定化处理工艺方案的确定

对水泥固化、石灰固化、沥青固化、热塑稳定化及玻璃稳定化技术进行综合比较，具体结果见表 7-1。

水泥基固化和石灰基固化处理危险废物运行费用比较低廉，设备投资少，对工人的技术水平要求不高，操作较简单，其处理后的废物，尤其是重金属废物虽有一些缺陷，但从需固化的废物性质及固化技术的安全性、经济性、适用范围的广泛性及技术的成熟程度等多方面考虑，水泥基固化法是一种较合适的方法。

适当地采用有机硫稳定剂或高分子有机螯合剂处理毒性较大的危险废弃物。例如，3 价含砷废物、预解毒后的含氰废物、含汞废物、焚烧余灰等。采用氧化还原技术把毒性较大的六价铬（Cr^{6+}）还原为三价铬（Cr^{3+}）。例如，铬泥中含有较高浓度的六价铬（Cr^{6+}）和三价铬（Cr^{3+}），毒性较强，按一定比例加入硫酸亚铁，再加入少量水搅拌，可使六价铬（Cr^{6+}）还原为三价铬（Cr^{3+}），降低毒性。

适当地使用药剂，不但可以弥补水泥固化的不足，而且可以降低增容量。

推荐水泥基固化法为主、药剂稳定化为辅的固化处理技术作为该项目中危险废物固化/稳定化技术工艺。

表 7-1　固化/稳定化技术综合比选

序号	水泥基固化/稳定化法	石灰基固化/稳定化法	沥青固化/稳定化法	热塑固化/稳定化法	玻璃固化/稳定化法
1	普通水泥价格低廉,单价 350～400 元/t。处理 100t 重金属类废物的材料费用为 1.0 万～2.5 万元	石灰价格低廉,单价为 200 元/t 左右。处理 100t 重金属类废物的材料费用为 0.5 万～2.0 万元	沥青价格中等,单价 400 元/t 左右。处理 100t 重金属类废物的材料费用为 1.8 万～2.2 万元	聚乙烯、聚氯乙烯树脂价格较高,平均单价 500～1000 元/t。处理 100t 重金属类废物的材料费用为 5 万～10 万元	磷酸盐玻璃和硼硅酸盐玻璃价格较高,平均单价 500～800 元/t。处理 100t 重金属类废物的材料费用为 5 万～8 万元
2	处理 100t 重金属类废物用水泥 20～50t	处理 100t 重金属类废物用石灰 20～60t	处理 100t 重金属类废物用沥青 50t 左右	处理 100t 重金属类废物用聚乙烯 2～10t	处理 100t 重金属类废物用磷酸盐玻璃 5～15t
3	处理后的废物增容率达 30%以上,增容率高	处理后的废物增容率达 30%以上,增容率高	处理后的废物增容率达 30%以上,增容率高	处理后的废物增容率达 10%以上,增容率低	处理后的废物增容率达 10%以上,增容率低
4	对某些废物稳定化效果较好,但存在长期稳定性问题	对大多数废物稳定化效果不太好	固化效果较好	对不同种类废物的稳定化效果都较好	对不同种类废物的稳定化效果都较好
5	机械设备费用低	机械设备费用低	机械设备费用高	机械设备费用高	机械设备费用高
6	操作管理简单,安全性好	操作管理简单,安全性好	需要高温操作、管理较复杂,安全性好	需要高温操作、管理复杂	需要高温操作、管理复杂
7	投资低	投资低	投资较高	投资高	投资高
8	运行费用较低	运行费用较低	运行费用较高	运行费用高	运行费用高

2. 固化体输送及安全填埋方案

根据国内外运行情况,固化体输送到填埋场有两种方法。

(1)固化体直接送至填埋场浇筑法

可由汽车倒运到填埋场成型固化养护,不需另建养护场。运输工具可选用铲车、自卸汽车,具有占地小、操作简化、费用低的优点。

(2)固化体在养护场成型养护再转运到填埋场方法

固化体在室内操作,质量稳定,不受气象的影响,北方冬天气温低室内有利于固化体的凝结和养护,但也存在占地大、操作步骤多、费用高的缺点。

为达到操作灵活、运行可靠的目的,并借鉴国内外安全填埋场的运行经验、国家规范,选择搅拌完成的物料经成型机成型后,由自卸车运送到养护厂房养护、浸出实验满足要求后填埋的方案。

3. 固化废物的接收和堆场布置

1)根据处理规模和工艺的需要,设计固化车间总占地面积为 2718.50m², 养护车间净高 13.725m,布置于生产区。水泥储仓和飞灰储仓设在室外,可增大单体容积,也便于设备现场制作、安装及来料输入。固化处理间还设置了配电室、控制室。固化处理间与储存库联体建设,以便满足储存物料的流转通畅。

2)在固化处理间和储存库设置通风和空气净化设施,通风换气次数为 5 次/h,空气净化设施采用活性炭滤网。

3）固化处理间混合搅拌区布置的设备主要有起重机抓斗、搅拌机和成型机等。为了节省位置，整条工艺生产线呈"L"形布置。原始废物通过收运车辆运输到储料坑内，再由抓斗计量抓入搅拌机内。受料区域与倒车区域对应。混合搅拌物料砌块成型后的出料口直接对准养护厂房的入口；保证整个系统的物流通畅。

4. 固化/稳定化处理工艺流程及控制限值

1）将需固化/稳定化的废料及其他辅助用料采样送入化验室进行试验分析，在化验室进行配比实验，检测实验固化/稳定化体的抗压强度、凝结时间、重金属浸出浓度及最佳配比等参数提供给固化/稳定化车间，包括稳定剂品种、配方、消耗指标及工艺操作控制参数等。

2）需固化/稳定化物料通过运输机械运送到固化处理间配料机上料区域，桶装物料借助人工、叉车送入配料机的受料斗，配料机的受料区域采用耐腐蚀、抗氧化的材质制作而成，并设置闸门和自动计量装置。固化/稳定化物料经过自动计量后，通过设置在闸门下的皮带输送机输送至提升斗，再经过轨道提升装置送入搅拌机的料槽内。

3）粉状物料如飞灰、水泥、石灰采用收运系统罐车自带的真空泵泵送至储仓，储仓顶部设有除尘设施，水泥和飞灰储存周期均为 3～6 天。药剂在储槽通过搅拌装置配制成液态形式储存，储存周期为 1～2 天。

4）根据试验所得的配比数据，通过控制系统和计量系统，水泥、石灰、药剂和水等物料按照一定的比例，连同废物物料在混合搅拌槽内进行搅拌。水泥、石灰和飞灰在储仓内密闭储存，在罐下设闸门，由螺旋输送机输送再称量后进入搅拌机拌合料槽内；用水采用污水处理站处理后的中水，通过输水泵计量由管道送至搅拌机拌合料槽内；药剂通过泵计量送入搅拌机料槽内。搅拌时间以试验分析所得时间为准，通常为 6～8min，搅拌顺序为先物料干搅，然后再加水湿搅。对于采用药剂稳定化处理含重金属的物料，先进行废物与重金属的搅拌，搅拌均匀后再与水泥一起进行干搅，最后加水进行整个物料混合搅拌；这样可避免水泥、石灰中的 Ca^{2+}、Mg^{2+} 等离子争夺药剂中的稳定化因子（S^{2-}），从而提高处理效果，降低运行成本。

5）需固化/稳定化处理的热处理含氰废物采用桶装形式，其主要来源于含有氯化物热处理和退火作业中产生的废物（如金属含氰热处理、含氰热处理回火池冷却、含氰热处理炉维修及热处理渗碳炉），为无机氰化物，以稳定的无机盐形式存在；因此，含氰桶装废物由叉车送至配料机，再通过单斗提升机送至混合搅拌机；在输送含氰废物的同时，添加稳定化药剂。

6）物料混合搅拌以后，开启搅拌机底部闸门，混合物料卸料直接卸入铲车斗内，通过铲车倒入自卸卡车内，再由自卸卡车直接运至填埋场养护填埋。

7）固化/稳定化后散料养护时间为 5～6 天，在养护过程中，需要洒水养护，洒水频率为 1 次/4h 左右，实际洒水频率以养护效果为准。

8）养护凝硬后取样检测，合格品用叉车直接运至安全填埋场填埋，不合格品返回固化处理间经破碎后进行再处理。如在运行期间按照配比运行稳定且来料及水泥稳定，则可将养护好的固化体直接填埋；当来料或水泥有所变化时则要进行再次检验，检测合格后直接进行填埋处理。

9）为了方便操作和运行管理，提高物料配比的准确度。单种类型废物物料应采用单一混合搅拌，不同的时段搅拌不同的废物，不同类型废物物料不宜同时段混合搅拌。此外，混合搅拌机应进行定时清洗，尤其是在不同物料搅拌间隙时段，更应对设备进行清洗。

该项目填埋固化处理工艺流程见图7-1。

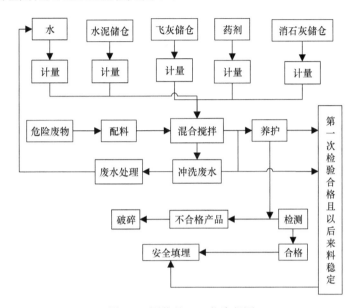

图 7-1 固化处理工艺流程图

5. 主要设计参数

（1）工作制度

每年工作 330 天，每天 1～2 班（可根据每天收运的危险废物数量调整），每班 8h。

（2）技术参数

由于危险废物的种类繁多、成分复杂，有害物含量变化幅度大，需要进行分析、试验来确定每一批废物的处理工艺和配方，根据配方确定药剂品种及用量。

药剂稳定化处理危险废物技术，目前在国外已有部分应用。我国危险废物的产生量正逐年增加，有必要在传统固化技术基础上研究有应用前景的稳定化技术。

根据已有的工业危险废物固化/稳定化运营经验，确定该项目的水泥、石灰、螯合剂及水分别为按废物量种类取不同的固化配比。

工业类危险废物主要是含重金属类的危险废物。根据研究文献和实际运行经验资料，工业类危险废物物料配伍为工业危险废物：药剂：水：固化剂＝1：（0.01～0.10）：（0.1～0.3）：（0.05～0.25）。由于工业废物成分非常复杂，固化剂的添加量为 20%、药剂为 1%较稳妥，水量为 25%。固化剂选用 32.5 号硅酸盐水泥和消石灰，其中，水泥用量占固化剂的 2/3，消石灰用量占固化剂的 1/3；药剂选用螯合剂硫脲。

每年固化处理 13 200t 废物，需要 32.5 号硅酸盐水泥 1613t、消石灰 807t、固化药剂 121t、水 3025t。

由于本场调查主要为固态废物，在实际运行中，不同性质的废物，在混合搅拌装置内加入不同的配比物质，并由试验确定最佳搅拌时间进行操作，以达到最佳的固化处理目的。废物、药剂、消石灰、水泥或水的具体投加量应根据试验结果确定。对来源固定或零散的物料均通过工艺试验室工作取得可靠物料配比和运行数据后，投入生产实践。

综上所述，根据原始物料量及其配伍，最终总出量为 18 766t/a。考虑养护工程中水分损失，按照水泥行业经验和物料配伍，水分损失占总水分的 15%，所以最终进入填埋场的固化/稳定化后废物量为 18 312t/a。

（3）固化处理间厂房布置

1）根据处理规模和工艺的需要，固化处理车间总占地面积为 2718.50m²，车间净高度 12.173m，布置于生产区大门北侧。消石灰储仓、水泥储仓和飞灰储仓设在室外，可增大单体容积，也便于设备现场制作、安装及来料输入。固化处理间还设置了配电室、控制室、值班室及工具房。固化处理间与暂存库联体建设，以便满足储存物料的通畅。

2）在固化处理间和储存库设置通风和空气除尘设施，通风换气次数 6 次/h。

3）在配料机上方设置了除尘装置，防止废物倾倒的时候，危险物粉尘扩散。

4）固化处理间混合搅拌区布置的设备主要有配料机、单斗提升机、搅拌机等。为了节省占地，整条工艺生产线呈"一"字形布置。采用配料斗、搅拌机、粉料仓罐及除尘设施呈"一"字形连接，受料区域与倒车区域对应，保证整个系统的物流通畅。

5）养护：该工程采用固化散料出料的方式，在安全填埋场进行养护。固化处理车间每天产生固化体约为 55.5t，密度按 1.5t/m³ 计，即每天产生固化体 37m³，养护时间按 6 天考虑，散料有效堆高按 0.8m 计，则须占填埋区面积约 280m²。再考虑留出过道距离和人工搬运区域，养护面积的利用率按 70%考虑，则需养护区域面积不小于 400m²。

（4）固化处理间自控系统

固化系统中设置全自动控制系统，可实现以下功能。根据操作命令，实现各主要执行设备的自动开停，完成自动计量、搅拌、出料等工作；随时检测外部设备的工作状态与工作位置，便于决定下一步动作；控制模拟面板上的流程指示灯显示；随时接受操作者发出的操作指令。具体包括搅拌控制方式的选择（自动/半自动/手动）；连续搅拌盘数的设定与控制；投料时间、搅拌时间、出料时间的设定与控制；按照配方要求，自动完成材料计量配料，并可使用计量冲量设定、脉冲控制实现高精度计量效果；检测外部设备的非正常状态，发出报警信号；自动储存生产数据，并完成生产报表；所有手动（点动操作）均可在任何状态（自动、半自动、计量等）下接入；操作台设置"输出暂停"功能，用以处理临时故障；显示飞灰仓、水泥仓和粉煤灰仓的料位，显示液态物料搅拌罐的液位。

6. 固化处理间设备配置

根据工艺设计，固化处理所需设施主要包括物料/添加剂储存仓（罐）、物料上料和输送系统、机械混合搅拌系统、养护系统等。由于对不同废物所确定的固化处理技术工艺均须以混合与搅拌为主要的工程实现手段，所以考虑通过分时段操作的方式将几种处理工艺在一条生产线上实现，即设置一套混合搅拌设备。根据废物的不同种类分别启用不同的原辅料添加系统以实现各种不同的功能。

（1）搅拌机

搅拌机是固化处理的核心设备，国内目前用于危险废物固化处理的搅拌机主要分为两种，即单轴螺旋搅拌机和双轴水泥搅拌机。双轴水泥搅拌机与单轴螺旋搅拌机相比，具有处理能力大、启动故障少、搅拌混合均匀、设备寿命长、维修量小、可靠性高等优点，因此本设计选用双轴水泥搅拌机。

年处理废物量为 13 200t，加上固化剂、稳定剂和水，进入搅拌机的物料总量约为 1.83 万 t/a，则日处理能力为 55.5t，平均容重按 1.5t/m^3 计，则日处理废物约 37m^3，搅拌机的混合搅拌时间一般为 5～6min，同时考虑上料、出料时间，一般整个周期约为 12min，该项目上料、搅拌和出料整个工段周期以 12min 计，工作班制为 1 班制，设备工作时间 8h 计，每天可上料 40 次，即单次搅拌容量为 0.9m^3。该项目混合搅拌机容积留有一定余量，确定为 1.5m^3。该项目选用每次搅拌容积大于 1.5m^3 的混合搅拌机。

（2）水泥储仓

水泥消耗量为 1613t/a，根据工作制度，平均每天消耗水泥约 5t，水泥容积按 1.2t/m^3 计，日消耗水泥约 4.2m^3，水泥储存周期以不短于 6 天计，储仓容积不小于 25m^3，储仓利用率按 85% 计，则需储仓容积不小于 30m^3。因此，该项目选用 Φ3.0m×13.0m 储仓 1 个（总容积为 75m^3），布置在室外。

（3）消石灰储仓

该项目中消石灰使用量较少，从考虑降低运行费用和设备制作、安装方便的角度出发，该项目设置一个 Φ3.0m×13.0m 的储仓，同时可作为水泥固化剂备用仓。

（4）螺旋输送机

为将储仓中的飞灰、水泥和粉煤灰送至混合搅拌机，配备 3 台规格为 Φ219mm×10400mm 的螺旋输送机，废物输送量为 0～19t/h，电机功率为 11kW。

（5）药剂储备罐和输送泵

固化剂硫脲用量为 121t/a，以硫脲的储量作为储管的设计依据，硫脲日消耗量约为 0.37t，配成浓度为 0.25% 的液态，则每天需液态硫脲量为 1.5m^3，考虑到药剂配制后储存时间过长影响药效，因此该项目液态药剂储存周期按 1 天计，该项目设置 3 个药剂储罐，储罐采用碳钢内 PE 结构，具有防渗和耐腐蚀功能；储罐有效尺寸 Φ1.6m×1.5m，有效容积 2.5m^3。每个储罐选用 1 台 F46 型磁力加药泵将药剂输送至搅拌机。

（6）其他设备

固化处理间主要设备配置见表 7-2。

7. 原材料、燃料和动力消耗

根据工艺和处理规模的需要，原材料、燃料和动力消耗见表 7-3。

表 7-2 固化处理间主要设备配置

序号	名称规格	数量
1	水泥储仓 V=75m³，Φ=3.0m，H=13.0m，N=1.5kW	1 套
2	粉煤灰仓 V=75m³，Φ=3.0m，H=13.0m，N=1.5kW	1 套
3	水泥螺旋输送机 LSY 型，Φ=219mm，L=9 850mm，N=11kW	1 台
4	飞灰螺旋输送机 LSY 型，Φ=219mm，L=10 400mm，N=11kW	1 台
5	粉煤灰螺旋输送机 LSY 型，Φ=219mm，L=10 400mm，N=11kW	1 台
6	混合搅拌系统（GFS1500 双轴立式搅拌机，V=1.5m³，2×18.5kW；振动器，N=0.37kW；液压打门系统 N=1.5kW；集料斗 V=1.5m³）	1 套
7	单斗提升系统，提升卷扬总成，提升速度 0.5m/s，N=22kW，提升斗 V=1.0m³，提升轨道和钢丝绳（Φ12mm）	1 套
8	配料机，储存斗（V=5.0m³，3 台），振动器（N=0.37kW，3 台），输送皮带（B=1.2m，L=10m，N=15.0kW）	1 套
9	脉冲式布袋除尘器 3360mm×1880mm×3000mm，N=22kW	1 套
10	引风机 970m³/h，P=3665Pa，N=2.2kW	1 台
11	集气管路 DN600/DN300/DN200	1 项
12	集气罩 2000mm×725mm×3000mm	4 套
13	排气管路 DN400	22m
14	破碎机 PE400X600，N=30kW	1 台
15	破碎上料系统 V=0.35m³，N=2.2kW	1 套
16	1#外加剂储罐 Φ×H=1.6m×1.5m，N=1.5kW	1 套
17	1#药剂加药泵 F46 型磁力泵 N=1.5kW	1 台
18	2#外加剂储罐 Φ×H=1.6m×1.5m，N=1.5kW	1 套
19	2#药剂加药泵 F46 型磁力泵 N=1.5kW	1 台
20	3#外加剂储罐 Φ×H=1.6m×1.5m，N=1.5kW	1 套
21	3#药剂加药泵 F46 型磁力泵 N=1.5kW	1 台
22	清水罐 Φ×H=2.0m×1.8m	1 台
23	潜水泵 QY40-12，N=2.2kW	1 台
24	空压机 Q=2.0m³/min，0.8MPa	1 台
25	压缩空气储罐 V=0.6m³	1 台
26	50QW15-15-1.5 型移动式潜污泵	1 台
27	主体包封（保温彩板）	1 套
28	高压清洗机（移动式），N=3.0kW	1 台
29	洗眼器	5 套
30	叉车 1.0t	3 辆
31	铲车 2.0t	1 辆

表 7-3 原材料、燃料和动力消耗表

序号	名称	用量/（t/a）	备注
1	水	3025	未包括地面冲洗水和养护用水
2	水泥	1613	
3	消石灰	807	

续表

序号	名称	用量/（t/a）	备注
4	固化剂硫脲	121	
5	柴油	14.5	

（二）填埋库区设计方案

1. 柔性填埋库区设计

（1）设计规模

1）工作制度。为减少填埋产生的渗沥液，在固化/稳定化车间设置暂存设施，雨天不进行填埋作业。填埋场作业时间为 330d/a，1 班/d，每班工作时间 8h。

2）种类和数量。安全填埋场是为所有预处理和处理后的废物进行最终处置而设置的。根据对需处置的危险废物的统计、分类和固化处理分析，进入填埋场填埋的危险废物总量为经固化/稳定化预处理后的危险废物量为 18 482t/a，经固化/稳定化的危险废物容重按 1.5t/m³ 计，所需要的填埋库容为 12 321m³/a。

3）填埋场库容及服务年限。该二期工程拟建一座柔性填埋场、一座刚性填埋场。柔性填埋场分为 3 个库区，分别为第三填埋库区、第四填埋库区和第五填埋库区，3 个库区之间建设分区坝加以分隔。第三填埋库区投影面积为 1.10 万 m²，第四填埋库区投影面积为 0.58 万 m²，第五填埋库区投影面积为 0.53 万 m²，根据场地地形确定分区坝的坝顶标高为 2055.01～2062.19m，废物平均堆填高度约为 6.5m。其中，第三填埋库区平均堆填高度约为 6.45m，库容为 7.1 万 m³；第四填埋库区平均堆填高度约为 6.55m，库容为 3.8 万 m³；第五填埋库区平均堆填高度约为 6.60m，库容为 3.5 万 m³；柔性填埋场库容为 14.4 万 m³。

（2）地下水导排系统

地下水导排系统设置应满足《危险废物安全填埋处置工程建设技术要求》和《危险废物填埋污染控制标准》（GB 18598—2019）的规定，该工程地下水导排系统设计如下。

1）地下水导排系统设置为，在地基处理和土方初平整后的填埋场底部满铺碎石导流层，厚度为 300mm，碎石的级配粒径为 30～50mm；并沿库底汇水收集中线依据设计排水高程开挖地下水导排主盲沟，盲沟内铺设收集导排穿孔管和碎石。在与主盲沟呈 45°角沿水流方向布置支盲沟，支盲沟水平间距为 50m 左右，内设 DN200HDPE 导排穿孔管和碎石。

2）盲沟断面结构为"倒梯形"，盲沟底宽 0.8m，顶宽 1.5m，高 0.4m，内设置 DN315HDPE 或 DN200HDPE 穿孔管收集汇集的地下水，盲沟内用碎石填充，并用 200g/m² 聚丙烯过滤有纺土工布作为反滤层。

（3）防渗系统

根据该项目工程地质勘察报告，填埋场天然基础层不满足天然材料衬层和复合衬层的要求，该填埋场天然基础层饱和渗透系数大于 1.0×10^{-6}cm/s，不满足《危险废物填埋场污染控制标准》（GB 18598—2019）中天然材料衬层和复合衬层的要求，因此必须选用双人工衬层，且人工衬层必须满足《危险废物填埋场污染控制标准》（GB 18598—2019）中规定的条件。

该项目柔性填埋场防渗层设计具体如下。

1）场底防渗层结构从下至上为：①300mm 厚的碎石（地下水导流层）；②200g/m² 聚丙烯长丝无纺土工布；③500mm 厚的压实黏土层（次黏土衬层）；④2.0mm 厚的 HDPE 膜（次防渗层）；⑤6.3mm 厚的土工网格（次渗沥液导排层）；⑥300mm 厚的压实黏土层（主黏土衬层）；⑦2.0mm 厚的 HDPE 膜（主防渗层）；⑧600g/m² 聚丙烯长丝无纺土工布（保护层）；⑨300mm 厚的卵石层（渗沥液导流层）；⑩200g/m² 土工滤网。

2）围堤边坡防渗层结构从下至上为：①600g/m² 聚丙烯长丝无纺土工布（支持层）；②2.0mm 厚的 HDPE 膜（次防渗层）；③6.3mm 厚的土工排水网（次渗沥液导排层）；④2.0mm 厚 HDPE 膜（主防渗层）；⑤600g/m² 聚丙烯长丝无纺土工布（保护层）；⑥聚酯土工布袋（内填砂土）。

柔性填埋场底部及边坡防渗层结构见图 7-2 所示。

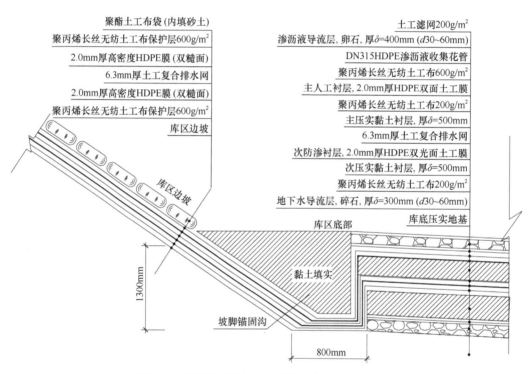

图 7-2　柔性填埋场底部及边坡防渗层结构大样图

（4）渗沥液导排系统

1）渗沥液产生量计算

由于该工程防渗系统采用双层 HDPE 土工膜进行防渗，填埋区内渗沥液的产生量主要取决于大气降水情况。因降水渗入废物层而产生的渗沥液，按多年平均降水量作为计算依据。其计算公式：

$$Q = (C_1A_1 + C_2A_2 + C_3A_3)\, I \times 10^{-3}$$

式中，Q 为渗沥液产生量（m^3/d）；I 为多年平均年降水量（mm），本地多年平均降水量为 941.9mm，折合平均日降水量为 2.581mm；C_1 为作业单元渗出系数，一般宜取 0.5～0.8，该工程取 0.65；A_1 为作业单元汇水面积（m^2），作业单元汇水面积取最大的填埋库区，即第三填埋库区，面积的 0.3 为 0.33 万 m^2；C_2 为中间覆盖单元渗出系数，一般宜取（0.4～0.6）C_1，本工程取 0.5；A_2 为中间覆盖单元汇水面积（m^2），中间覆盖单元汇水面积取最大的填埋库区，即第三填埋库区，面积的一半为 0.77 万 m^2（按照最大填埋库区其中 30% 作为作业区，70% 进行中间覆盖考虑）；C_3 为终场覆盖单元渗出系数，一般宜取 0.1～0.2，该工程取 0.15；A_3 为终场覆盖单元汇水面积（m^2），终场覆盖单元汇水面积区为一期工程的第一、第二填埋库区面积与二期工程的第三、第四、第五填埋库区面积之和，为 3.52 万 m^2。

项目区填埋场渗沥液产生量见表 7-4、表 7-5。

表 7-4 安全填埋场渗沥液平年年份日均产生量计算表

填埋区的降水下渗系数		区域降水量 I/（mm）	填埋场区域汇水面积		渗沥液产生量		渗沥液总产生量 Q/（m^3/d）
类型	数值		类型	数值/（万 m^2）	类型	数值/（m^3/d）	
C_1	0.65		A_1	0.33	Q_1	5.54	
C_2	0.5	2.581	A_2	0.77	Q_2	9.94	29.11
C_3	0.15		A_3	3.52	Q_3	13.63	

表 7-5 安全填埋场渗沥液最大年份日均产生量计算表

填埋区的降水下渗系数	区域降水量 I/（mm）	填埋场区域汇水面积/（万 m^2）	渗沥液产生量/（m^3/d）	渗沥液总产生量 Q/（m^3/d）
C_1		A_1	Q_1	
0.65		0.33	7.29	
C_2	3.400	A_2	Q_2	38.33
0.5		0.77	13.09	
C_3		A_3	Q_3	
0.15		3.52	17.95	

渗沥液产量在不同填埋时期的产生量不同，应选择较大产生量情况下的填埋作业区域作为渗沥液处理设施的设计渗沥液产量。经分析计算，当一期填埋区进行大部分封场以后，二期的第四、第五区填埋至地面以上并开始进行第三区填埋时，渗沥液产生量最大，平均产生量为 29.11m^3/d，最大产生量为 38.33m^3/d。

一期工程已建渗沥液处理站处理规模为 80m^3/d，满足本填埋场渗沥液处理的需要。

2）渗沥液导排系统设计

根据所处防渗衬层系统中的位置不同可分为初级收集系统、次级收集系统和斜管系统。

初级收集系统位于防渗系统上衬层表面和填埋废物之间，用于收集和导排初级防渗衬层上的渗沥液。初级收集系统由水平导排系统、次级导排系统和集水井组成。

水平导排系统铺设在场底水平防渗隔离层之上，包括导流层、导流盲沟及导流管。随土方平整后的库底坡度铺设 300mm 厚碎石（粒径 30～50mm）作为导流层，将渗沥液尽快引入收集导排盲沟及导排管内，导流层的铺设范围与库底防渗层相同，二期导流层铺设面积约为 2.21 万 m^2。碎石导排上铺设 $200g/m^2$ 聚丙烯过滤有纺土工布作为反滤层，防止导排层发生堵塞。导排盲沟分为主盲沟和支盲沟，主盲沟沿场底高程最低点进行布置，支盲沟沿主盲沟 45° 方向呈鱼翅状布置，盲沟断面为 "V" 形，方便渗沥液的收集。初级收集系统渗沥液导排管的计算公式如下：

$$Q = \frac{1}{n} r^{\frac{2}{3}} \cdot i^{\frac{1}{2}} \cdot A$$

式中，Q 为渗沥液导排管净流量（m^3/d）；n 为管壁糙率，无量纲（HDPE 管取 0.011）；A 为过水断面面积（m^2）；i 为管道坡度，无量纲；r 为水力半径（$r = \frac{A}{P_w}$）（m），P_w 为湿周（m）。

设计管道充满度为 0.5，管道半径为 $R=0.185m$，因填埋规范要求渗沥液导排主管道管径不得小于 200mm，因此本场的渗沥液导排主盲沟采用 DN400HDPE 穿孔管，支盲沟采用 DN250HDPE 穿孔管作为渗沥液导排管。

次级导排系统位于防渗系统主防渗膜与次防渗膜之间，用于检测和收集主防渗层渗漏的渗沥液。在边坡和库底两防渗层之间铺设 6.3mm 土工复合排水网，若主防渗膜发生渗漏，可通过排水网收集至库底的盲沟内。在库底沿排水中线即与初级渗沥液导排主盲沟相同方向设次导排盲沟。次导排盲沟呈菱形，底宽 600mm，顶宽 1200mm，高度 400mm，盲沟中心设置 DN200HDPE 穿孔管，周围填充 30～50mm 粒径的级配碎石，外部采用 $200g/m^2$ 聚丙烯过滤有纺土工布包裹。收集至次盲沟中渗沥液通过 DN315 穿孔管排至各分区设置的集水井内，然后通过主导排系统自流排入渗沥液调节池，或在集水井内抽排至调节池中。

初级渗沥液收集系统和次级渗沥液收集系统收集导排的渗沥液汇集至每个分区最低处靠近分区坝的部位，可自流进入渗沥液调节池，也可在集水井内抽排至调节池中。二期工程在柔性填埋场内设置 3 座集水井，并为保证一期库区的渗漏检查功能，在一、二期库区间设置 1 座集水井。

2. 刚性填埋库区设计

（1）刚性填埋场构建

刚性填埋场按照《危险废物填埋污染控制标准》（GB 18598—2019）要求，设计成若干独立对称的填埋单元，每个填埋单元面积不得超过 $50m^2$，且容积不得超过 $250m^3$。根据地形条件共设 24 个填埋单元，刚性填埋场库容为 $6000m^3$。

填埋库由上至下可分为雨棚、库区主体、检修夹层、基础。库区主体采用钢筋砼水池结构浇筑，后期封场采用预制混凝土板封场。为便于日后巡查，及时发现填埋场渗滤液产生、设施运营情况等，在填埋场周边及底层设置有目视检测通道，通道采用钢筋混凝土框架结构。根据人体平均视线高度 1.5m，考虑观察时最高角度约 30°，故可得出目视检测层高 2.1m，检修夹层为库区主体下部混凝土柱支撑的空间。检修夹层地坪表面铺设环氧树脂层，防止事故时渗漏的污水进入地下土层及水体。渗漏的污水进入检修内的排水沟后，经过管道自流进入调节池内。

（2）防渗系统

按照技术要求和参考类似危险废物填埋场的做法，填埋库采用钢筋混凝土结构自防渗与构件外粘贴防渗膜两套防渗系统。结构内外侧墙及底板均采用防渗混凝土，在混凝土中渗入引气剂、减水剂、密实剂、外加剂形成防水混凝土，其渗透系数可达 $10^{-8}\sim$ 10^{-9}cm/s，并严格控制其裂缝宽度<0.15mm，同时在池壁侧涂一层渗透结晶防水涂料，形成填埋场防渗的一个主要层次。

在混凝土结构基础上依次铺设 2.0mmHDPE 光面土工膜，600g/m^2 土工布，HDPE 排水板。

（3）渗滤液收集与导排

该项目设置了防止雨水、地下水入侵的措施，并且严格控制入场危险废物的含水率，在正常工况下，刚性安全填埋场内不会有渗滤液产生，考虑特殊工况下，设置渗滤液导排系统，以防上述情景的发生。

该项目刚性填埋库区渗滤液采用 HDPE 实壁管重力流方式收集至库区相应集水坑，再利用隔膜泵压力输送至污水处理区处理。库区采用自然排气法，在填埋单元格内设置垂直导气 φ200HDPE 花管，导气管排出口高出最终覆盖层 1m，导出气体自然排放，该项目不设置气体回收利用系统。

（三）污水处理工艺设计

"某县工业固体废物集中安全处置工程（一期）"建设时配套建设了渗沥液处理系统，渗沥液处理系统建于场区东南角，填埋库区下游。由渗沥液调节池、反应沉淀池、渗沥液处理车间三部分组成。设计处理规模为 10m^3/h，即 80m^3/d，采用"次氯酸钠氧化+石灰法一段处理+铁盐+石灰法二段处理"工艺，现有渗沥液处理系统的规模和处理工艺可满足本次二期工程渗沥液处理的需要，因此二期工程暂不考虑对现有渗沥液处理系统进行大的调整及改造。工艺流程见图 7-3。

三、项目实施过程

（一）工程施工分区

二期填埋场包含库容约为 14.4 万 m^3 的柔性填埋区和库容为 6000m^3 的刚性填埋区，充分考虑场区地形、地貌，并尽可能提高土地利用率，确定场区布局方案如图 7-4 所示。

柔性填埋区建于场址中地势较平缓的大块区域，库区中部建设"Y"形分区坝，将柔性填埋区划分为三部分，第三填埋区位于柔性填埋区东南部，第四填埋区位于柔性填埋区北部，第五填埋区位于柔性填埋区西部。刚性填埋区建于柔性填埋区东侧。

（二）项目建设情况

项目现场建设情况见图 7-5。

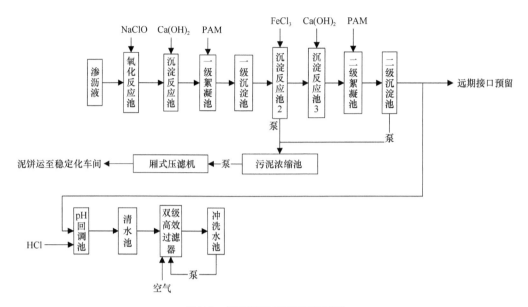

图 7-3 渗沥液处理工艺流程图

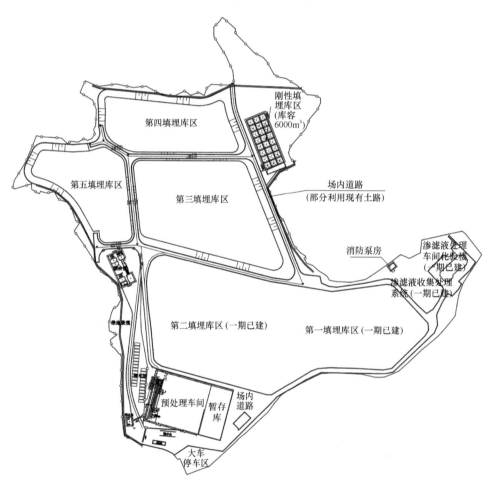

图 7-4 填埋场平面布局方案

危险废物预处理设备

预处理车间

预处理车间药剂储罐

粉尘、废气净化处理设备

柔性填埋场

刚性填埋场

图 7-5 项目建设情况（彩图请扫封底二维码）

（三）实施工程量统计

项目实施主要工程量见表 7-6。

表 7-6 主要工程量统计表

序号	内容	尺寸	形式	数量	备注
1	预处理车间	$S=2718.50m^2$，$h=13.725$	钢结构	1 座	新建
2	分区坝	$L=27.3\sim122.69m$	浆砌块石	4 座	新建

续表

序号	内容	尺寸	形式	数量	备注
3	刚性填埋场	$S=1119.35m^2$, $h=18.1m$	框架-剪力墙	1 座	新建
4	消防泵房	$S=28.89m^2$, $h=5.20m$	框架	1 座	新建
5	综合楼	$S=1265.35m^2$, $h=13.05m$	框架	1 座	新建
6	值班室	$S=37.24m^2$, $h=4.1m$	框架	1 座	新建
7	控制室	$S=21.6m^2$, $h=4.3m$	砌体	1 座	新建

注：S 为面积（m^2），h 为高度（m），L 为长度（m）

（四）施工进度

监理单位于 2021 年 3 月 27 日正式下达开工令，项目于 2022 年 3 月 30 日完工。

四、环境监管计划

（一）地下水监管方案

1. 监测井布设

根据规范要求，该工程环境监测主要为渗沥液监测、地下水监测与大气监测。其中地下水采用监测井方式进行监测，本次二期工程共设置 5 眼地下水监测井，二期库区上游 1 眼，两侧各 1 眼，下游 1 眼，一期库区南侧补设 1 眼，加上一期工程建设尚可使用的地下水监测井 3 眼，共有 8 眼地下水监测井。

地下水监测井采用 Φ150HDPE 花管外加 Φ205mm 保护套管作为监测井的主体。监测井的深度应在地下水位线 3m 以下，监测井顶部采用钢罩连锁焊接，防止雨水和杂物进入。

2. 现场环境监测情况

填埋场二期库区建成运行后，需进行监测的内容见表 7-7。

表 7-7 安全填埋场环境监测内容一览

项目内容	地下水监测	地表水监测	渗沥液监测
测点布置	按 8 点（监测井）布置：二期库区上游 1 处，两侧各 1 处；一期库区两侧各 1 处、下游 1 处；一、二期库区之间 1 处；调节池下游 1 处	填埋场上游山沟、下游沟谷 1 处	渗沥液调节池内设 1 点
监测项目	pH、COD_{Cr}、悬浮物、总砷、总铬等	pH、COD_{Cr}、悬浮物、总砷、总铬等	pH、COD_{Cr}、悬浮物、总砷、总铬、污水流量
监测频率	每月至少一次	每年枯、丰、平水期分别采样分析 2 次，废物量高峰期增加 1 次	每天进行监测，每月进行 1 次渗沥液全分析

该工程处理对象为工业固体废物，成分复杂，填埋场需按规范要求设置化验室，对入场废物进行化验鉴定，同时也可进行日常的环境监测。

（二）噪声监测

建设期噪声主要分为机械噪声、施工作业噪声和施工车辆噪声。机械噪声主要由施工机械造成，如铲平车、压路机、搅拌机，多为点声源；施工作业噪声主要是指一些零星的敲打声、装卸车辆撞击声、吆喝声、拆卸模板的撞击声等，多为瞬时噪声；施工车辆噪声属于交通噪声。

（三）大气环境监测

1）场区内、场区上风向、场区下风向、集水池、导气井应各设一个采样点。污染源下风向为主要监测方位。超标地区、人口密度大的地区、距离工业区较近的地区应加大采样密度。

2）监测项目应根据填埋的危险废物的主要有害成分及稳定化处理结果来确定。填埋场运行期间，应每月取样一次，如出现异常，取样频率应适当增加。

五、工程实施效果

该项目建设了柔性填埋场、刚性填埋场、暂存库、预处理车间、化验室、综合楼、渗滤液处理站及附属配套设施。其中，柔性填埋场库容为 14.4 万 m^3，刚性填埋场库容为 $6000m^3$，为省内第一座刚性填埋场，用于接收水溶性盐总量大于 10%、砷含量大于5%的危险废物。该填埋场顺利建设，可解决某县现存和未来产生的约 20 万 t 危险废物。通过项目对污染源的控制，将改善环境质量，使下游流域水体功能逐步好转，生态环境逐步恢复，区域环境安全基本得到保障，人居环境质量得到提高。

六、启示

1）危险废物安全填埋处置场项目环评应根据《危险废物填埋污染控制标准》（GB 18598—2019）对填埋场的选址进行分析论证，确保选址符合要求。当填埋场地质条件、天然基础层不符合要求或选在高压缩性淤泥、泥炭及软土区域时，必须按照刚性填埋场要求建设。

2）危险废物安全填埋处置场项目防渗衬层是安全填埋场的关键设施，其作用是将填埋场内外隔绝，控制填埋场内产生的渗沥液进入黏土和地下水中，以及防止外界水进入废料填埋层而浸出大量的污染物。根据《危险废物安全填埋处置工程建设技术要求》、《危险废物填埋污染控制标准》（GB 18598—2019）及参照《生活垃圾卫生填埋场防渗系统工程技术规范》（CJJ 113—2007），应结合工程实际的地质情况和建设条件进行设计。场底及边坡防渗层结构从下至上应满足《危险废物填埋污染控制标准》（GB 18598—2019）相关要求。

第二节　造纸地块历史遗留碱渣处置技术及应用

该项目前期对某纸业公司地块开展了场地初步调查、详细调查和风险评估工作，调查结果显示某纸业有限公司场地内遗留第 II 类一般工业固体废物约 24.99 万 m^3，主要超标因子为 pH，地下水也存在 pH 偏高的现象。该项目对某纸业公司原生产过程中产生的苛化白泥（主要成分为碳酸钙、碳酸钠、氢氧化钠）污染进行系统修复治理，以便消除对地块周边南盘江干流水环境的安全隐患。

一、项目概况

（一）项目由来

该项目由 2019 年中央土壤污染防治资金支持，资金额度为 1400 万元。

（二）工程概述

1. 项目基本情况

该项目主要工程建设内容包括废碱渣开挖转运处理、场区开挖产生废水处理、地下水导排、场区底部及侧壁防渗、渗滤液导排、场地修整、场区截排水系统构建、场区顶部阻隔及绿化工程、地下水监测井建设等。

2. 项目实施范围

项目实施范围为某县某片区某纸业公司原址厂区废碱渣堆。

3. 水文地质条件

（1）地层岩性

某县城坝区分布的是新生界的第四系全新统和更新统地层，主要是湖积底泥层，厚度不一。在山间洼地和江河两岸还广泛留下了第四系残积层、坡积层和冲积层，由黏性土、砂砾组成，为坝区的主要成土母质。区域地层由老至新分布有元古界、上古生界、新生界地层。

根据勘察钻孔揭露情况，渣场所在区域内出露地层有第四系杂填土层（Q^{ml}）、第四系粉质黏土层（Q^{edl}）、上统马平群（C_3^m）和石炭系中统威宁群（C_2^w）。第四系杂填土层（Q^{ml}）：杂色，主要包含物为黏土及碎石，含少量高岭土，结构松散，可塑性差；第四系粉质黏土层（Q^{edl}）：土黄色、红棕色，半固结状态，成分主要为黏土和粉土及少量角砾。土体致密，稍湿，韧性硬，干强度高，无摇震反应，硬塑；上统马平群（C_3m）：岩性以白肉红色块状隐晶-微晶灰岩为主，加粗晶白云岩及假鲕粒灰岩；石炭系中统威宁群（C_2^w）：岩性为浅灰色鲕粒灰岩、假鲕粒灰岩、隐晶灰岩。

（2）地下水类型及含水岩组

场地地层由老到新分别为石炭系灰岩（C_{2-3}），二叠系倒石头组页岩（P_1^d），二叠系栖霞组灰岩（P_1^q），第四系残积层粉质黏土（Q^{edl}）和回填土（Q^{ml}）。灰岩地层构成调查区主要含水层。

第四系孔隙水：赋存于调查区上覆第四系残坡积红黏土（Q^{edl}）中，红黏土致密，渗透性差，富水性弱，地下水以上层滞水的形式赋存，水量较小，地下水连续性差，多数钻孔未见该层水，仅厂区水池周围或雨后部分钻孔见水。

碳酸盐岩类岩溶裂隙水：主要赋存于片区下伏石炭系马平群和威宁群灰岩地层的溶蚀裂隙中，地层岩溶发育，地下水丰富，为片区主要地下水类型，地下水流向为自西北向东南补给南盘江。

石炭系上统马平群（C_3^m）：该组地层岩性以白肉红色块状隐晶-微晶灰岩为主，加粗晶白云岩及假鲕粒灰岩。厚 0～48m。岩溶较发育，富水性较强。中统威宁组（C_2^w）：岩性为浅灰色鲕粒灰岩、假鲕粒灰岩、隐晶灰岩，厚度 23～60m。岩溶较发育，富水性较强。

（三）项目区调查评估结果

根据前期调查测绘形成的"某纸业碱渣储量核实报告"成果，废碱渣堆放面积为 35 450m²，堆存方量为 249 900.6m³。项目前期调查中共钻孔采集了 120 个废碱渣样品进行毒性浸出和腐蚀性分析，腐蚀性未超出《危险废物鉴别标准　腐蚀性鉴别》（GB 5085.1—2007）的鉴别标准，样品浸出液中铜、锌、镍、钡、铬、银、砷、铅、镉、汞、硒、铍、六价铬均未超《危险废物鉴别标准　浸出毒性鉴别》（GB 5085.3—2007）限值。可判定该废碱渣堆不具备危险废物浸出毒性和腐蚀性。

对 120 个样品按照《固体废物　浸出毒性浸出方法　水平振荡法》（HJ 557—2010）规定的方法进行浸出实验分析，样品浸出液中铜、锌、镍、铬、银、砷、铅、镉、汞、铍、六价铬浸出浓度均未超《污水综合排放标准》（GB 8978—1996）最高排放标准，超标因子为 pH，超标率为 95%，最大值为 12.3。根据《一般工业固体废物贮存和填埋污染控制标准》（GB 18599—2020），可判定该渣堆为第 II 类一般工业固体废物。

（四）项目建设内容及治理修复目标

1. 建设内容

某纸业公司原址厂区废碱渣堆建设内容主要包括废碱渣开挖和转运、底部防渗系统建设、渗滤液收集系统建设、废碱渣回填、顶部封场系统构建、场内截排水沟及监测井建设等。

具体工程内容如下。

1）对 24.99 万 m³ 废碱渣采取原位风险管控措施，消除其对周边环境的污染；

2）完成 35 450m² 场区底部防渗工程；

3）完成碱渣堆区域截水沟约 800m，雨水沟约 950m 建设；

4）完成 35 450m² 场区绿化工程；

5）完成 5 口地下水监测井建设。

2. 治理修复目标

项目绩效考核目标如下。

1）对 24.99 万 m³ 废碱渣采取原位风险管控措施，风险管控率达到 100%；

2）对废渣填埋产生的渗滤液进行收集，渗滤液收集率达到 100%，并基于实时监测结果，对渗滤液进行处置后确保渗滤液达标排放；

3）对填埋库区四周进行雨水截流设施建设，周边地表径流截留导排率达100%；

4）封场后库区表层建设雨水导排沟，导排率≥95%；

5）完成 35 450m² 场区底部防渗工程，并对废渣阻隔填埋后进行表层防渗阻隔封场，实行生态恢复，主要工程实施考核目标见表7-8。

表 7-8 阻隔层安装主要考核要求

类型	考核目标	控制项目	控制限值
表层封场-表层防渗阻隔	防止废渣通过地表雨水冲刷及大气扬尘等途径扩散；对填埋库区的废渣进行阻隔防渗封存	黏土保护层	厚度300mm，压实度不低于92%
		HDPE 膜	渗透系数≤10^{-13}cm/s
		绿植恢复层	表层种植地被植物，播撒草种，完成35 450m³场区绿化工程；使得废渣堆置区的生态环境得以恢复并逐步改善，封场后表层植被覆盖率及成活率达到95%以上

6）在项目区周边建设地下水检测系统（监测井5口），对风险管控区地下水进行实时监测，为评价长期处理效果及阻隔效果提供支持。

7）项目实施完成后，群众满意度达到90%以上。

二、技术方案筛选

（一）技术工艺介绍

项目碱渣为造纸厂产生的碱渣，是制浆生产工艺中洗浆机产生黑液送碱回收工段苛化得到造纸白泥，造纸碱渣（白泥）的主要成分为碳酸钙，还包括苛化过程中过量加入的石灰、硅酸钙、残余的氢氧化钠及由于纤维原料不同而产生的硫化钠、铁、铝、镁化合物及尘埃杂质等。对照《国家危险废物名录》（2021年版），造纸碱渣不属于H335废碱，未列入《国家危险废物名录》（2021年版）。国家标准《一般固体废物分类与代码》（GB/T 39198—2020）中，造纸白泥属于轻工、化工、医药、建材等行业产生的一般固体废物中的含钙废物，代码为221-001-44，为纸浆制造过程中产生的含钙废物。该研究认为原位风险管控技术目前比较适用于该项目。

参照《云南省工业固体废物堆存场所环境整治技术指引（试行）》（云环通〔2020〕43号）文件中关于原位风险管控适用条件，主要针对一般工业固体废物堆存场所，原则上需满足以下几点：①经环境现状调查（包括但不限于地表水、地下水、周边土壤），堆存场所对周边环境无影响或影响较小；②固体废物堆存年限5年以上；③堆存场所基本稳定，无落水洞，无地基下沉、滑坡等地质灾害情况，且不易遭受严重自然灾害如洪水、泥石流等影响及其他可能危及堆存场所安全的区域；④其他适用于原位风险管控的情形。

1. 技术特点

工程周期短，对周边环境扰动小，费用低，能实现环境风险可控、有效控制污染物迁移和对周边环境潜在的污染，且改善景观。

2. 技术措施

1）主要包括环境现状调查、散乱堆存点清理与整形、"三防"设施建设、封场覆盖、植被恢复及后期维护管理等。

2）原位风险管控基于堆存场所环境现状调查，制定整治方案并按计划实施；原位风险管控的设计与施工应符合国家和行业相关标准规范的规定。

3）应根据现场散乱堆存情况，清理集中后进行堆体整形。

4）根据堆场实际情况，修设截洪沟、防洪堤、排水系统、拦渣坝、挡土墙等防护设施。

5）应按 GB 15562.2—1995 设置环境保护图形标志和环境整治标识牌，标识牌应注明责任单位、实施单位、整治措施及整治过程。

某纸业厂区遗留废碱渣堆存年限已经超过 5 年，经属性判定为第 II 类一般工业固废，影响因子为 pH（7.4～12.3），重金属含量和其他化学指标均未超出相应标准限值。根据前期调查结果，碱渣堆存区下的土壤和地下水也只是 pH 偏碱性，其中，地下水 pH 在 6.9～8.0，土壤 pH 在 8.1～9.2，对外界环境的影响基本很小，所以废碱渣基本满足《云南省工业固体废物堆存场所环境整治技术指引（试行）》（云环通〔2020〕43 号）文件中关于原位风险管控适用条件的要求，基于以上原因，原位风险管控技术可行。

（二）项目总体工艺技术路线

该方案主要采用原位风险管控技术，同时为了达到第 II 类一般工业固体废物储存场所底部防渗要求，在原位风险管控的基础上，碱渣堆底部铺设土工合成材料进行防渗，技术路线见图 7-6。

三、项目实施过程

（一）工程施工部署

1. 工程施工分区

该项目主要技术路线为原位风险管控，并在此基础上进行底部防渗，进行底部防渗需要将废碱渣转运至其他地方暂存，在底部完成防渗措施后，再将碱渣运回，之后封场进行原位风险管控。但是该项目由于废碱渣堆存量较大，约为 24.99 万 m^3，某工业片区没有能够全部容纳该堆量的空库房，经向某纸业公司相关管理人员咨询，某纸业公司拆除设备后空置的厂房有 4 个，合计大约 8000 m^2，厂房高度为 6m，可容纳 3 万～4 万 m^3 渣量，目前厂房设施完好，达到防扬散、防雨、防流失要求，可以利用这些厂房对部分碱渣进行暂时堆存。

根据该项目实际情况，采取分区开挖方式，设计将废碱渣堆分为 A、B、C、D 4 个区块，首先开挖靠近废纸脱墨车间和中段废水池的 D 区块碱渣，将该区块碱渣转运至某纸业厂区库房暂存，然后 D 区块碱渣底部按设计标高回填土壤、整平压实，铺设地下水导排系统，然后再铺设"两布一膜"和渗滤液导排系统，再将 C 区块的碱渣回填到 D

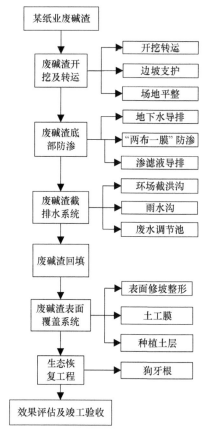

图 7-6 技术路线图

区块；同样，C 区块碱渣底部按设计标高回填土壤、整平压实，铺设地下水导排系统，然后再铺设"两布一膜"和渗滤液导排系统，B 区块碱渣回填到 C 区块；同样 B 区块做好防渗措施后，A 区块的碱渣回填到 B 区块；A 区块做好防渗措施后，暂存在某纸业厂区库房 D 区块的碱渣，再回填至 A 区块。最后整区压实、削坡整形、表面防渗、封场绿化。

2. 工程施工流程

废碱渣开挖转运暂存→场区废水处理→地下水导排→底部防渗→渗滤液导排→场地修整→截排水系统→表层覆盖系统→生态恢复工程→监测井。

（二）项目实施方案

1. 技术介绍

（1）地下水导排

在废碱渣场底设计地下水导排工程，主要的作用是在废碱渣风险管控中，将通过边坡和地下渗透进入填埋区的雨水和部分可能存在的地下水安全排出场外，以保证废碱渣基底的稳定性。

地下水导排系统底部应位于最高地下水位以上，并且与地下水最高水位保持一定的距离。如果地下水位高于废碱渣底部，地下水会对废碱渣底部基础层产生浸蚀和破坏，一旦防渗层出现破损，废碱渣渗滤液将与地下水连通，造成污染迅速扩散。根据《一般工业固体废物贮存和填埋污染控制标准》（GB 18599—2020）：天然基础层地表距地下水的距离不得小于 1.5m。如果小于 1.5m，则必须提高防渗设计要求，实施人工措施后的地下水水位必须在土层底部 1.5m 以下；根据地质报告，该场地勘察期间正值旱季，测得混合静止地下水水位为 10.4～18.5m，地下水水位标高变化在 1833.98～1843.85m。整理后的场底标高为 1846.85m，满足地下水位在压实黏土层底部 1.5m 以下。且场底另修建地下水集排系统，降低地下水水位。

地下水收集与导排工程包括地下水导排层、主（副）盲沟、导排井、集水管与排放管等，以多孔 HDPE 管道作为地下水排水通道。主、副盲沟断面形式为倒梯形，内设 HDPE 花管。在地下水导流主盲沟末端，通过排放管将地下水导出，下水抽排后排至截洪沟内，最终排出场外。

（2）底部防渗

根据《一般工业固体废物贮存和填埋污染控制标准》（GB 18599—2020）要求，该工程防渗系统采用双层防渗结构。双层防渗结构的层次从上至下为渗沥液收集导排系统、防渗层、基础层、地下水收集导排系统。

1）库底防渗系统

该项目的场底衬层结构自上而下依次为：400g/m² 的无纺土工布一层（膜上保护层）；1.5mm 厚 HDPE 土工膜一层（光面）；300g/m² 的无纺土工布一层（膜下保护层）；黏土压实；200g/m² 土工滤网；地基。

土工布：过滤渗滤液、防止填埋废渣进入卵石疏水层，防止卵石、排水网格、黏土可能存在的异物破坏 HDPE 膜。

HDPE 膜：防止渗滤液下渗，渗透系数≤1×10⁻¹²cm/s。进场 HDPE 膜必须有厂家提供的合格证书、性能及特性指标和使用说明书，质量需进行严格检查，确认无误后方可入场。

黏土层：采用场内开挖后性质较好的黏土、拣除碎石和杂物后铺设黏土层，分层碾压而成，渗透系数≤1×10⁻⁷cm/s。黏土塑性指数应大于 10%，粒径应在 0.075～4.74mm，至少含有 20%细粉，含砂砾量<10%，直径大于 30mm 土粒应全部去除。以挖填平衡为原则，黏土尽量取用于场区内部。

原位风险管控场底部防渗系统结构见图 7-7。

2）边坡防渗系统

由于边坡的坡度较大，碎石层较难在边坡上固定，所以边坡上的渗滤液导排衬层结构与场底略有差别。此外，为防止焊接作业时，机械对边坡的衬层材料产生破坏，应对边坡采取一定的保护措施。目前常用的办法是使用袋装砂石。

该项目的边坡衬层结构自上而下依次为：300g/m² 无纺土工布一层（膜上保护层）；1.5mm 双糙面 HDPE 防渗膜；400g/m² 无纺土工布一层（膜下保护层）；0.3m 压实黏土；边坡。

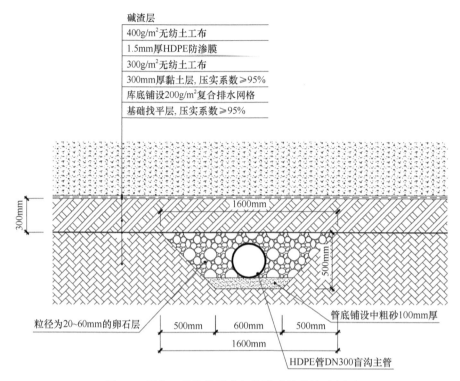

图 7-7　原位风险管控场底部防渗系统结构示意图

（3）渗滤液导排

废碱渣底部的防渗层能有效地隔断渗滤液对周围土壤和地下水的污染。该工程废碱渣渗滤液产量较少，为防止雨天临时覆盖设施发生泄漏，雨水进入废渣堆体后形成渗滤液，需及时排出填埋堆体故需设置渗滤液导排系统。

渗滤液收集导排系统位于上衬层表面和废碱渣之间，由于废碱渣渗滤液产量较少，所以只需在沿场底中央北-南向铺设渗滤液导排盲沟，盲沟采用梯形断面，下底宽 600mm，上底宽 1200mm，深 400mm，盲沟坡度不小于 2.0%。盲沟中铺设 DN200mm 的 HDPE 开孔管作为主渗滤液收集导排管，开孔管道应首先用 200g/m² 长丝无纺布包裹，再采用粒径为 30～50mm 的卵石或碎石覆盖，埋设于碎石层内。

废碱渣的渗滤液进入收集主管后，通过 1 根 DN300mmHDPE 穿坝管接入废水调节池，并通过调节池配套的提升泵每天及时将渗滤液输送至项目区旁边的含砷废水处理站进行处理。

（4）堆体修整

根据《一般工业固体废物贮存和填埋污染控制标准》（GB 18599—2020）封场技术要求，封场时，渣堆表面坡度一般不超过 33%。标高每升高 3～5m，需建造一个台阶。台阶应有不小于 1m 的宽度、2%～3% 的坡度和能经受暴雨冲刷的强度。

该项目废碱渣堆从场区自然地形条件来看，堆场北侧、东侧、南侧基本与相邻构筑物及公路的地基标高齐平，废碱渣西侧及西南侧无构筑物相接，形成堆体坡面，与某科技公司围墙外小路形成 5～8m 的高差。废碱渣开挖及进行底部防渗后，重新回填压实，废碱渣堆场北侧、东侧、南侧仍保持与相邻构筑物及公路的地基标高齐平。而废碱渣西侧及西南侧形成堆体坡面，此时堆体表面形成一定的坡度，废渣堆体外坡面设计坡度为1∶3，每填高 5m 后设置宽度为 2m 的平台，当堆体达到最终设计标高时，开始终场造坡，按 5% 的坡度由东向西，便于排水。封场平台上设置排水沟，断面尺寸为宽×高=0.3m×0.4m，排水沟排水坡度不小于 1%。

废碱渣场地平整削坡整形要求见图 7-8。

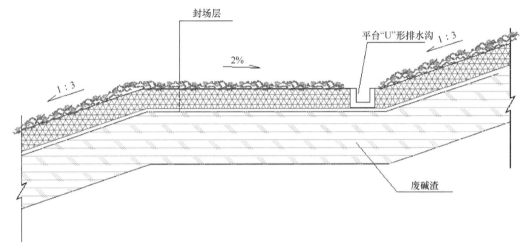

图 7-8　废碱渣场地平整削坡整形

（5）挡渣墙

废碱渣西侧及西南侧靠近某科技公司土路坡面需要修建挡渣墙抵抗废碱渣堆放对边界产生的挤压应力，防止雨水、洪水冲刷渣堆坡脚。

挡渣墙结构设计：拦渣墙采用 M7.5 水泥砂浆砌 MU30 片石，内外侧应砌筑平整并用 1∶3 水泥砂浆勾平缝，顶面 1∶3 水泥砂浆抹面 30mm 厚。拦渣墙高 1.00m，长约 250m，墙身面坡坡度 1∶0.7，背坡坡度 1∶0.1。墙体每 20m 设置一道变形缝，变形缝宽为 30mm，缝中填塞沥青麻筋、沥青木板或其他弹性材料。

（6）表层覆盖系统

为防止固体废物直接暴露和雨水渗入堆体内，该项目封场覆盖系统包括防渗层和种植土层等。

防渗层由 300g/m^2 土工布和 1mm 双糙面 HDPE 防渗膜复合构成，用来防止人体直接接触及通过扬尘扩散等迁移至周围敏感区域，同时阻挡地表水渗入废碱渣因淋溶而进入地下水体。

对项目开挖区域进行最终的封场覆盖及植被绿化。根据《一般工业固体废物贮存和填埋污染控制标准》（GB 18599—2020）Ⅱ 类场的终场覆盖要求，该项目封场覆盖土壤为一层天然土壤。覆盖层主要为种植土壤，有利于植被的生长，土层厚度应根据当地土壤条件、气候降水条件、植物生长状况进行合理选择，一般为 300～500mm。作用是促进植被生长，为植被生长提供支撑和养分，从而保护阻隔层。天然土壤必须达到一定厚度才能满足如下要求：容纳大多非木本植物的根系；提供一定的持水能力，从而削弱降雨的水分侵入并在旱季维持植物生长；要考虑到预期的长期侵蚀的损失；防止防渗层的干旱和冰冻。

生态恢复可采用草皮和具有一定经济价值的灌木，不得使用根系穿透力强的树种，应根据所种植的植被类型决定最终覆土层的厚度和土壤的改良。

该项目覆盖层厚度设置为防渗层上回填300mm厚的种植土层，黏土压实度大于92%，使在经济可行情况下尽量满足项目区域后期开发为防护绿地的需求。覆盖层断面见图7-9。

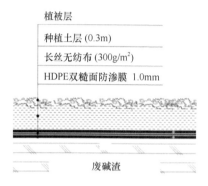

图 7-9　覆盖层断面示意图

2. 施工过程

现场施工影像见图7-10。

废渣开挖

防渗膜焊接

废渣回填压实

封场防渗层铺设

图 7-10　施工过程影像（彩图请扫封底二维码）

3. 实施工程量统计

项目实施工程量见表 7-9。

表 7-9　工程量汇总

序号	工程项目	数量	备注
1	**废碱渣开挖、转运处理**		
1.1	碱渣清挖	284 900.6m^3	
1.2	碱渣场内转运	284 900.6m^3	
1.3	场地基坑平整（挖填方）	106 387.7m^3	
1.4	黏土购置及回填	17 917.9m^3	
1.5	边坡喷锚支护（混凝土）	414m^3	
1.6	边坡喷锚支护（锚杆）	1.46m^3	
1.7	边坡喷锚支护（钢筋网）	4.16m^3	
2	**场区开挖产生废水处理**		
2.1	管道	850m	PEDN200
2.2	潜污泵	1 台	
2.3	废水收集池	1 个	5m×5m×3.5m，砖混、防腐
2.4	提升泵	1 台	Q=43m^3/h，0.6MPa，N=15kW（Q：流量，N：电机功率）
2.5	废水处理费用	1 000m^3	
3	**地下水导排**		
3.1	非织造长丝土工布（200g/m^2）	2 896m^2	
3.2	碎石层（60～100mm）	425.98m^3	
3.3	HDPE 管 DN200 穿孔管道	1 620m	
3.4	HDPE 管 DN315 穿孔管道	270m	
3.5	主盲沟	270m	梯形断面上宽 1.4m，下宽 0.8m，深 0.4m
3.6	副盲沟	1 620m	梯形断面上宽 1.2m，下宽 0.6m，深 0.4m
3.7	HDPE 实管 DN300	12m	
4	**场区底部及侧壁防渗**		
4.1	无纺土工布 300g/m^2	44 941m^2	
4.2	无纺土工布 400g/m^2	44 941m^2	
4.3	200g/m^2 土工滤网	35 450m^2	
4.4	压实黏土	35 450m^2	
4.5	光面 HDPE 土工膜（1.5mm）	35 450m^2	
4.6	HDPE 双糙面防渗膜（1.5mm）	5 406m^2	
5	**渗滤液导排**		
5.1	DN200HDPE 穿孔管道	270m	
5.2	DN300HDPE 实管	20m	
5.3	30～50mm 级配碎石	200m^3	
5.4	非织造长丝土工布（200g/m^2）	510m^2	
5.5	主盲沟	270m	
6	**场地修整**		
6.1	削坡整形	35 450m^2	

续表

序号	工程项目	数量	备注
6.2	场地挡土墙	380m³	
7	**场区截排水工程**		
7.1	截水沟 0.4m×0.6m	800m	C20 素混凝土，水泥砂浆抹面
7.2	场内导流雨水沟 0.3m×0.4m	950m	C20 素混凝土，水泥砂浆抹面
8	**场区顶部阻隔**		
8.1	土工布 300g/m²	35 450m²	
8.2	HDPE 双糙面防渗膜（1.00mm）	35 450m²	
8.3	种植土购置及回填压实	10 635m³	300mm（采购、运输、铺设）
9	**场区绿化工程**		
9.1	绿化种植	35 450m²	狗牙根
9.2	管理养护	35 450m²	养护 1 年
10	**监测井**		
10.1	监测井	5 座	

（三）施工进度

监理单位于 2021 年 4 月 22 日正式下达开工令，项目于 2022 年 6 月完工。

四、环境管理计划

（一）二次污染防治措施

1. 水环境污染措施

1）施工人员的生活污水及设备车辆的冲洗水等，禁止乱排、漫流，应收集排入修建的临时集水设施或通过临时排水管道引至市政污水处理系统，输送至附近的污水处理厂进行处置，不可随意外排。

2）泥浆废水设沉淀池收集后部分回用，少量泼洒场地；严格施工管理，做好水土保持和除尘措施，减少泥沙散落水体造成的水中悬浮物含量增加。

3）要根据当地的气候选择好工期，尽量在旱季或者少雨的季节施工，避免人为扰动后的污染场地被雨水冲刷而使污染物被带入周边环境。雨季进行开挖施工时，必须对渣土采取防流失、防雨水冲刷的控制措施，如用防雨材料（防水帆布、塑料雨布及支架等）覆盖原渣土堆存点，开挖前废渣各堆存点周边修筑环场截洪沟及导流渠，并设置渣土开挖场地积水收集池（地埋、密闭式、池底及四壁须防渗防腐），收集污染土壤挖掘过程中降雨产生的场内含重金属废水，并用专用槽罐车将这些废水运至专门的废水处理机构进行处理。

2. 大气污染防治措施

施工期可采取如下控制措施。

1）在施工过程中，大型作业场地采取围挡、围护等方式减少扬尘扩散。

2）定期对施工场地洒水以减少扬尘量，洒水次数根据天气状况而定，一般每天洒水 1~2 次，若遇到大风或干燥天气可适当增加洒水次数。

3）对运输建筑材料、建筑垃圾、污染渣土的车辆加盖篷布或采用密闭运输车，以减少洒落。

4）使用商品水泥时，尽量避免在大风天气下进行施工作业。

5）对弃土弃渣应及时处理、清运，以减少占地，防止扬尘污染，改善施工场地的环境。

6）严格遵守施工规则，佩戴防尘罩，做好必要的保护措施，减少粉尘对工人的健康影响。

7）车辆进出场地装卸货物时应用水将车轮胎冲洗干净，或者经过草垫帘或浅水坑清掉裹胎烂泥，减少尘土飞扬对沿途的影响。

3. 声污染及防治措施

施工期的噪声主要可分为机械噪声、施工作业噪声和施工车辆噪声。

据《建筑施工场界环境噪声排放标准》（GB 12523—2011）规定，施工场地边界噪声限值为昼间 75dB，夜间 55dB，若机械噪声高于该标准，必须采用相应的措施以减小施工噪声对周围环境的影响。

1）从声源上控制：合理选用施工机械，尽量选用节能、低噪声的施工机械。

2）加强施工管理，合理安排施工作业时间，禁止夜间进行作业。

3）对施工设备和人员较多的施工场地，周围有敏感点的方位设立临时声屏障，以减轻施工噪声对周围环境的影响。

4）施工场地的施工车辆出入地点应尽量远离敏感点，车辆出入现场时应低速、禁鸣。

5）将产生高噪声的施工机械尽量安排在白天作业，禁止夜间使用大型机械，以减轻夜间噪声对环境的影响。同时对不同的施工阶段应按建筑施工场界噪声限值对施工场界进行噪声控制。

4. 固体废物污染防治措施

施工期固体废物主要包括施工工人的生活垃圾、建筑垃圾和工程遗落渣土等。

1）对于生活垃圾，应在各施工区适当部位设置保洁容器进行集中收集，并委托环保部门及时清运到城镇卫生填埋场进行处置；

2）对于建筑垃圾、废弃土石、工业垃圾和泥沙沉渣，应运至弃渣场进行处理。当然，可资源化利用的应予以回收利用或出售。因此，施工前期就应先行修建弃渣场，以便固体废物及时收集清运，减轻其对环境的影响。

3）对于运输过程可能造成的遗撒问题，应加强运输防遗撒管理，污染渣土运输的安全管理设计如下。施工组织设计统一指定的机械行驶、车辆运输路线。运输司机证件在项目部备案，并接受项目部的安全教育，注意行驶安全，一般情况下禁止快速行驶与突然快速启动或制动。土方运输前，在出入口垫湿麻布，减少车辆轮胎带土出场。同时，安排专人负责出口外道路的清洁维护，并在现场出入口设置洗车池，以免车辆出入带泥。为防止沿途遗撒问题，对车辆进行严密的密封，选择加盖或者带密闭措施的运输车。同时组织巡视及环保小组，配清运车进行跟车监测，实行实时监测控制，特别注意道路拐弯处及可能产生紧急停车等容易造成遗撒处。每辆车配备充足的清扫工具及铺盖材料，发现遗撒及时清理干净。自觉接受环保和城管监察部门的监督管理，一旦发现遗撒，及时组织人力清扫，并迅速冲洗干净。在土方运输过程中，确保通信畅通。

（二）环境监测情况

1. 污水采样与监测措施

在污水排放口设置 2 个采样点，分别在施工前、施工完成后监测 1 次，施工过程中每季度监测 1 次。样品监测和采样分析方法按《环境监测技术规范》及《地表水和污水监测技术规范》（HJ/T 91—2002）的相关要求进行。对采集的每一个水样，做好记录，并在采样瓶上贴好标签，低温保存运送至实验室进行分析。污水检测指标主要为 pH，检测方法按照《环境监测技术规范》和《水和废水监测分析方法》（第四版）中的要求进行。

1）空气监测。拟在场地施工区域上风向 20m（2～50m）处设置参考点 1 个，沿下风向 5m（2～10m）处布设监控点 3 个。工业片区常年风向为西南风，冬季为北风。具体点位需根据施工期情况调整。在施工前和施工完成后分别监测 1 次，施工过程中每月监测 1 次。根据《空气和废气监测分析方法》（第四版）和《环境空气质量手工监测技术规范》采样方法，选用专用大气采样器，应用大流量采样系统进行大气采样。处理场区、处理场区周边大气环境中的污染物主要是重金属类污染物质。场地大气环境中污染物按照《大气污染物综合排放标准》（GB 16297—1996）执行。

2）噪声监测。噪声的监测按照《建筑施工场界噪声测量方法》（GB 12524—90）的要求进行。噪声监测围绕场区边界线上选择离敏感区域最近的 4 个采样点，每个采样点位置设在高度 1.2m 以上的噪声敏感处。采用积分声级计采样，采样时间间隔不大于1s。白天以 20min 的等效 A 声级表征该点的昼间噪声值，夜间以 8h 的平均等效 A 声级表征该点夜间噪声值。测量时间分为白天和夜间两部分。白天测量选在 8：00～12：00 或 14：00～18：00，夜间选在 22：00～5：00。施工过程中每月监测 1 次。噪声标准按照《建筑施工场界噪声限值》（GB 12523—90）的环境噪声限值，若机械噪声高于该标准，则需采取积极措施控制噪声。

2. 噪声、大气环境监测情况

施工期的噪声主要可分为机械噪声、施工作业噪声和施工车辆噪声。机械噪声主要由施工机械造成，多为点声源；施工作业噪声主要是指一些零星的敲打声、撞击声、吆喝声等，多为瞬间噪声；施工车辆噪声属于交通噪声。在这些施工噪声中对声环境影响最大的是机械噪声，但往往是施工作业噪声比较容易造成纠纷，特别是在夜间，这主要是由于项目区声环境质量标准较高，且夜间对噪声的控制要求严格，所以施工单位一定要注意各种工作的合理安排，夜间严禁使用高噪设备，把一些装卸建材、拆装模板等手工操作的工作安排在夜间进行。但由于部分操作人员环境意识不强，在作业中往往忽视已是夜深人静时，而这类噪声有瞬时噪声高、在夜间传播距离远的特点，很容易造成纠纷，也是环境管理的难点，建议业主与施工方签订环境管理责任书，加强落实具体方法措施。

施工期的废碱渣清挖、土方挖填、水泥装卸、混凝土拌和、施工材料运输和施工机械运行等都会造成施工场地及道路扬尘，影响大气环境质量。此外还有汽车、装卸设备、挖掘机等施工机械运行时产生的燃油废气等，主要污染物有 TSP、SO_2、NO_2 和 PM_{10}、$PM_{2.5}$ 等。

五、项目实施效果

工程实施目标达标情况如下。

1）完成了项目区渣堆 35 450m^2、24.99 万 m^3 废碱渣渣场的原位风险管控治理工程，风险管控率达到 100%。

2）对废渣填埋产生的渗滤液收集率达到 100%。

3）对填埋库区四周进行雨水截流设施建设，周边地表径流截留导排率达 100%。

4）封场后库区表层建设雨水导排沟，导排率≥95%。

5）完成 35 450m^2 场区底部防渗工程，黏土保护层厚度 300mm，压实度不低于 92%；防渗膜渗透系数≤10^{-13}cm/s，废渣阻隔填埋封场后绿植恢复层植被覆盖率及成活率达到 95% 以上。

6）在项目区周边建设地下水检测系统（监测井 5 口），对风险管控区地下水进行实时监测，为评价长期处理效果及阻隔效果提供支持。

7）项目实施完成后，群众满意度达到 90% 以上。

六、启示

1）该项目采用的是废渣原位处理的风险管控技术，该技术应用主要有不用进行新填埋区选址、治理时间短、未来便于实施废碱渣资源二次利用等特点。

2）该项目废碱渣堆存量较大，约为 24.99 万 m^3，因涉及开挖转运暂存，项目区没有能够一次性全部容纳该废渣的空库房和场地。通过技术优化，将废碱渣堆分为 4 个区块，选择采取分区开挖暂存+分区阻隔防渗填埋的方式，最后完成整个废碱渣的原位填埋处置+生态修复。该技术工艺的施工重点及难点在于各分区底部和侧壁防渗系统的搭接及保护工作，对施工方的施工和管理水平要求较高。同时因废碱渣粒径较细，在开挖、转运、回填过程中应注意粉尘、渗滤液等二次污染的防控。

3）该项目利用原位安全填埋封场治理技术对项目区造纸厂历史遗留废碱渣进行治理。对废渣的处置，原位安全封场治理技术作为风险管控技术，其适用范围广，可操作性强，施工进度快，施工周期短，适用于第Ⅱ类一般工业固废的安全处置项目。

第三节 陈腐垃圾处理处置技术及应用

为保障搬迁安置群众的身心健康,在已完成填埋场周边场地风险评估和填埋场整治方案论证工作前提下,对垃圾填埋场陈腐垃圾采用原位清挖筛分后分类处置并资源化利用的治理方案,彻底解决陈腐垃圾环境污染问题。

一、项目概况

(一)项目由来

项目由水利水电工程移民资金支持,资金总额 3000 万元。

(二)项目内容和范围

项目范围为原垃圾填埋场的用地红线区域内,面积约 300 亩,垃圾的总体积约为 139 378.8m³,填埋时间为 5~10 年,垃圾渗滤液约 9000m³。

(三)调查与评估

2018 年 8 月,开展了垃圾处理场场地污染情况调查及风险评估工作。根据初步调查情况,陈腐垃圾特性和主要场地调查结论如下所述。

1)垃圾填埋体土壤各指标符合《土壤环境质量 建设用地土壤污染风险管控标准》(GB 36600—2018)第一类用地标准,无人体健康风险。

2)垃圾堆填区以外及周边区域土壤无人体健康风险。

3)填埋场周边地下水无人体健康风险。

4)该项目陈腐垃圾容重为 534.72~1064.28kg/m³,含水率为 15.01%~67.68%,结合设计变更垃圾容重为 917kg/m³,因此,综合考虑后估算施工时陈腐垃圾容重为 1000kg/m³,含水率为 30%~60%。

5)原生活垃圾填埋场第一级填埋场顶部面积约为 10 689.8m²,垃圾填埋体整体呈现西部和南部较浅、东部和北部较深的特征,填埋体区域深度为 1~12m,最深处位于填埋体中部靠北处,垃圾填埋厚度最深可达 12m 左右。

6)原填埋垃圾不可燃物类填土或垃圾,平均质量占比达到 76.06%,塑料类、纸类和其他类可燃垃圾相对较少,合计质量占比约为 23.94%。

7)渗滤液常规检测指标中 COD、BOD_5、TN、TP、NH_3-N、As、Cr^{6+}检出浓度均超过《生活垃圾填埋场污染控制标准》(GB 16889—2008)中现有和新建生活垃圾填埋场水污染物排放质量浓度限值,因此需对填埋场渗滤液进行处理,使处理后 COD、BOD_5、TN、TP、NH_3-N、As、Cr^{6+}检出浓度须低于《生活垃圾填埋场污染控制标准》(GB 16889—2008)中现有和新建生活垃圾填埋场水污染物排放质量浓度限值,以达到排放标准。

二、预期目标

通过对填埋垃圾的开挖、筛分和组分的综合利用，控制二次污染，实现垃圾污染的减量化、无害化和资源化。填埋场场界需要全面消除污染，清理至场地原状土。填埋场内所有的污染物（腐殖土、渣砾、塑料、金属、渗滤液等）全部实现无害化治理或资源化利用；填埋场场界需要全面消除污染，垃圾全部分类处理或消纳，场地无垃圾残留。

1）处理后的场地达到《土壤环境质量　建设用地土壤污染风险管控标准》（GB 36600—2018）中第一类用地筛选值的标准，防止重金属析出，造成地表水、地下水污染，保护人民群众的健康和安全。

2）对该项目垃圾渗滤液进行处理，处理后达到《污水综合排放标准》（GB 8978—1996）一级标准，回用于场区洒水抑尘、运输车辆和筛分设备的冲洗或达标外排。

3）腐殖土后期用作林业用土的，处理后应达到《绿化种植土壤》（CJ/T 340—2016）Ⅲ级标准。

三、项目实施技术

（一）总体处置方案

在原垃圾场附近选取远离居民点位置建立密闭式垃圾分选场所，通过垃圾筛分设备，将垃圾中可燃烧部分、建筑垃圾部分和腐殖土部分分选出，分类进行处置。筛分后垃圾分类处置方案具体如下。

1）陈腐垃圾中热值高部分即有机部分运往垃圾焚烧厂进行焚烧处置。

2）陈腐垃圾中建筑垃圾部分，运输至建筑渣土处置点处置。

3）陈腐垃圾中腐殖土部分，运往腐殖土无害化全封闭暂存场暂存处理。

4）对渗滤液处理达标后外排或回用于场地洒水降尘。

5）对填埋库进行回填、场地平整和绿化。

6）对渗滤液调节池进行回填、场地平整和绿化。

（二）陈腐垃圾采挖及分选

依据场地调查结果进行现场采挖作业，作业时分区域、分单元进行。具体采挖分选流程及技术要求如下。

1. 垃圾堆体排水和填埋气导出处理

垃圾堆体水分含量较高，及时排水，降低填埋场水位，可以提高垃圾筛分效率。加快渗滤液调节池中渗滤液处理速度，快速降低调节池中水位，从而可以降低垃圾堆体中水位；在垃圾坝前打井，设置污水泵，及时将垃圾堆体中渗滤液抽排至渗滤液调节池中。

填埋气体通过一些竖井收集，竖井呈梅花形布置，每隔30m设置1个气体收集井，最后通过集气管将各竖井中的填埋气收集至集气泵站。共布设 8 座导气竖井。导气井中心多孔管应采用高密度聚乙烯等高强度耐腐蚀的管材，穿孔宜用长条形孔，在保证多孔管强度的前提下，多孔管开孔率不宜小于 2%。

2. 搭建筛分厂房，安装垃圾筛分设备

筛分厂房为钢结构，全包封；垃圾筛分设备在厂房封顶前全部吊装完成。

3. 垃圾采挖

用履带式挖掘机将填埋场内垃圾挖出，停机面设置在垃圾层上面。分区、分层开采，先挖地面以下约 3m 以上的垃圾，其次开挖下层 3～5m 的垃圾，最后采挖约 5m 以下的垃圾。开挖作业面喷洒含氯消毒剂进行消杀除臭处理，采用人工喷洒方式，用 2000mg/L 的消毒液均匀喷洒，用量为 1000mL/m²，作用时间 60min 以上。

在垃圾开挖的过程中必须做好对甲烷气体的实时监测预警，当发现有甲烷气体涌出或甲烷气体浓度超过 1%时，立即用风机进行强制通风，使其低于 1%时方可施工；作业设备应定期检查，施工现场设置警示牌，严禁烟火。

4. 垃圾分选

拟投入使用的筛分设备为 2 套每小时处理能力为 60m³ 的大型设备，每天工作时间 24h，分三班运行。筛分工艺见图 7-11。

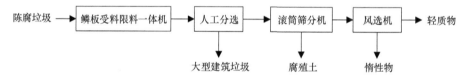

图 7-11　陈腐垃圾分选工艺流程图

垃圾分选操作在密闭式充气大棚内完成。陈腐垃圾通过铲车输送至板式输送机上，将垃圾均匀有序地布料后输送至鳞板受料限料一体机，进入鳞板受料限料一体机后皮带输送机两边设置人工分拣工位，通过人工将垃圾中的大块木头、大块纤维物、石块等分出；其余垃圾均进入滚筒筛分机，滚筒筛分机的筛板孔径设为 50mm，将垃圾分为 50mm 以上和 50mm 以下两种物料。50mm 以下的筛下物均为腐殖质土，采用异位生态填埋暂存处置。50mm 以上的物料经传输设备输送至正压风选机处理，分选出的轻质物外运至垃圾焚烧厂焚烧；重质物经重物输出机输出后与人工分选石块垃圾等一同运输至建筑垃圾填埋场处置。

5. 垃圾分类堆存处理

通过传送带和装载机将打包后的可燃垃圾运送到垃圾暂存区。将腐殖土和建筑垃圾分别运送至指定的堆存场地。

现场作业人员应穿防护服并佩戴防毒面具和防护手套，施工现场应加强管理，切实保障作业人员的安全和身心健康。

（三）可燃垃圾处置

分选出的可燃垃圾经可燃垃圾暂存区转运至可燃垃圾临时堆存区一区及二区进行临时堆放及晾晒，可燃垃圾临时堆存区上部覆盖遮阳网防止可燃垃圾飞扬，待具备运输条件后进行统一打包外运处置，经过打包后，等待装车外运。因可燃垃圾主要组分为纸类、纺织类等吸水性较强的物质，所以在可燃垃圾临时堆放晾晒过程中，其含水率大幅度降低，因此，拟定可燃垃圾经晾晒打包外运时其含水率约降低 30%。

可燃垃圾外运管理措施要求如下。

1）垃圾外运联单管理制度。垃圾开采施工单位、垃圾外运承运单位、垃圾处置单位、工程监理单位应建立四联单管理制度，运输车辆进出需过磅，每月施工单位应向主管部门申报外运垃圾量及去向。

2）垃圾外运车辆环境管理。对垃圾外运承运单位的车辆作业员与驾驶员进行岗前培训，培训合格后颁发准许进场证照；全部清运车辆均需加装 GPS，对其运输路线进行统一管理；场地出口需设置车辆冲洗设备，对外运车辆进行清洗；外运车辆应保证密封，密封性能不好的车辆应加盖帆布确保运输过程没有遗撒；确定垃圾接受单位后，应统筹规划清运路线与清运时间，避免与城市交通冲突。

（四）建筑垃圾处置

分选出的建筑垃圾通过皮带输送机和装载机分别运送至场内建筑垃圾暂存区临时堆存覆盖，等待装车外运至建筑渣土处置点。

因建筑垃圾主要组分为混凝土、石块等物质，所以在建筑垃圾临时堆放晾晒过程中，其含水率小幅度降低，所以拟定建筑垃圾经堆存晾晒外运时其含水率降低约 10%。

建筑垃圾外运管理制度：在运输建筑垃圾时，应当随车携带建筑垃圾处置核准文件，按照政府有关部门规定的运输路线、时间运行，不得丢弃、遗撒建筑垃圾，不得超出核准范围承运建筑垃圾。

建筑垃圾外运车辆环境管理：对垃圾外运承运单位的车辆作业员与驾驶员进行岗前培训，培训合格后颁发准许进场证照；对其运输路线进行统一管理；场地出口需设置车辆冲洗设备，对外运车辆进行清洗；外运车辆应保证密封，密封性能不好的车辆应加盖帆布确保运输过程没有遗撒；确定垃圾接受单位后，应统筹规划清运路线与清运时间，避免与城市交通冲突。

（五）腐殖土处置

分选出的腐殖土通过皮带输送机和装载机分别运送至场内腐殖土暂存区临时堆存并等待装车外运至腐殖土暂存场。根据估算施工时陈腐垃圾含水率为 30%～60%，则腐殖土堆存于腐殖土暂存场待含水率降低 10% 以上即腐殖土含水率低于 50% 后再行回填。

腐殖土外运注意事项如下。

1）腐殖土外运管理制度。在运输建筑垃圾时，应当随车携带腐殖土处置核准文件，按照政府有关部门规定的运输路线、时间运行，不得丢弃、遗撒，不得超出核准范围承运。

2）腐殖土外运车辆环境管理。对垃圾外运承运单位的车辆作业员与驾驶员进行岗前培训，培训合格后颁发准许进场证照；对其运输路线进行统一管理；场地出口需设置车辆冲洗设备，对外运车辆进行清洗；外运车辆应保证密封，密封性能不好的车辆应加盖帆布确保运输过程没有遗撒；确定垃圾接收单位后，应统筹规划清运路线与清运时间，避免与城市交通冲突。

（六）渗滤液处置

1. 渗滤液处理量估算

陈腐垃圾处置施工期主要集中在 8～12 月，考虑到雨季垃圾摊铺区、垃圾填埋区和各组分堆存区约产生渗滤液量为 $20.51 m^3/d$；采挖筛分有效工期为 2 个月，组分转运周期暂按 2 个月计，共计 120 天。场地渗滤液产量为 $2461.2 m^3$。

渗滤液调节池现有渗滤液 $6500 m^3$，考虑垃圾筛分期间降雨及库底存量渗滤液等，合计施工期间垃圾渗滤液处理量约为 $9000 m^3$。

2. 渗滤液处理

采用 STRO 设备进行垃圾渗滤液的处置，处理量为 $350 m^3/d$。

滤液处理工艺采用集装箱式"预处理（短程生化处理）+两级 STRO+除 NH_3-N 保险系统"。集装箱式设备安装调试耗时短，短时间内可投入使用；且对渗滤液中的各种盐分有效去除，同时对 NH_3-N 具有去除效果，出水水质可稳定达标。渗滤液处理后回用于场区洒水降尘或达标外排。针对渗滤液调节池底的污泥采取污泥浓缩脱水的方式处理。

（七）危险废物处置

根据类似项目经验和该项目实际情况，陈腐垃圾中危险废物量按垃圾总量的万分之一进行估算，即 12.2t。在垃圾分选过程中发现危险废物由人工分拣出，分类堆存及时运至危险废物处理处置中心妥善处置。

（八）垃圾处理场土方回填

垃圾填埋场土方回填包括填埋库区、渗滤液调节池等回填及场地平整。填埋库和渗滤液调节池具备封场条件后，对库底消杀除臭后进行新鲜土土方回填平整。在填埋区西南侧区域取新鲜土。

1. 垃圾填埋场土方回填

填埋库区陈腐垃圾采挖完毕后，首先采取人工喷洒含氯消毒剂的方式对填埋库底进行消杀除臭处理。用 2000mg/L 的消毒液均匀喷洒，用量为 $1000mL/m^2$，作用 60min 以上；然后可以用新鲜土对填埋库进行土方回填。由库底回填顶面至 1200m 高程形成的斜坡面。

2. 渗滤液调节池土方回填

渗滤液调节池底清理完毕后，首先采取人工喷洒含氯消毒剂的方式对池底进行消杀除臭处理。用 2000mg/L 的消毒液均匀喷洒，用量为 $1000mL/m^2$，作用 60min 以上；然后采用新鲜土回填至原地面高程以上 0.5m，即 1189.5m。

3. 绿化

填埋库和渗滤液调节池土方回填完成，连同场区内的全部区域采取撒草籽绿化，绿化面积为 24 841.2m²。

（九）腐殖土暂存场设计

该腐殖土满足《土壤环境质量　建设用地土壤污染风险管控标准（试行）》（GB 36600—2018）中第一类用地筛选值的相关要求。因此，筛分腐殖土可满足《土壤环境质量　建设用地土壤污染风险管控标准（试行）》（GB 36600—2018）中第一类用地筛选值相关要求后填埋暂存。但为将环境风险降至最低，将暂存场以《生活垃圾卫生填埋处理技术规范》（GB 50869—2013）的相关要求进行设计。

陈腐垃圾中腐殖土外运量约 77 459.77t，密度暂以 1.2g/cm³ 计（待填埋时需进行压实试验对腐殖土压实密度进行复核），待回填时腐殖土以含水率降低 10% 计，回填时进行分层压实，压实度不得小于 93%。

在筛分过程中拟对腐殖土每 3000m³ 一批次进行监测，满足《生活垃圾填埋场污染控制标准》（GB 16889—2008）入场要求后转运进入腐殖土无害化全封闭暂存场进行填埋暂存。拟在暂存场设置防渗系统、截洪沟、气体导排及渗滤液导排等设施。腐殖土无害化全封闭暂存填埋的主要工艺流程为腐殖土暂存场地清表→场地土方开挖→暂存场底部填方→环场截洪沟施工→底部及边坡回填 0.3m 黏土层→暂存场底部和边坡防渗→渗滤液导流层施工→腐殖土回填→顶部防渗→回填 0.3m 黏土层→顶部回填 0.5m 种植土→渗滤液调节池施工→封场回填。

因选用场地为坡地，整体地形呈现东南高、西北低，且西北部紧邻道路，所以开挖底部高程为 1096.7m；回填后东部边坡标高控制为 1111.00m，西部道路边坡标高控制为 1101.5m。

（十）除臭处理工艺设计

1）作业面（垃圾裸露面）除臭。将除臭剂稀释 1000 倍，在填埋场作业面（裸露面）及渗滤液流淌面喷洒，每平方米喷洒稀释液 0.5kg。每天喷洒 1 次。

2）垃圾土（腐殖质土）除臭。每立方米用 2kg 除臭剂，稀释 10 倍后喷（泼）洒入垃圾土（腐殖质土）中，搅拌均匀。

四、全过程环境监测

（一）监测目的

监测目的为及时、准确、全面地反映该项目工程施工期环境保护情况及污染治理设施运行情况，并掌握工程验收后的环境质量情况。根据施工对象及施工特点，该项目不设独立的监测机构和设施，监测工作委托第三方有资质的环境监测机构进行。

（二）监测依据

根据《场地环境监测技术导则》（HJ 25.2—2014），污染场地治理工程包括污染场地环境调查、工程实施、工程验收、回顾性评估等阶段。根据项目的不同阶段，场地环境监测包括污染场地环境调查监测、污染场地治理工程监测、工程验收监测、回顾性评估监测等。

参考《生活垃圾填埋场污染控制标准》（GB 16889—2008），腐殖土暂存填埋场封场后应继续对处理填埋场产生的渗滤液和填埋气进行定期检测，直至填埋场产生渗滤液中水污染浓度连续低于规范中的相关限值。

（三）施工期环境监测

根据该项目施工对象及施工特点，工程施工期的环境监测应重视恶臭污染物（氨、硫化氢、臭气浓度）、甲烷和噪声对周围居民生活造成的影响，同时应对渗滤液处理系统出水及腐殖土处理后达标情况进行监测，且需对原垃圾处理厂填埋库底土壤环境质量情况进行监测。施工期项目环境监测计划见表 7-10。

表 7-10 施工期项目环境监测计划一览表

监测类别	监测点位	监测点数	监测项目	监测时间	监测频次
原垃圾填埋场渗滤液	渗滤液处理站出水口	1	pH、色度、COD、BOD_5、SS、TN、NH_3-N、TP、粪大肠菌群、总 Hg、总 Cd、总 Cr、Cr^{6+}、总 As、总 Pb	渗滤液处理期	每星期监测一次
原垃圾处理厂地下水	渗滤液调节池旁垃圾处理场原有地下水监测井	1	pH、色度、COD、BOD_5、SS、TN、NH_3-N、TP、粪大肠菌群、总 Hg、总 Cd、总 Cr、Cr^{6+}、总 As、总 Pb	从施工准备期至工程完工	1 次
空气质量	项目厂界东、南、西、北面（如厂界超标，则需加测项目周边环境敏感点）	4	氨、硫化氢、臭气浓度及甲烷	从施工准备期至工程完工	每星期监测一天，每天监测 3 次小时平均浓度
	筛分车间	1	甲烷	从施工准备期至工程完工	采用可燃气体报警仪进行实时监测
噪声	项目厂界东、南、西、北面（如厂界超标，则需加测项目周边环境敏感点）	4	Leq[dB（A）]	从施工准备期至工程完工	施工期每季度监测 1 次，每次监测一天，每天昼夜各监测 1 次
腐殖土	筛分腐殖土	根据腐殖土产生量确定，初步估算 20 批次	《危险废物鉴别标准 浸出毒性鉴别》（GB 5085.3—2007）表 1 中无机元素及化合物的 16 项指标	垃圾筛分期	每筛分腐殖土 3000m^3 监测 1 次
土壤	填埋库底	4	重金属、挥发性有机物和半挥发性有机物等 45 项指标	垃圾采挖完成至填埋库封场前	1 次

（四）项目竣工环境保护验收监测

项目竣工环境保护验收监测由第三方单位根据项目环境影响评价的相关要求进行。

（五）项目竣工验收后跟踪环境监测

项目竣工验收后，根据项目情况，需持续对项目原垃圾填埋场地下水及腐殖土异位暂存填埋场渗滤液及导气井气体进行追踪监测，原垃圾填埋场地下水追踪监测期限为 1 年，腐殖土异位暂存填埋场追踪监测期限为 2 年。

五、应急预案

（一）管式反渗透膜（STRO）运行可能出现的问题及对策

针对 STRO 运行过程中可能出现的问题，采取表 7-11 处理方案解决。如解决不了，需立即报厂家进行处理。

表 7-11　STRO 可能出现的问题及对策汇总表

异常情况	原因分析	处理方法
系统不工作	1.没供电 2.压力保护 3.运行压力太高 4.产水箱水位传感器故障	1.开启电源 2.关闭开关重新启动 3.开大浓水调节阀 4.检查水位传感器
入水压力低	1.高压泵反转 2.入水压力不足 3.浓水排放过多 4.膜有穿透现象 5.高压泵内有空气	1.任意调整三相电中的两项 2.开大入水阀提高入水压力 3.轻轻调节浓水调节阀 4.检查并更换膜元件 5.排净泵腔内空气
运行噪声大	1.运行压力大 2.入水压力不足 3.高压泵内有异物	1.调节各流量参数 2.开大入水阀提高入水压力 3.检查并冲洗泵腔
系统低压保护	1.原水阀开度过小 2.入水压力不足 3.预处理控制器开度不足 4.保安过滤器堵塞	1.原水阀开大 2.开大入水阀提高入水压力 3.调节预处理到工作状态 4.清洗或更换过滤芯
系统高压保护	1.浓水阀开度太小 2.入水流量太大 3.压力传感器工作不正常 4.膜堵塞	1.浓水阀开大 2.调节各流量参数 3.检查并调节传感器 4.清洗或更换膜元件
系统出水电导率偏高	1.运行压力太低 2.原水含盐量增加 3.膜使用年限过长 4.膜受污染 5.膜有漏水现象	1.浓水阀开大 2.更换膜元件 3.清洗或更换膜元件 4.检查并更换密封圈 5.更换膜壳
产水水质下降快	1.循环水管道污染 2.存放时间过长 3.空气污染 4.用量小长时间循环	1.清洗管道 2.排掉 3.采用气封 4.调小循环水流量

（二）腐殖土处理可能出现的问题及对策

腐殖土处理过程中可能出现的问题，主要为重金属总量达不到《绿化种植土壤》（CJ/T

340—2016）Ⅲ级标准。或处理后的腐殖土浸出液中重金属浓度达不到《地下水质量标准》（GB/T 14848—2017）Ⅳ类水质标准。为解决以上问题，特提出以下处理方案解决（表7-12）。如解决不了，需立即停工，报监理、甲方进行处理。

表7-12　腐殖土处理可能出现的问题及对策汇总表

异常情况	原因分析	处理方法
重金属总量不达标	分析检测结果有问题 客土量不足 混合不均匀	重新取样测定 增加客土比例（现场 XRF 快检） 增加混合次数及操作时长
重金属浸出浓度不达标	分析检测结果有问题或检测数据不足 钝化剂/稳定化剂投加比例不足 钝化剂/稳定化剂混合不均匀 钝化剂/稳定化剂反应条件不足	重新取样测定，增加分析密度 增加投加比例（现场 XRF 快检） 增加混合次数及操作时长 增加反应时间，调整湿度、温度等条件

六、项目效果

（一）工程完成情况

通过对填埋垃圾的开挖、筛分和组分的综合利用，控制二次污染，实现垃圾污染的减量化、无害化和资源化。

垃圾堆放点场界（填埋垃圾与原状土交界处）全面消除污染。垃圾堆放点内所有的污染物（腐殖土、建筑垃圾、塑料、金属、渗滤液等）实现无害化治理或资源化利用；垃圾堆放点场界全面消除污染，垃圾全部分类处理或消纳。

（二）环境效益

1）处理后的场地达到《土壤环境质量　建设用地土壤污染风险管控标准》（GB 36600—2018）中第一类用地筛选值的标准。

2）对该项目垃圾渗滤液进行处理，处理后达到《污水综合排放标准》（GB 8978—1996）一级标准，回用于场区洒水抑尘、运输车辆和筛分设备的冲洗或达标外排。

3）腐殖土后期用作林业用土的，处理后达到《绿化种植土壤》（CJ/T 340—2016）Ⅲ级标准。

项目的实施防止了重金属析出，防止了地表水、地下水污染，保护人民群众的健康和安全。有效地降低了区域环境负荷和环境风险，符合当地环境保护和资源利用的整体规划，有利于人民生命健康和社会经济稳定增长。

（三）经济效益

作为一项环境治理项目，本身不能产生直接的经济效益，主要是间接的经济效益，由于工程施工建成后可全面消除原垃圾填埋场区域的污染，且该片区的土壤环境质量也得到改善，这将提高该片区的土地利用价值。

七、项目实施重点及难点

（一）项目重点分析

1. 项目实施重点

1）由于垃圾填埋场投入使用时间长，在开挖过程中需注重加强场地的垃圾堆体排水、填埋气导出和场地消杀除臭处理，必须做好对甲烷气体的实时监测预警，防止发生火灾、爆炸或人员中毒的风险。

2）垃圾筛分过程中，严格进行垃圾分类，各类垃圾的数量关系到该项目垃圾处理的实施成本。

3）由于转运垃圾环境风险性较大，且运输距离长，所以垃圾运输也是该项目的控制重点之一。

4）该项目为污染治理、环境修复项目，由于距离居民点较近，环境保护要求将是该工程的管理重点，重点加强噪声、灰尘、臭气等污染控制措施，避免对周边居民产生影响。现场作业人员应穿防护服并佩戴防毒面具和防护手套，施工现场应加强管理，切实保障作业人员的安全和身心健康。

2. 针对工作重点应采取的措施

1）在项目采挖前进行垃圾体导气稳定化处理，计划在垃圾体上设置 8 座导气井，对现场陈腐垃圾进行导气及稳定化处理。在开挖过程中，采挖作业分区域、分单元进行，在进行垃圾开挖施工前，先行开展甲烷导排、收集及处理工程。每开挖一层，在开挖作业面喷洒含氯消毒剂进行消杀除臭处理，采用人工喷洒方式，用 2000mg/L 的消毒液均匀喷洒，用量为 $1000mL/m^2$，作用 60min 以上。在垃圾开挖的过程中做好对甲烷气体的实时监测预警，当发现有甲烷气体涌出或甲烷气体浓度超过 1%时，立即用风机进行强制通风，使其浓度低于 1%时方可施工；作业设备应定期检查，施工现场设置警示牌，严禁烟火。

2）在垃圾坝体（垃圾填埋高度最高处）上打井，设置污水泵，强制将垃圾堆体中渗滤液抽排至渗滤液调节池中，及时排水，降低填埋场水位，提高垃圾筛分效率。

3）可燃垃圾、腐殖土和危险废物转运严格按照以下相关规范和规定执行。①征得相关环保部门同意，并按规定办理手续；②填写转移联单；③垃圾运输单位应符合相关要求；④制定应急预案、配备相应应急物资；⑤使用危险货物运输车，遵循相关危险货物运输规定；⑥采取防扬散、防渗漏等措施；⑦运输车辆采用 GPS 定位系统跟踪技术；⑧危险废物运出场地、抵达接收单位均进行称重，并建立台账。

4）为了减少垃圾分选过程中臭气和扬尘对周边环境的影响，该工程垃圾的分选在密闭式充气大棚中完成，密闭式充气大棚采用充气轻型彩钢结构，四周用 PVC 膜封闭。大棚设置臭气处理系统。管理人员加强对除臭系统设备的巡检及维护。施工过程中应对呼吸系统做好防护，佩戴自吸过滤式防毒面具（半面罩）。在施工过程中，如有任何不适，应立即撤至安全场所。

（二）项目难点分析

1. 实施难点

1）雨季施工期间垃圾渗滤液随雨水的冲刷不但数量增多还向四周转移，如何有效收集，避免对下游造成污染，是工程的难点之一。

2）雨季施工期间，如果措施不到位，则陈腐垃圾的含水率将增加，如超过 30%的含水率将使垃圾筛分的效率下降，造成工期延误。因此，雨季开挖及筛分，对项目区陈腐垃圾含水率的控制也是该工程的难点之一。

3）项目总用地面积大，总平面组织难度大。

4）施工总承包管理协调难。

5）安全文明施工难度大。

2. 针对工作难点应采取的措施

在施工过程中，陈腐垃圾渗滤液可通过雨水扩散到附近河流，也可能在转运或堆放的过程中污染周围环境，因此，施工中应采取相应措施避免雨期垃圾渗滤液的扩散和转移。

为防止雨季雨水淋溶造成的污染，制定如下雨季施工污染控制措施。

1）修建排水沟。在施工现场设置环场排水沟，在堆放区域边界外设置排水沟、截洪沟，排水沟、截洪沟内收集的污水排入调节池，保证排水顺畅，增加排水沟、防洪沟的清淤频率。

2）垃圾渗滤液处理系统满负荷运转。在雨季期间，废水处理站 24h 满负荷运行，开启备用设备。保持调节池低液位，增加废水站设备保养频率。降雨期间，出现突发情况需及时向当地环保部门汇报，以便做好应对措施。

3）雨期集中施工措施。雨期采用集中力量、逐段施工的方式，缩短施工周期，有效减少施工对周围环境的污染。

4）危险废物要做到随挖随运，雨天不得在场地内临时堆放，因特殊情况无法及时运走时，应覆盖防雨篷布。

5）可燃垃圾及时运至焚烧场进行处理，留出足够空间接收清挖出的垃圾。外运垃圾应按规定路线运输，危险废物应采用专用密封容器及密封车运输，减速慢行以防遗撒。暴雨期，暂停施工，对清挖的作业面进行覆盖。

6）在场内设置陈腐垃圾晾晒区，晾晒采用自然通风加强制通风手段，下雨时晾晒垃圾全部有防雨布覆盖，保证其含水率小于 30%。并在晾晒区旁设置临时渗滤液收集池，收集晾晒产生的渗滤液。

八、技术适用范围

项目采用"现场混合垃圾开挖+现场筛分+腐殖土处理达到绿化种植标准后再利用+渣砾消纳+可燃物料焚烧"的工艺对场地范围内堆放的陈腐垃圾进行处理，消除存量垃圾对土壤和地下水的污染。在实施过程中要全面进行垃圾渗滤液、填埋气等多方面的二次污染防治，实现无害化前提下的资源化利用。

筛分出的腐殖土经处理达到绿化种植标准后再利用。可燃物打包密封后送焚烧发电厂焚烧处理。渣砾无害化处理后就近填路基。废品玻璃、废金属由专业回收公司回收。通过对填埋垃圾的开挖、筛分和组分的综合利用，控制二次污染，实现垃圾污染的减量化、无害化和资源化。该项目使用的修复技术适用于现存的所有垃圾填埋场和违法填埋的生活垃圾场中陈腐垃圾的处置。

九、启示

（一）项目现场除臭

陈腐垃圾开挖处理过程中除臭为项目重点之一。在实际操作中除臭剂的添加比例受垃圾含水率和垃圾粒径的影响。同时由于开挖时露天操作等因素，除臭剂的添加量难以精确控制。这提示我们在今后类似项目实施时需考虑：①要随着垃圾污水量的增加持续加入除臭剂，尽量均匀喷洒。②除臭方式和方法、使用量因气候、施工方式不同需要综合考虑，类似陈腐垃圾清挖、筛分的项目需考虑在除臭剂推荐使用量的基础上按 2～3 倍增加，以确保达到满意效果。

（二）陈腐垃圾筛分

陈腐垃圾筛分是影响项目工期及质量的关键因素。在实际筛分过程中，由于垃圾含水率影响，筛板孔径会经常堵塞，需要人工清掏，造成产能下降。这提示我们在今后类似项目实施时需考虑，至少配套两台筛分机，且可采取不同筛板孔径，配套现场垃圾含水率快速检测仪器，当对含水率大于40%的陈腐垃圾筛分时采用孔径大于50mm的筛分机。

第八章 矿山环境生态修复

摘要： 矿山修复常用的方法主要有原位填埋、安全转填、稳定化+原位填埋、稳定化+安全转填 4 种方式，本章主要介绍历史遗留矿渣堆的原位安全填埋处理和第 Ⅱ 类一般工业固体废物填埋场的建设及安全填埋+生态修复治理，综合考虑解决了历史遗留废渣、环境污染和生态恢复三大问题，实现了重金属污染源头控制，具有环境扰动较小、投资成本低的技术优势，一般适用于资源化利用率低的固体废物处置项目。

矿山开采过程中会产生大量废渣和非经治理而荒废的土地，同时伴随着重金属污染周边环境。矿山生态修复技术以生态技术理论为基础，基于目标修复场地的实际情况，制定相应的生态恢复手段，并制定严格的恢复顺序，实现对被破坏的生态环境的恢复。矿山生态修复不仅是对闭坑矿山废弃地的生态环境进行修复，还包括对正在开采矿山中不再受矿业活动影响区块的生态环境的修复。通过矿山生态修复，将因矿山开采活动而受损的生态系统恢复到接近采矿前的自然生态环境，或重建成符合人们某种特定用途的生态环境，或恢复成与周围环境相协调的其他生态环境。

第一节 煤矿矿区综合治理与生态修复技术及应用

某河流域内因受周边企业生产废水和尾渣的影响，部分断面现状水质不能完全满足《地表水环境质量标准》（GB 3838—2002）Ⅲ类标准及集中式饮用水水源地补充监测指标要求，某煤矿为某水库流域重金属污染治理范围内的工业企业之一。调查显示该矿区煤矿开采尾渣酸性较强，且含有重金属，这些污染物通过地表径流迁移到土壤及河流中，污染当地环境；同时某煤矿随意开挖产生大范围的裸露地表和尾渣，造成水土流失和生态破坏。实施矿区综合治理和生态修复工程，不仅可减少尾渣中有害物质在降雨情况下向周边环境的迁移，还能恢复当地的自然生态环境。

一、项目概况

（一）项目由来

项目投资 2553.69 万元，来自某市财政专用资金。

（二）项目区域概况

1. 项目地理位置

项目区位于某饮用水水库流域范围内，项目所在位置中心地块坐标为 103°54′19.37″E、

23°31′4.66″N，海拔 1462.692m。

2. 地质地貌

项目区地形地貌属滇东南岩溶山区，地形复杂，喀斯特岩溶地貌突出，总体地势西北高、东南低，山峦连绵起伏，河谷、沟壑纵横交错。地面海拔约 1250m，山峰海拔约 1500m，坡度一般在 25°以上。

3. 水文地质

某河流域地处岩溶地貌区，拟建某水库流域呈西南向东北倾斜的矩形状，流域形状系数为 0.184，流域平均高程 1717m。最高点海拔 2991m，最低点为某水库坝址处，海拔约 1320m。最高最低相差 1670m 以上。流域内的地层岩性主要为泥盆系二叠、三叠石灰岩，二叠系玄武岩，泥盆系、三叠系砂岩、页岩等。流域内岩溶发育，有较多暗河、伏流。

4. 气候环境

项目区属中亚热带季风气候。大部地区冬无严寒，夏无酷暑，春秋长，冬夏短，四季气候宜人。整体气候通常是"一年有冷热，久雨变成秋；冬晴如春暖，惊蛰有冬寒"。年平均日照时数 2028h，年均积温 6829.3℃。无霜期平均为 309 天，初霜出现于 12 月初，终霜出现于 1 月底，雪天平均约 10 年一遇，年平均气温 18.4℃，全年昼夜温差 11.7℃，平均相对湿度 75%，常年平均降水量 1187.8mm，全年降水量约 28 亿 m³。

（三）项目历史及治理前现状

1. 项目历史

该煤矿于 20 世纪 90 年代开始开采，年产量 3 万 t，属于私自开挖的无证小煤窑，2002 年因为安全事故停产，场区内遗留大量煤矿开采尾渣（煤矸石、废石等），大部分堆置于山坡上，煤矿尾渣堆共分为 9 处，占地面积 5.58 万 m²，累计尾渣量 26.4 万 m³。随着雨水冲刷尾渣中有害物质不断渗出，进入河流污染下游水体。

2. 治理前现状

项目区中心地块煤矿尾渣堆（1～5#区域）占地 3.96 万 m²，煤矿尾渣 15.0 万 m³，东面分散小块煤矿尾渣堆（6～9#区域及附近散落尾渣）占地面积 1.63 万 m²，煤矿尾渣量 11.4 万 m³，尾渣合计 26.4 万 m³。所有 1～9#煤矿尾渣堆场均位于山坡上，裸露堆放，没有任何截洪排水与覆盖措施，造成水土流失和污染物质析出。

该项目煤矿开采过程中产生的煤矿尾渣共分为 9 个区块，产生的煤矿尾渣主要包括煤矸石、废石、弃土等，均混合在一起，9 个尾渣堆场占地面积 55 847.50m²（约合 83.77亩），坡面面积 58 161.04m²，统计情况见表 8-1。

表 8-1 项目污染治理前状况统计表

序号	尾渣堆场编号	平面面积/m²	平均坡度系数	坡面面积/m²	煤矿尾渣量/m³
1	1#区域尾渣堆场	2 419.00	1.140	2 757.66	
2	2#区域尾渣堆场	5 205.00	1.140	5 933.7	
3	3#区域尾渣堆场	415.00	1.060	439.9	15.0 万
4	4#区域尾渣堆场	5 833.00	1.084	6 321.14	
5	5#区域尾渣堆场	25 712.50	1.014	26 073.42	
6	6#区域尾渣堆场	661.50	1.027	679.64	
7	7#区域尾渣堆场	9 292.00	1.027	9 546.85	11.4 万
8	8#区域尾渣堆场	2 341.00	1.020	2 387.82	
9	9#区域尾渣堆场	3 968.50	1.013	4 020.91	
	合计	55 847.50	/	58 161.04	26.4 万

（四）项目周边环境敏感区及保护目标

项目周边敏感区及保护目标主要为某村、某河，以及下游方向集人口供水、农业灌溉、工业供水功能为主的某水库。

（五）项目调查与环境问题分析结论

1. 项目调查结论

（1）地表水环境监测结果

对地表水环境监测，表面某煤矿上游监测指标均达到《地表水环境质量标准》（GB 3838—2002）中Ⅲ类标准。某煤矿下游各类污染物均有一定程度的增加，其中超标的主要为 pH、锰，其中 pH 由 7.28～7.94，下降至 4.57～4.69；锰由 0.02～0.03mg/L 升高至 2.08～2.34mg/L，上升近百倍，锰超标 19.8～22.4 倍。说明某煤矿尾渣对该地区地表水水质影响较为严重，主要污染因子为 pH 和锰。

（2）底质环境的监测结果

某煤矿上游和下游河流底质水浸和酸浸指标均未超标，不属于危险废物和第Ⅱ类一般工业固体废物。但下游河流底泥酸性浸出液中铁、锰含量均比上游和河流底泥中的铁、锰含量高出很多，说明某煤矿对所在区域河流底泥造成一定程度污染。

对该区域底泥进行成分分析发现，不论某煤矿上游河道还是下游河道，河道底质中铁和锰的天然含量均非常高，其中，铁含量分别为 132 000mg/L、163 000mg/kg，锰含量分别为 1220mg/kg、527mg/kg，说明该地区底泥天然铁、锰含量较高，且 pH 偏酸性。

（3）土壤环境质量的监测

土壤环境质量监测显示所在区域镉、铬、镍、铜等重金属超过《土壤环境质量标准》

（GB 15618—1995）二级标准，但超标倍数不大，且均未超过《土壤环境质量标准》（GB 15618—1995）三级标准，土壤中铁含量为 110 000mg/kg，锰含量为 1850mg/kg，含量均较高，说明当地土壤背景值中铁、锰含量偏高，土壤背景值中铁、锰含量高也是造成地表水环境中铁、锰含量较高的原因之一。

（4）矿区废水监测

渣堆渗滤水和废弃矿坑排水中的 pH、铁、COD、锰、色度均远远超过《煤炭工业污染物排放标准》（GB 20426—2006）排放限值的要求。

（5）矿区尾渣性质的鉴别

根据《危险废物鉴别标准 浸出毒性鉴别》（GB 5085.3—2007），酸浸实验表明某煤矿尾渣不属于危险废物；尾渣水浸 pH 呈酸性，超过《污水综合排放标准》（GB 8978—1996）最高允放排放浓度，其他因子均未超标，属于第Ⅱ类一般工业固体废物，超标因子为 pH。

项目前期调查结果见表 8-2。

表 8-2 调查结果一览表

类型	位置	超标因子	评价标准	备注
地表水环境	某煤矿上游桥下	无	《地表水环境质量标准》（GB 3838—2002）中Ⅲ类及补充项目标准限值	某煤矿下游各类污染物均有一定程度的增加，pH、锰超标严重
	某煤矿下游桥下	pH、锰		
底质环境	某煤矿上游	无	《土壤环境质量标准》（GB 15618—1995）二级	铁、锰含量均较高
	某煤矿下游	无		
土壤环境	某煤矿下游小河镉、铬、镍、铜旁农田		《土壤环境质量标准》（GB 15618—1995）二级	铁、锰含量均较高
废水	矿区	pH、铁、COD、锰、色度	《煤炭工业污染物排放标准》（GB 20426—2006）	100m³/a，产生量少
尾渣	矿区	pH	《污水综合排放标准》（GB 8978—1996）最高允放排放浓度	—

2. 污染成因分析

根据前期调查，某煤矿上游地表水 pH 正常，铁、锰不超标。某煤矿下游各类污染物中超标的为 pH、锰，且铁含量也大幅上升。地表水环境质量现状监测结果见表 8-3。

表 8-3 地表水环境质量现状监测结果

监测因子	编号	pH			铁/（mg/L）			锰/（mg/L）		
		1	2	3	1	2	3	1	2	3
某煤矿上游桥下	W303	7.65	7.94	7.28	0.03	0.03	0.04	0.02	0.03	0.02
某煤矿下游桥下	W304	4.57	4.69	4.58	0.17	0.16	0.18	2.2	2.08	2.34
评价标准	—	6～9			0.3			0.1		

注：每项测量包括 3 个重复，即表中 1、2、3；评价标准为《地表水环境质量标准》（GB 3838—2002）中Ⅲ类水质标准及集中式生活饮用水地表水水源地补充项目标准限值

可以判断该地区地表水铁、锰超标的主要原因是某煤矿尾渣浸出液酸性较强，溶解煤矿和环境土壤中的铁和锰，导致地表水环境中铁、锰含量升高。其污染成因分析见图 8-1。

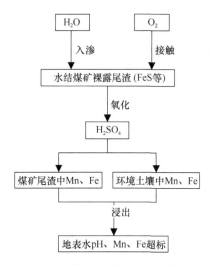

图 8-1　某煤矿污染成因分析图

3. 项目污染评估结论

根据前期调查分析可知，某煤矿区域环境中 pH、铁、锰超标的主要原因如下。煤矿尾渣中的硫化物在开采后处于地表裸露状态，在地表水进入和氧气接触的情况下氧化形成硫酸，进而使煤矿呈酸性。某煤矿地区由于煤矿尾渣和当地土壤背景值中铁、锰含量普遍较高，在 pH 低于 6.5 的酸性条件下，煤矿尾渣和土壤中的铁和锰溶解，导致地表水环境中铁、锰含量升高。因此，该项目治理的关键是阻断地表水和空气进入煤矿尾渣，从而从源头上切断某煤矿的污染。

（六）项目治理内容及治理目标

1. 项目治理内容

1）对某煤矿所在区域现存的 3 个煤矿矿洞进行封堵，防止重新启用。

2）对某煤矿 9 处煤矿尾渣堆稳定后进行原位封场覆盖，尾渣堆底部修建挡墙，坡面进行平整，处理煤矿尾渣 26.4 万 m³。

3）对某煤矿 9 处封场后煤矿尾渣堆场进行生态恢复，种植适宜的草本植物和灌木，生态恢复坡面面积 5.82 万 m²。

4）对某煤矿尾渣堆场四周修建环场截洪沟和坡面排水沟，截洪沟、排水沟总长度 5640m。

2. 治理目标

根据国家各级部门对重金属治理的各项法律、法规及相关要求，结合某煤矿矿区历史遗留污染区域具体情况，采取技术、经济可行的工程措施，降低某矿区重金属污染程度，改善某煤矿矿区生态环境，为某市经济建设和社会发展营造良好的自然生态环境。具体治理目标如下。

1）确保对某煤矿生产厂区矿洞进行封堵，防止其再次启用生产。

2）某煤矿内历史遗留的尾渣稳定化后进行封场覆盖，设置截洪排水沟，防止地表水进入尾渣堆场。

3）对某煤矿裸露的厂区和矿渣堆进行生态恢复，煤矿厂区、尾渣堆场绿化率达到90%以上。

4）确保某河流域水环境质量总体明显改善，所在区域河流下游水质长期稳定后达到《地表水环境质量标准》（GB 3838—2002）Ⅲ类水质标准。

二、项目技术筛选

（一）项目技术工艺说明

1. 总体治理策略

尾渣制砖、制水泥等建材的综合利用治理方法均存在着工程经验少的弊端，并且国家未颁布制定相关产品的标准，产品市场认可度低，产品市场前景不明朗。该项目煤矿尾渣受尾渣品质及地域交通的限制，不适合利用制作蒸压砖。且该项目矿渣中有用成分含量较低，容易造成二次污染，回收利用有用成分的方案可行性较低。为确保该项目煤矿尾渣最终得到安全妥善处置，同时节省投资，项目拟主要采用安全填埋的方式进行处理。填埋方式为稳定化后原位填埋，既可以节省大约80%的投资，又可以避免废渣转填造成的二次环境污染。

2. 技术介绍

尾渣的安全填埋包括：原位填埋、安全转填、稳定化+原位填埋、稳定化+安全转填4种方式。

（1）原位填埋

原位填埋主要采用设置挡墙、布设截洪沟等方式固定尾渣堆，然后使用黏土进行封场，封场后做好堆场的绿化。采用原位填埋可以降低堆体污染物向外环境扩散的速率，但不能完全杜绝污染，因此原位填埋一般针对危害程度较小的尾渣，如第Ⅰ类一般工业固体废物。原位填埋成本最低，适用于大范围危害程度较低的尾渣的处理。

（2）安全转填

安全转填是指选择合适场地，建造地下防渗围护体和防渗人工封底层，将尾渣进行填埋、压实、覆土封盖，最终封场后进行植被恢复与绿化。沿渣场周边设置截洪沟，以减少渗滤液的产生。并在渣场下游设置渗滤液处理设施，将收集的渗滤液处理达标后排放。安全转填，投资费用中等，适用于危害程度中等的尾渣，如第Ⅱ类一般工业固体废物。

（3）稳定化+原位填埋

对于危害程度中等的尾渣也可以采用先稳定化，降低其危害程度，然后再用原位填埋的方式进行填埋。

（4）稳定化+安全转填

对于危害程度较高的尾渣，需要先进行稳定化，然后选择合适场地，建造地下防渗围护体和防渗人工封底层，将尾渣进行填埋、压实、覆土封盖，最终封场后进行植被恢复与绿化。沿渣场周边设置截洪沟，以减少渗滤液的产生。并在渣场下游设置渗滤液处理设施，将收集的渗滤液处理达标后排放。

该项目治理的固体废物主要为煤矿尾渣，有害物质含量低。水浸实验结果表明，该项目仅 pH 超标，因此属于危害较低的第Ⅱ类一般工业固体废物，采用添加石灰等方式，可以将 pH 调节至达标水平，重金属污染物的浓度也将大大降低。经过稳定化后废渣浸出水平将达到第Ⅰ类一般工业固体废物标准后，可以根据《一般工业固体废物贮存、处置场污染控制标准》（GB 18599—2001）要求，采用Ⅰ类场的要求进行处置。故本项目治理策略采用"稳定化+原位填埋"的方式进行处置，既可以节省投资，也可以避免废渣转填造成的二次环境污染。

（二）工程治理总体设计

根据《一般工业固体废物贮存、处置场污染控制标准》（GB 18599—2001）、《煤炭工业污染物排放标准》（GB 20426—2006）等相关规定，该项目煤矿尾渣为第Ⅱ类一般工业固体废物，经过添加石灰调制，水浸实验浸出液不超过《污水综合排放标准》（GB 8978—1996）最高允放排放浓度，转化为第Ⅰ类一般工业固体废物。

该项目煤矿尾渣经过稳定化后采用原位封场的方式，按照《一般工业固体废物贮存、处置场污染控制标准》（GB 18599—2001）Ⅰ类场的要求进行填埋。结合该项目特点，对于某煤矿尾渣堆采用"稳定化后就地封场+生态恢复"的方式进行治理。

某煤矿尾渣堆处理步骤如下。

1）修建尾渣挡土墙/挡渣坝，防止尾渣迁移。

2）对尾渣堆附近尾渣进行清理归并，就近集中至对应尾渣堆。

3）对不规则或者坡度较陡的堆体进行平整和削坡，使其满足坡体稳定要求，添加石灰进行稳定化调制。

4）修建截洪沟，防止尾渣堆受雨水冲刷，造成水土流失。

5）进行封场覆盖，减少雨水侵入，实现尾渣的安全处置。

6）采用本地生物种，注重物种多样性，各类植物合理间种。采用少量引种、自然繁衍的方式，减少人为干扰，以自然恢复方式形成生态景观带。生态恢复范围包括尾渣堆封场绿化、散落尾渣堆的生态修复，生态恢复面积 5.82 万 m² （坡面面积）。

1. 挡渣坝修建

挡渣坝材料选择浆砌片石，浆砌片石取材容易，施工简便，适用范围比较广泛。项目区石料资源较为丰富，因地制宜，采用浆砌片石砌筑，可以较好地满足经济、安全方面的要求。截面形式选择根据挡渣坝结构类型及其特点分析采用重力式挡土墙/挡渣坝，可以发挥其形式简单、施工方便的优势。

2. 散落尾渣清理

根据调查和勘察的结果，某煤矿矿区有 9 处历史遗留尾渣堆，尾渣堆周围散落有总量为 2.04 万 m³ 的尾渣。尾渣堆周边散落的尾砂、废石清理、挖掘，就近运输到 4#尾渣堆场尾渣堆集中。采用挖土机清理、运输车运输，项目范围内运输距离一般在 600m 以内。开挖过程中，进行实时监测。为了方便尾渣清理修建临时转运道路 981.13m，采用 35cm 碎石铺路。

3. 堆体平整和削坡

根据《一般工业固体废物贮存、处置场污染控制标准》（GB 18599—2001）相关规定，并结合该项目特点，根据尾渣场渣堆的现状标高，对渣堆堆体边坡采用台阶式放坡。尾渣场地势总体较为平缓，主要由于尾渣堆放不规则，引起地势凸凹不平。故考虑由渣堆顶部向四周推平，并平整场地，形成一个平台，平台每降低 5m 设置一个台阶，台阶宽 2m，相邻台阶间的坡比为 1:3。部分煤矿尾渣堆体坡度较陡，坡比大于 1:3 的，为了减少大量削坡导致的坡面不稳定，进行喷浆挂网绿化。

为了避免尾渣场平台内部积水，各台阶设置 1.5%坡度坡向渣场外。施工时不宜在雨季进行，且不应在渣堆坡面进行大开挖，以避免引起渣堆垮塌事故。注意山体坡度较陡处，容易发生山体滑坡，必要时应先对山体进行降坡处理，然后再进行施工。

4. 煤矿尾渣的稳定化

由于该项目煤矿尾渣主要超标因子为 pH，所以主要采用石灰进行稳定化。在削坡平整过程中根据废渣量添加石灰，石灰用量按照 1.5%的比例添加调制，煤矿尾渣堆表面清理和坡面修整完毕后，撒 5mm 厚生石灰粉用于调节渣堆 pH，通过核算大约需要投加石灰量为 3341.230m³。经过 pH 中和调节后，尾渣所有水浸指标均不超过《污水综合排放标准》（GB 8978—1996）最高允许排放浓度，属于第Ⅰ类一般工业固体废物，再进行渣堆封场覆盖。

5. 截洪排水

尾渣场平整后要修建截洪排水系统，截洪系统主要沿尾渣场四周布置，防止场外雨水进入堆场，减少渗滤液的产生。堆场内雨水需要及时排出，需要设置场内的排水系统，方便厂区内雨水及时排出。环场截洪沟采用 MU30 浆砌片石，表面采用 20mm M10 水泥砂浆勾缝抹面，截洪沟若有边坡开挖需要对开挖边坡进行防护，采用 50mm 厚混凝土喷浆。

6. 堆体封场

（1）平整边坡

对现状边坡坡面进行平整，流水在坡面形成冲沟的位置应填平并将流水引至坡面两侧，同时在坡面上设横向排水沟。

（2）坡面绿化

对裸露的尾渣，要求按照规范进行封场，针对不同坡度采取不同的封场措施。

1）平均坡度大于 1:3 的坡度：喷射 10cm 水泥浆+20cm 厚生态混凝土封层+10cm 挂网喷混植草绿化。

2）平均坡度小于或等于 1:3 的坡体：20cm 黏土+10cm 客土喷播绿化。

（3）挂网植草绿化

1）生态混凝土：选用透水植生生态混凝土，要求保水性良好，强度不小于 C25 混凝土，可实现植草绿化、生物共存。

2）喷射水泥浆：喷浆材料选用 PO32.5 水泥浆。

3）挂网喷混植草绿化：适用于植物不易于生长的稳定岩质或土质边坡的坡面绿化。主要材料及选用要求如下。①草籽：要采用本地易于生长且与当地环境相协调的草种。②锚杆：采用直径为 16mm 的螺纹钢筋，锚杆钻孔直径 50mm，灌注 M^{3}0 水泥砂浆固定锚杆。③铁丝网：网条采用 $\varPhi$2.6 机编高镀锌铁丝网，网目尺寸 6cm×6cm，其抗拉强度不低于 380kPa；挂网幅边采用 $\varPhi$2.2 铁丝绑扎联结。④土壤：选用黏性土壤，含水量不宜过大，施工时应先除去其中的粗颗粒及杂物后方可用于喷播。⑤肥料：加入一定量的硫酸钾和氯化钾复合肥，有利于植物的生长和肥料的持续供给。⑥保水材料：纸浆或锯木。

（4）客土喷播绿化

1）草籽：采用本地易于生长且与当地环境相协调的草种——毛蓼、水蓼。

2）土壤：选用黏性土壤，含水量不宜过大，施工时应先除去其中的粗颗粒及杂物后方可用于喷播。

3）肥料：加入一定量的硫酸钾和氯化钾复合肥，有利于植物生长和肥料的持续供给。

4）保水材料：纸浆或锯木。

堆体封场层示意图见图 8-2。

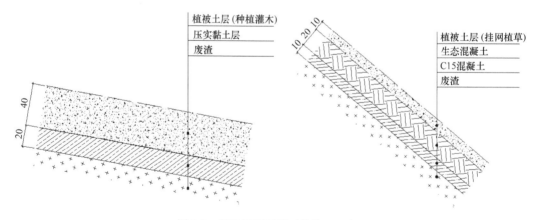

图 8-2　封场层断面图（单位：cm）

左图：20cm 黏土+10cm 客土喷播绿化；右图：喷射 10cm 水泥浆+20cm 厚生态混凝土封层+10cm 挂网喷混植草绿化

7. 矿洞封堵

该项目洞口部分采用浆砌石封堵，浆砌石封堵深度确定为 5m，浆砌石利用洞口附近废石作为骨料，矿洞封堵采用 1m 厚 C30 混凝土+4m 厚浆砌块石，浆砌块石采用矿洞附近废石，M10 水泥砂浆砌筑，外表面粉刷 20mm 厚 1:2 防水砂浆。

8. 生态恢复

根据某煤矿矿区的自然环境特点，结合树种的生物学特性和生态学特征，首选抗逆性强、具有重金属富集能力、根系发达、耐瘠薄、生长迅速、对土壤要求不高的优良乡土植物。其次考虑选择病虫害少、吸收有害气体能力强、滞滤粉尘、净化空气、吸收有毒气体的抗污染树种。该项目主要选择红花檵木、水蓼与毛蓼。生态恢复面积 5.82 万 m² （坡面面积），项目完成后做到治理区域内适宜植被绿化率达到 90% 以上。

三、项目工程实施

（一）工程施工分区

项目 1～9#区域，根据空间分布特点施工作业面将分为 3 个作业区间，一区 1～5#，二区 6#和 7#，三区 8#和 9#，三区相对独立。

（二）工程施工流程

项目治理施工主要流程见表 8-4。

表 8-4　施工流程统计表

序号	工序	过程
1	堆场场区清理、平整及碾压	施工准备（进场道路整修）→路基整修→土方开挖→土方填筑→场区清理→平整压实
2	挡土墙施工	基槽放线→基槽土方开挖→浇砼垫层→挡土墙放线→搭设操作架→支模→砌筑→拆模→模板升高（重复以上工序）→回填
3	散落尾渣的挖掘与清运	挖机、运输车进场→尾渣挖掘→装车→清运
4	排水工程	施工放样→沟槽开挖→垫层浇注→片石砌筑→勾缝及养护→回填夯实→质量控制和验收
5	封场施工	①A 型封场：铺设 20cm 厚压实黏土→40cm 厚客土覆盖→栽种灌木或者喷播绿化。②B 型封场：喷射 10cm 厚的 C15 防水混凝土→铺设 20cm 厚生态混凝土封层→10cm 厚种植土土壤层→挂网喷混植草绿化
6	客土工程	黏土运输→黏土摊铺→黏土压实作业+孔洞修补→场地平整压实
7	监测井施工	测量定位放线→钻机定位→成孔→井管安装→回填砾料→井管外封闭→洗井
8	矿洞封堵施工	矿洞回填→模板工程→模板拆除→钢筋制作→钢筋绑扎→混凝土工程→养护
9	生态恢复施工	栽植前准备→苗木种植→植物浇水→植物固定→养护管理

（三）修复工作量统计

该项目共处理尾渣 26.4 万 m³，具体工程量见表 8-5。

表 8-5　修复工程量统计表

序号	工程内容	数量	备注
1	废渣挖方	70 408.1m³	散落尾渣收集、尾渣填方
2	废渣填方	53 561.67m³	尾渣堆场内填方
3	表面石灰调质	3 341.23m³	按照 1.5%的比例添加石灰
4	买土回填	16 909.02m³	压实度大于 0.9,渗透系数小于 1.0×10^{-7}cm/s
5	买种植土回填	12 681.72m³	植被土
6	环场截洪沟 1 000mm×1 000mm	1 071.42m	浆砌块石,水泥砂浆抹面
7	环场截洪沟 1 000mm×800mm	834.67m	浆砌块石,水泥砂浆抹面
8	环场截洪沟 700mm×700mm	1 290.01m	浆砌块石,水泥砂浆抹面
9	环场截洪沟 400mm×400mm	254.74m	浆砌块石,水泥砂浆抹面
10	II 级钢筋混凝土管道 DN1200	28m	钢筋混凝土管
11	II 级钢筋混凝土管道 DN800	16m	钢筋混凝土管
12	浆砌片石挡墙 3m	5 190.85m³	浆砌片石
13	浆砌片石挡墙 5m	960.79m³	浆砌片石
14	边坡排水沟 300mm×400mm	2 278.00m	浆砌片石
15	临时道路面积	981.13m²	35cm 碎石路面
16	散播草籽面积	58 161.04m²	毛蓼、水蓼等
17	红花檵木	4048.49m²	株高:30cm,冠幅:13~15cm,49 株/m²
18	喷浆护坡	1370.07m²	100mmC15 防水混凝土
19	挂网绿化	15 888.50m²	打锚杆
20	矿口封洞	3 处	1m 厚 C30 混凝土,4m 厚石灰石封堵
21	现场取样监测、检测	1 项	地表水、地下水、废渣、底质、废水

（四）施工进度

该项目于 2016 年 6 月开工建设,于 2017 年 6 月施工完成并完成竣工验收。

四、治理效果

1）完成对某煤矿所在区域现存的 3 个煤矿矿洞封堵。

2）完成对某煤矿 9 处煤矿尾渣堆原位覆盖封场,尾渣堆底部修建挡墙,坡面进行平整,处理煤矿尾渣 26.4 万 m³。

3）完成对某煤矿 9 处封场后煤矿尾渣堆场生态恢复,种植草本植物和灌木,生态恢复坡面面积 5.82 万 m²,尾渣堆场绿化率达到 90%以上。

4）完成对某煤矿尾渣堆场四周修建环场截洪沟和坡面排水沟,截洪沟、排水沟总长度 5640m,防止地表水进入尾渣堆场。

项目建设前后对比见图 8-3。

治理前运输道路台阶下部尾渣　　　　　治理前居民区无序堆放的煤矿尾渣

治理后项目地块全貌　　　　　　　　治理后项目地块航拍

图 8-3　项目治理前后效果对比（彩图请扫封底二维码）

五、启示

1）该项目处于某水库地表水径流区，治理前尾渣堆放不规范，持续给水库环境带来影响，增加了下游生态系统中的重金属含量。该方案实施后，流域内工业尾渣和废水将得到治理，重金属污染得到控制，水库水质将得到改善，降低了水库下游生活、工业供水的处理成本，有明显的间接经济效益。项目实施后对所在区域进行生态恢复，将与环境优美乡镇发展、生态文明村镇建设和新农村建设互动共进，对构建社会主义和谐社会具有极其重要的意义。

2）该项目工艺技术路线比较适用于历史遗留矿渣堆（第Ⅰ类一般工业固体废物）的原位安全填埋处理，稳定化后原位填埋处理投资大大低于异位填埋处理，稳定化后原位填埋处理避免了尾渣在转运过程中造成的二次污染，也避免了重新征用土地。

第二节　多金属选矿厂重金属污染治理修复技术及应用

某河因受流域内工矿企业废水和废渣的影响，部分断面现状水质不能满足《地表水环境质量标准》（GB 3838—2002）Ⅲ类及集中式饮用水水源地补充监测指标要求，某多金属选矿厂为某水库流域重金属污染治理范围内的工业企业之一。项目主要实施内容是对尾砂库进行改造，用于填埋厂区内历史遗留的第Ⅱ类一般工业固体废物；转运处置尾矿库和选矿池废水，拆除厂区建筑及设备，对场地实施生态修复。

一、项目概况

（一）项目由来

项目由某市重大水利工程建设专项过桥贷款资金支持，金额 1931.89 万元，项目用于某水库工程流域内重金属污染治理。

（二）项目区域概况

1. 项目地理位置

项目区位于某饮用水水库流域上游，项目所在位置中心地块坐标为 103°54′40.63″E，23°28′57.39″N，海拔 1441.124m。

2. 地形地貌

项目区全境分为西部高山峡谷区、西部边缘中山区、北部低山丘陵区、东部中山区、南部中低峰丛区、西南边缘陡坡峡谷区、中南部中山区、中西中北部中低山区八大类不同类型的山岭地区。某河从西北流向东南，斜贯全境，市境随某河及其支流形成两侧高、中间低的走廊式地形。市城所处的河谷盆地面积为 31.15km^2，是全市最大的盆地。全市山地与坝子总面积之比约为 9:1。

3. 水文地质条件

拟建某水库流域呈西南向东北倾斜的矩形状，流域形状系数为 0.184，流域平均高程 1717m。地势西高东低、南高北低，最高点海拔 2991m，最低点为某水库坝址处，海拔约 1320m。最高最低相差 1670m 以上。流域内的地层岩性主要为泥盆系二叠、三叠石灰岩，二叠系玄武岩，泥盆系、三叠系砂岩、页岩等。

（三）项目历史及治理前现状

1. 项目历史

该项目多金属选矿厂原为铁-铜-硫矿选矿厂，规模为处理原矿 120t/d，年产铅精矿 223t，锌精矿 2056t，锡精矿 6t，铁精矿 10 000t。生产工艺为破碎、筛分、球磨、磁选、浮选、重选工艺，厂区内可见阶梯状分布的洗矿池，该厂于 2014 年 2 月停产至今。

2. 治理前现状

项目治理前在厂区西北方向建有 1 座第 II 类一般工业固体废物尾砂库，场地采用 HDPE 膜防渗，该填埋场位于山间一处洼地内，四周高中间低，有剩余库容，尾砂库治理前没有进行封场，因排水不畅，降雨后容易在库区形成积水，降雨汇集于尾砂库，水位升高后通过四周空隙下渗，厂区废渣和尾砂中含有铅、镉、砷、铁、锰等重金属，这些重金属元素通过地球化学、地表生物等作用释放和迁移到土壤及河流中，污染当地环境，造成某河流域部分水质不能满足《地表水环境质量标准》（GB 3838—2002）Ⅲ类及集中式饮用水水源地补充监测指标要求。同时厂区大范围的裸露地表和裸露尾砂，造成水土流失和生态破坏。

（四）项目周边环境敏感区及保护目标

1）项目周边环境敏感区：项目区范围内植被大部分为次生的人工林，易水土流失。

2）保护目标：厂区下游河流及水库水环境质量。

（五）项目区环境质量状况与调查结论

1. 项目区环境质量

（1）地表水环境质量

2013 年 9 月及 12 月地表水环境质量现状监测时，流域主要的污染因素为生活及农业生产。重金属监测因子锌在某断面出现超标，超标倍数分别为 0.662 和 0.28，说明该断面地表水受到上游涉锌企业的污染。此外，监测因子铁、锰的检测结果相对较高。

2014 年 9 月至 2015 年 2 月例行监测时，流域主要的污染因素为生活及农业生产。监测因子铁、锰的检测结果相对较高。

2015 年 3 月（枯水期）地表水环境质量现状监测结果，各上游支流监测断面超标因子为 pH、COD、锌、氟化物、镉等污染物指标。

（2）河流底泥环境质量

结合 2014 年 7 月、2014 年 8 月及 2015 年 6 月三次监测结果得出，河流底泥中铁、锰含量均较高，底泥中铁含量 25 822～221 000mg/kg、锰含量 137～5240mg/kg；结合区域地表水、土壤环境质量现状监测结果，表明该区域铁、锰含量背景值较高。

2. 调查结论

（1）地表水环境调查结论

某水库汇水范围上游部分监测断面有重金属监测因子超标现象，各重金属监测因子超标断面均位于流域内涉矿企业的下游，地表水环境质量超标现状与上游企业联系明显，超标程度与上游涉矿企业的生产情况及遗留废渣直接相关。如不采取有效的综合治理措施，涉矿企业将对某水库造成长期影响。

（2）河流底泥环境调查结论

根据前期调查监测数据分析可知，该项目周边河流底泥中铁、锰含量均较高，结合区域地表水、土壤环境质量现状监测结果，表明该区域铁、锰含量背景值较高。

（3）土壤环境调查结论

某河流域土壤中铁、锰检测结果可以得出以下结论：①某河上游各工业企业的排污及遗留污染可能导致下游与企业存在污染途径关系地区的土壤中铁、锰含量较高；②某河流域所在区域土壤中铁、锰背景值相对较高。

（4）固体废物调查结论

尾砂库尾砂和厂区废渣，酸浸所测指标均不超过《危险废物鉴别标准 浸出毒性鉴别》（GB 5085.3—2007）浸出毒性鉴别标准值，水浸 pH、锰等监测结果超过《污水综合排放标准》（GB 8978—1996）最高允放排放浓度，因此判断属于第Ⅱ类一般工业固体废物。

（5）项目区主要环境问题

某多金属选矿厂厂区建筑面积 8299.10m²，厂区西北方向建有 1 座第Ⅱ类一般工业固体废物尾砂库，占地面积 33 900m²。厂区主要污染包括尾砂库尾砂 52 700m³、厂区废渣 820m³ 及尾砂库和废水 800m³。

根据监测结果，统计该项目主要污染源见表 8-6。

表 8-6　该项目主要污染源汇总

类型	污染源	污染源特征	数量
固体废物	厂区内废渣	第Ⅱ类一般工业固体废物	820m³
	尾砂库尾砂	第Ⅱ类一般工业固体废物	52 700m³
废水	废水	尾矿库和选矿池废水	800m³
生产设施	生产厂区	厂区建筑和设备拆除	8 299.10m²
		拆除后的厂区和封场后的尾砂库	73 773.93m²

（六）项目实施内容及治理目标

1. 项目实施内容

1）对该项目厂区内属于第Ⅱ类一般工业固体废物的废渣，转运至该项目尾砂库填埋，转运量 820m³。

2）对该项目尾砂库进行改造，利用原有剩余库容（剩余库容 57 万 m³）接纳该厂区及附近厂区的第Ⅱ类一般工业固体废物及污染土壤约 30 万 m³，固体废物填埋完毕后进行封场覆盖。

3）对该项目尾矿库和选矿池废水转运至项目区周边某废水处理站进行处理，处理量 800m³。

4）拆除厂区建筑及设备，拆除面积 8299.10m²，设备外售，建筑垃圾回填至某选矿厂清理后的洼地。

5）对拆除后的厂区和封场后的尾砂库进行绿化，绿化面积 73 773.93m²。

2. 治理目标

1）对该项目废渣和尾砂逐一进行妥善处置，防止废渣和尾砂中重金属对地表水、地下水、土壤等环境的直接污染或潜在污染。

2）对该项目尾矿库和选矿池废水进行处理，处理后实现达标排放。

3）对生产厂区建筑及设备进行拆除，恢复为绿地，尾砂库进行封土覆盖，整个厂区和尾砂库绿化率达到 90% 以上。

4）确保某河流域水环境质量总体明显改善，所在区域河流下游水质达到《地表水环境质量标准》（GB 3838－2002）Ⅲ类水质标准。

二、技术方案筛选

（一）技术工艺介绍

尾渣的安全填埋包括：原位填埋、安全转填、稳定化+原位填埋、稳定化+安全转填4种方式。

（1）原位填埋

原位填埋主要采用设置挡墙、布设截洪沟等方式固定尾渣堆，然后使用黏土进行封场，封场后做好堆场的绿化。采用原位填埋可以降低堆体污染物向外环境扩散的速率，但不能完全杜绝污染，因此原位填埋一般针对危害程度较小的尾渣，如第Ⅰ类一般工业固体废物。原位填埋成本最低，适用于大范围危害程度较低的尾渣的处理。

（2）安全转填

安全转填是指选择合适场地，建造地下防渗围护体和防渗人工封底层，将尾渣进行填埋、压实、覆土封盖，最终封场后进行植被恢复与绿化。沿渣场周边设置截洪沟，以减少渗滤液的产生。并在渣场下游设置渗滤液处理设施，将收集的渗滤液处理达标后排放。安全转填，投资费用中等，适用于危害程度中等的尾渣，如第Ⅱ类一般工业固体废物。

（3）稳定化+原位填埋

对于危害程度中等的尾渣也可以采用先稳定化，降低其危害程度，然后再用原位填埋的方式进行填埋。

（4）稳定化+安全转填

对于危害程度较高的尾渣，需要先进行稳定化，然后选择合适场地，建造地下防渗围护体和防渗人工封底层，将尾渣进行填埋、压实、覆土封盖，最终封场后进行植被恢复与绿化。沿渣场周边设置截洪沟，以减少渗滤液的产生。并在渣场下游设置渗滤液处理设施，将收集的渗滤液处理达标后排放。

4种方式的处理效果见表8-7。

表8-7　安全填埋技术方法比较

序号	工艺类型	工程经验	技术难度	投资	二次污染	处理效果	适用范围
1	原位填埋	丰富	简单	少	低	中	第Ⅰ类一般工业固体废物
2	异位填埋	丰富	中等	多	高	优	第Ⅱ类一般工业固体废物
3	稳定化+原位填埋	较丰富	中等	少	低	中	第Ⅱ类一般工业固体废物
4	稳定化+异位填埋	较丰富	难	多	高	优	危险废物

某多金属选矿厂废渣为第Ⅱ类一般工业固体废物。某多金属选矿厂原尾砂库为设计符合要求的第Ⅱ类工业固体废物填埋场，场地设有 HDPE 防渗膜，目前仍有库容余量且方便进行改造。将该项目属于第Ⅱ类一般工业固体废物的尾砂和废渣转运至某多

金属选矿厂Ⅱ类场填埋符合《一般工业固体废物贮存、处置场污染控制标准》（GB 18599—2001）规范要求，而且可以节约大量装运成本，因此，对该项目属于第Ⅱ类一般工业固体废物的废渣均转运至某多金属选矿厂已有Ⅱ类场，利用原有剩余库容进行填埋。

（二）项目总体工艺技术路线

总体工艺技术路线见图8-4。

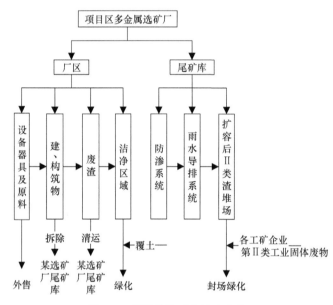

图8-4　项目总体工艺技术路线

（三）污染治理方案

1. 固体废物处置

某多金属选矿厂尾砂库尾砂和选矿厂附近废渣为第Ⅱ类一般工业固体废物，设计采用原位填埋的方式进行处置，利用某多金属选矿厂已有Ⅱ类场进行填埋。

该项目厂内废渣量约为820m³，经检测属于第Ⅱ类一般固体废物，租用1台斗容0.8m³履带式反铲挖掘机作为挖掘机械和1辆载重量为12t密闭式自卸车机作为运输车辆清运至尾矿库进行填埋处置。

2. 尾砂库设计

某多金属选矿厂尾砂库占地面积33 900m²，已进行防渗，防渗结构为，库底落水洞至库岸地区进行碾压平整，铺设高强度防水水工膜（HDPE 材料断裂强度>20N/mm²，屈服强度>30N/mm²，抗老化时间大于50年，抗腐蚀性好，pH>13，渗透系数<10⁻⁷cm/s，抗撕裂、抗戳穿、抗压能力强），防水水工膜顶部覆压30mm黏土保护层。

目前尾矿库内已堆存尾矿量52 700m³，剩余库容57万 m³。对尾矿库进行改造，该尾矿库作为某砒霜厂、某铁矿磁选厂清运的第Ⅱ类一般工业固体废物及污染土壤集中堆存场地，新增加固体废物合计约为 30 万 m^3，剩余原有 57 万 m^3 库容可以全部消纳。

3. 防渗设计

该项目尾矿库渣堆标高约为 1438.0m，现有 HDPE 防渗膜锚固平台高程约为 1440.0m。于 1440.0～1455.0m 标高范围内新建边坡防渗结构与现有防渗设施衔接，以扩大库容。结构形式采用"无纺布+HDPE 膜+钠基膨润土垫（GCL 垫）"防渗结构，具体见表 8-8，边坡 HDPE 土工膜采用单毛面膜。

表 8-8 防渗结构表

项目	采用材料及要求
膜上保护层	无纺布，600g/m^2，应满足《土工合成材料 长丝纺粘针刺非织造土工布》（GB/T 17639—2008）的要求，连接方式采用搭接
HDPE 土工膜	高密度聚乙烯土工膜，厚 1.5mm，连接方式采用热熔双轨焊接。具备良好的耐热老化性能及抗紫外线辐射性能
GCL 垫	钠基膨润土垫（GCL 垫），4800g/m^2，渗透系数不大于 $5×10^{-11}$m/s，遇水后变成胶凝体，能够填补裂隙与空隙。宽度应满足《钠基膨润土防水毯》（JG/T 193—2006），连接方式采用搭接

4. 雨水导排

某尾矿库及其他零星的第 II 类一般工业固体废物清运堆填于尾矿库中，初步估算回填完毕后堆体高度为 1450.0m，堆体整形为中间高四周低，确保不小于 5%的坡度便于排水。

5. 截洪沟设计

该项目截洪沟主要设置在尾砂库四周，防止周边雨水汇入，减少尾砂库中雨水量，降低尾砂库污染物向周边迁移扩散的风险。截洪沟采用浆砌片石砌筑，截洪沟防洪标准按 20 年一遇设计，按 50 年一遇校核。因此该项目截洪沟截面尺寸 $B×H$=0.8m×0.5m。截水沟选用的毛石、料石强度等级为 MU30，砂浆强度等级为 M7.5 级，边墙厚度 0.40m，内墙及沟底面采用 20mm M10 水泥砂浆勾缝抹面，截洪沟若有边坡开挖需要对开挖边坡进行防护，采用 50mm 厚混凝土喷浆。

6. 厂区拆除和建筑垃圾回填

（1）厂区拆除

拆除分为施工前准备工作、人工拆除、机械拆除和建筑垃圾运输。

1）施工前准备。前期工作主要包括厂区和设备的彻底清扫，对易燃、易爆、易倒塌的拆除安全风险源进行识别，断电，断水。

2）人工拆除。人工拆除主要拆除厂区设备，严格按照现场管理人员的指挥，按由外向内、由高到低、先易后难原则进行拆除，按照先拆除电气、仪表等辅助设备，再拆除塔、罐等容器类装置，后拆除管线的作业流程，遵守工厂拆迁施工的管理规定，强化施工队伍的安全意识，加强施工现场的安全管理，提高拆除施工的效率，使拆除工程圆满完成。

3）机械拆除。机械拆除主要拆除厂房结构建筑，机械进场，布置警戒线张贴警示牌。机械拆除应从上往下逐层、逐段进行，先拆除非承重结构，后摘除承重结构，必须按楼板、次梁、主梁、柱子的顺序进行施工。具备机械拆除条件后，先拆除餐厅大门雨棚再由东向西拆掉女儿墙、屋面板，依次拆除次梁、主梁及柱，由北往南逐步拆除，依次拆除的高度不得超过 2m，拆除时警戒区域内所有作业人员必须佩戴防护耳塞，挖机作业时尽量避免噪声过大。拆除时挖机破碎头与混凝土摩擦会产生灰尘，有风的时候会影响周边环境，作业区域所有工作人员佩戴防护口罩，并派专人浇水，保持混凝土湿润不起灰尘，保障周边环境不受污染。施工中必须有专人监测拆除建筑物的结构状态并做好记录，当发现有不稳定状态趋势时，必须停止作业采取有效措施消除隐患。路面及地面破碎采用挖机带破碎头施工，施工区域需布置警戒线张贴警示牌，有专人看护指挥施工。

4）建筑垃圾运输。该项目建筑垃圾用车辆运输至清理后的选矿厂尾矿库回填。

（2）建筑垃圾回填

根据调查和勘察的结果，该项目厂区建筑物与构筑物拆除建筑垃圾产生量约为 4668m³。用汽车将建筑垃圾运至选矿厂尾砂清运后的尾砂库，逐层水平填筑，分层厚度不宜大于试验确定的填筑厚度。应连续进行回填、摊铺，使回填区内回填层厚度均匀且大致水平。建筑垃圾的回填工作将从基础的最低高程开始，压实之前要对建筑垃圾进行平整。使用机械分层压实。压实参数严格按试验确定的参数进行控制。整个施工期间保证排水畅通。

上一层回填建筑垃圾经检测合格后进行下一层回填，在进行下一层建筑垃圾回填以前，必须清除已回填层表面的杂物，表面不得有积水。

回填作业从基础低处开始，分层填筑。作业面应加强统一管理，做到统一铺土、统一碾压，严禁出现界沟。相邻回填作业面做到均匀上升。

7. 废水处理

该项目废水处理量不大，尾砂库和选矿池废水总量约 800m³，不再另建废水处理池，该项目距离某砒霜厂治理修复工程新建的废水处理站约 25km，因此设计全部转运至某砒霜厂新建的废水处理站处理。

8. 封场及生态恢复

对项目场地覆黏土 200mm、植被土 400mm 后播撒草籽和种植灌木，间植树木。根据该项目的自然环境特点，结合树种的生物学特性和生态学特征，首选抗逆性强、具有重金属富集能力、根系发达、耐瘠薄、生长迅速、对土壤要求不高的优良乡土植物。其次考虑选择病虫害少、吸收有害气体能力强、滞滤粉尘、净化空气、吸收有毒气体的抗污染树种。该项目主要选择红花檵木、水蓼、毛蓼、蜈蚣草、小飞蓬、滇柏、柳树等。封场结构见图 8-5。

该项目在封场后，种植草本植物和乔灌木，起到防止水土流失和生态恢复的作用。

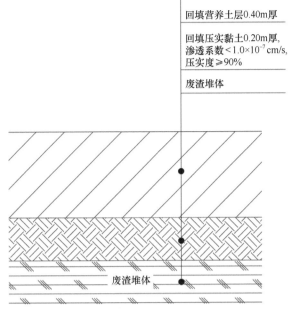

图 8-5　封场结构示意图

三、项目实施过程

（一）工程施工部署

根据现场实际情况，结合项目施工方的施工能力，将该工程分为 6 个阶段组织：施工进场阶段、尾矿库防渗阶段、尾渣挖运阶段、厂区建筑拆除阶段、封场阶段、绿化阶段。

（二）施工准备

1. 施工现场平面布置图

施工总平面布置图见图 8-6。

2. 工作量统计

拆除建筑物与构筑物 8299.10m²，建筑垃圾清运回填 4668.24m³。

（三）施工进度

2018 年 3 月 26 日开工建设，2019 年 3 月 30 日完工，2019 年 4 月 25 日通过初步验收，在建设合同工期内完成建设。

四、环境管理计划

（一）具体措施

根据《场地环境监测技术导则》（HJ 25.2—2014），污染场地治理工程包括污染场地

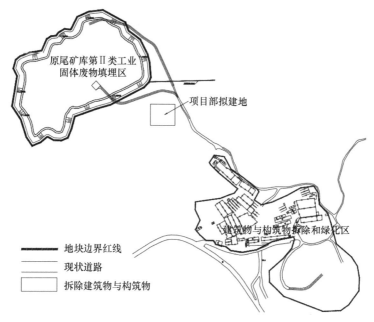

图 8-6 施工总平面布置图

环境调查、工程实施、工程验收、回顾性评估等阶段，根据项目的不同阶段，场地环境监测包括污染场地环境调查监测、污染场地治理工程监测、工程验收监测、回顾性评估监测等。该项目污染场地环境调查已完成，主要包括工程施工期环境监测、工程竣工验收环境监测、工程后期管理环境监测。

（二）施工期环境监测

该项目治理过程中的监测，主要针对大气、废水和噪声等二次污染物排放的监测。施工期监测布点统计、监测频率见表 8-9。

表 8-9　项目施工期环境监测计划一览表

监测介质	监测点位	监测频率	监测指标	污染物排放标准
废水	施工废水在排放口布设 1 个点	施工高峰期监测 1 次	pH、悬浮物、BOD$_5$、COD、As、Zn、Cu、Mn、Fe	《铁矿采选工业污染物排放标准》（GB 28661—2012）
废气	场界外上风向设 1 个对照点，下风向设 3 个监控点	施工高峰期监测 1 次	总悬浮颗粒物（TSP）	《大气污染物综合排放标准》（GB 16297—1996）
噪声	场区周边共 4 个点，每个采样点设在高度 1.2m 的噪声敏感处	施工高峰期监测 1 次	昼间/夜间等效声级	《建筑施工场界环境噪声排放标准》（GB 12523—2011）

（三）工程竣工验收环境监测

污染场地工程验收监测是对污染场地治理完成后的环境监测，主要工作是考核和评价治理后的场地是否达到已确定的治理目标及工程设计所规定的要求。本项目竣工后尾砂库进行了封场覆盖，没有运行的机械设备，验收主要为地表水、地下水。

样品采集和分析均按照国家和地方相关规范要求，环境验收监测布点和监测指标见

表 8-10。

表 8-10 项目竣工验收环境监测计划一览表

监测介质	监测点位	监测频率	监测指标	环境质量标准
地表水	某多金属选矿厂上游 1 个对照点位、下游 100m 处 1 个点位	1 次/d，采样 3 天	pH、悬浮物、BOD_5、COD、As、Zn、Cu、Mn、Fe	《地表水环境质量标准》（GB 3838—2002）表 1Ⅲ类和表 2 中标准限值
地下水	某多金属选矿厂上游 1 个对照点位、填埋区北侧扩散区 1 个点位、下游 1 个点位	1 次/d，采样 3 天	pH、总硬度、高锰酸盐指数、Cu、Mn、Fe、Zn、As	《地下水质量标准》（GB/T 14848—93）Ⅲ类标准限值

（四）工程后期管理环境监测

污染场地后期管理回顾性评估监测是污染场地经过治理工程验收后，在特定的时间范围内，为评价治理后场地对地下水、地表水环境影响所进行的环境监测，同时也包括针对场地长期原位治理修复工程措施的效果开展验证性的环境监测。

污染场地回顾性评估监测计划见表 8-11。

表 8-11 工程后期管理环境监测计划一览表

监测介质	监测点位	监测频率	监测指标	环境质量标准
地表水	某多金属选矿厂上游 1 个对照点位、下游 100m 处 1 个点位	竣工后第 1 年、第 3 年各 1 次	pH、悬浮物、BOD_5、COD、As、Zn、Cu、Mn、Fe	《地表水环境质量标准》（GB 3838—2002）表 1Ⅲ类和表 2 中标准限值
地下水	某多金属选矿厂上游 1 个对照点位、填埋区北侧扩散区 1 个点位、下游 1 个点位	竣工后第 1 年、第 3 年各 1 次	pH、总硬度、高锰酸盐指数、Cu、Mn、Fe、Zn、As	《地下水质量标准》（GB/T 14848—93）Ⅲ类标准限值

五、治理效果评价

工程实际完成厂区清运运至尾库第Ⅱ类一般工业固体废物矿渣共 6449.94m³，回填及平整尾库尾砂量 215 788.1m³；修建环场截洪沟 797m，拆除厂区厂房构筑物 7597.9m²，建筑垃圾清运 4273.8m³，生态恢复面积 80 107.68m²。

项目实施后，能有效治理水土流失、从源头控制水污染及土壤环境污染，改善区域及周边地区的生态环境，减少对下游河流水环境的影响，保护下游水库的水质安全；改善矿区及周边地区的生产和生活环境，促进地区的安定与经济发展，从而获得良好的社会效益、经济效益、环境效益。

项目施工前后对比见图 8-7。

六、启示

1）该项目采用安全填埋+生态修复对多金属选矿厂进行修复治理，对厂区已建设的尾矿库进行升级改造，用于厂区遗留的第Ⅱ类一般工业固体废物及污染土壤集中安全

图 8-7　项目施工前后对比图（彩图请扫封底二维码）

左图：施工前；右图：施工后

填埋场地。协同考虑解决了历史遗留废渣、环境污染和生态恢复三大问题，实现了重金属污染源头控制，具有环境扰动较小、投资成本低的技术优势。

2）该项目技术工艺路线可应用于第Ⅱ类一般工业固体废物填埋场的建设及安全填埋处置，如有适当的土地资源可以利用，一般以安全填埋处理最为经济；与其他处理方法相比，其一次性投资较低；安全填埋是一种完全的、最终的处理方法，但会伴有渗沥液产生，需配套渗滤液处置措施，后期封场后维护监管周期长，不利于场地及时复用，一般适用于资源化利用率低的固体废物处置项目。

第九章　环境污染生态修复中的调查分析

摘要：本章主要通过案例介绍了环境污染生态修复中的调查分析技术在工业企业污染场地调查、流域固体废物重金属污染源排查、农用地土壤环境调查与评估项目中的应用，同时针对环境污染类型差异特点，重点对调查技术方案的确定，调查采样检测技术应用，污染物的识别、定性、评价方法，总结了一套适用于环境污染调查工作的技术流程。

工业企业淘汰、倒闭或产业升级搬迁，会造成原有工业企业土地性质发生变化。在工业企业场地原生产经营过程中，所产生的污染物会造成场地或所在流域的潜在污染。污染物可能通过地表淋溶下渗、粉尘扩散沉降等途径迁移，污染场地及对周边土壤、地下水、地表水环境和农产品质量造成影响。为此，开展环境污染现状调查和环境检测技术的综合应用，对确保环境污染调查结果的真实性、准确性、科学性显得尤为重要。

第一节　有色金属选矿企业污染场地初步调查

有色金属选矿企业由于历史原因，长期处于粗放型生产状态，存在部分废渣处置不到位、部分尾矿未进行安全填埋，存在疑似 20 514m² 场地土壤中涉及 As、Cd、Pb、Zn、Cu、Mn、V、Co、Sb 等多种重金属污染。为此，根据国家环境污染调查及生态修复方面的现行法律、法规，结合土壤、地下水污染状况调查技术导则、规范、标准方法，调查原企业厂区地块及周边土壤环境污染状况，减少重金属污染遗留问题带来的环境风险，为后续工业企业污染场地修复治理提供数据支持。

一、项目概况

（一）调查目的

调查收集项目地块原企业厂区功能区布置、生产工艺路线、原辅材料堆放等历史资料，结合周边水文地质条件，识别重点区域，设置相应土壤、地下水调查检测点位，识别潜在污染区域及特征污染物种类。根据土地利用规划，通过调查取样、检测污染物结果，分析评价调查区域污染物存在的环境风险。

（二）调查原则

1. 针对性原则

针对场地的特征和潜在污染物的特性，进行污染物浓度和空间分布初步调查，为场地的环境管理提供依据。根据选矿种类、生产工艺、原材料和辅料、场地周边环境特征、尾矿库建设情况分析，生产过程中可能涉及重金属污染物。

2. 规范性原则

严格按照场地环境调查技术导则与相关技术要求，规范场地环境调查过程各项工作，保证调查过程的科学性和客观性。采用程序化和系统化方式，规范地块土壤污染状况调查过程，对场地调查中从现场采样、样品保存、运输、检测分析到风险评估等一系列过程进行严格的质量控制。

3. 可操作性原则

综合考虑调查方法、时间和经费等因素，结合当前科技发展和专业技术水平，使调查过程切实可行。

（三）实施范围

初步调查对象为 2 个地块原选矿企业生产区、生活区、原辅材料堆放区域共计20 514m²，其中，地块一面积 13 159m²，地块二面积 7355m²，主要调查原选矿企业厂区及周边区域土壤、地下水是否受到污染及可能的污染程度。

（四）调查依据

根据国家生态环境保护方面的现行法律、法规，结合土壤、地下水污染状况调查技术导则、规范和标准方法开展调查、采样、分析工作。同时依据质量标准对调查结果进行污染物的潜在风险分析，评价调查地块是否存在污染状况。

（五）调查方法

通过现场勘察、访谈和收集相关资料，识别场地潜在污染物种类、污染途径、污染介质等情况，结合专业判断，对疑似污染区域进行采样检测。通过检测结果分析评价，确定场地是否存在污染。如调查地块存在污染，则进一步加密取样检测污染状况及程度，为下一步开展详细调查提供污染调查重点（图9-1）。

（六）项目区域概况

1. 地理位置

项目地块位于 99°57'21.43"E，26°37'40.97"N。调查地块距离村委会 2.0km，距离所在乡镇 15.0km。

2. 地形地貌

项目区域地质构造处于滇藏地槽与扬子准地台的交界处，地层发育较齐全，除朱罗系、白垩系外，从震旦系至第四系均有分布。地貌具有横断山峡谷和滇西高原两种特征，以山地高原为主，谷坝镶嵌其中，地势西北高东南低，山峰众多沟壑纵横，群山中分布

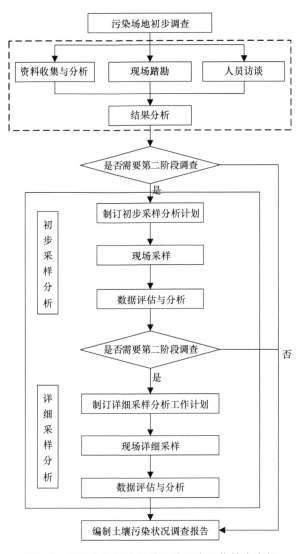

图 9-1 工业企业污染场地环境调查工作技术流程

着俗称坝子的多个山间盆地。项目地形地貌相对复杂（图 9-2），对地块污染物调查检测分区布点，采集具有代表性的样品显得尤为重要。

3. 气候气象

项目处于低纬度高原，属亚热带热风气候，具有冬春干旱、夏秋多雨、雨热同季、干湿分明的特点。年平均温度 12.7℃，最冷月均 5.9℃，最热月均不超过 18℃，年平均降水量 968mm，降水时空分布不均匀，雨季降水量占全年的 80% 以上；相对湿度 63%；年日照数 2321～2554h；年平均风速 3.4m/s，全年主导风向为西风，最大风速出现在 2～3 月，历史最大值 20.3m/s。全年太阳辐射较强，热量分布受纬度影响较小，年内温度变化不明显。

图 9-2　调查地块及周边区域地理现状（彩图请扫封底二维码）

4. 水文地质条件

水文条件：境内江河纵横，水能资源蕴藏丰富，金沙江过境 364km，集水面积 5.98 万 km²，属于澜沧江分支黑惠江水系，为澜沧江中游左岸一级支流。

地质条件：调查区总体位于山体斜坡地带，区内上覆地层为第四系残坡积层，下伏基岩为三叠系中统北衙组下段。上覆残坡积层大致随地势起伏而变化，下伏地层受区域构造挤压作用，节理、裂隙构造较发育，区内无褶皱和断裂，以节理、裂隙为主，总体向西南倾斜构造。

5. 地块的使用现状和历史

调查阶段 2 个地块原有选矿企业厂房构筑物和设备均已拆除，并进行了相应土地平整和覆土绿化。

通过现场走访、人员访谈及参考历史影像等方法，收集地块 2010～2019 年的情况。

项目所在地 1990 年以前为荒地；1990 年，由地矿局与属地行政村联营建厂，建成的选矿厂生产规模比较小，选矿能力为 6000t/a，年生产精铜矿 900t；2010 年，已建设了原矿石堆场、备料仓库、精矿池、浮选车间、尾矿库等设施。

2015～2017 年选矿企业进行技术改造，扩大了原有球磨车间占地面积；原矿石堆场部分设置了雨棚；尾矿库南部修筑了 1 条便道，将尾矿库分隔成两部分，其中道路南侧用于尾矿沉淀。地块二内开始建设日处理 300t 的原矿浮选厂，并配套建设了尾矿库。

2019 年 7 月调查区域两家选矿厂正式停产，处于闲置状态。2021 年 4～6 月，两家选矿厂完成拆除和覆土。据 2021 年 9 月航拍图与 2020 年卫星图对比，厂区构筑物已全部拆除，并进行了相应的覆土。

6. 相邻地块使用历史和现状

（1）相邻地块使用现状

1）采石场：通过实地调查，选矿厂地块二北侧有一采石企业，调查期间该采石场已处于停产关闭状态。

2）尾矿库：调查期间，地块一北侧尾矿库已整平，表层用简易塑料薄膜覆盖；地块二北侧尾矿库尾渣已进行清挖覆土绿化处理，表层用简易塑料薄膜覆盖。

3）周边村庄：距离项目区最近的 3 个村庄位于调查区域地下水流向下游区域。

4）农田耕地：调查地块能影响到的周边耕地。耕地主要种植玉米等农作物。

（2）相邻场地使用历史

1）采石场使用历史：调查地块北侧采石场用于破碎和堆放沙石料场地为选矿厂地块二尾矿库规划区域，以租赁的方式出租给采石企业用于建筑砂石料生产。

2）尾矿库历史：地块一尾矿库位于厂区所在山体下游，两面环山，为山谷型尾矿库。尾矿库占地面积约 1.27 万 m^2，为混凝土结构库坝，坝体高 9.5m，长度为 58m，库容约 12.5 万 m^3，调查期间库内尾砂已填埋总库容的 70%。地块二尾矿库规划面积 25 974m^2，后期大部分区域临时租赁给北侧采石场作为砂石料生产场地，该库坝体高 15m，纵深长 90m，坝顶宽 4m，为碾压型土坝。两座尾矿库设施简陋，仅有简易矿坝、回水系统、尾矿输送系统，均未建设排洪系统、防渗系统和地下水检测系统。

7. 地块开发利用规划

根据属地《城乡环境总体规划》（2017—2030 年），项目所在片区土地规划为"采矿用地"。地块在建设选矿厂之前，属于村集体所有，土地类型为荒地，后期通过租赁方式供选矿厂使用，土地利用方式变为工业用地。

二、污染识别

通过文件审核、现场调查、人员访问等形式，获取场地水文地质特征、土地利用情况、生产工艺及原辅材料等基本信息，识别和判断场地潜在污染物种类、污染途径、污染介质。

（一）地块相关资料收集

调查过程中主要收集的资料包括如下内容。

1）地块利用变迁资料：地块的土地使用和未来规划资料，地块利用变迁过程中的建筑、设施、工艺流程和生产污染变化情况。

2）地块环境资料：地块内土壤及地下水历史过程中的检测记录。

3）地块内企业资料：环境影响评价报告书，产品及原辅材料和中间体清单，厂区平面布置图，工艺流程图，地上管线图及储罐清单等。

4）相关政府文件：企业在政府部门有关环境方面的备案和批复等。

5) 区域自然社会信息：地理位置、地形、地貌、水系图，土壤、水文、地质、气象资料，人口密度分布、敏感目标分布信息，区域所在地的经济现状和发展规划等。

（二）调查区域内污染源分布及环境影响分析

调查区域内的污染源主要来自于选矿厂内的浮选车间、原矿堆场、沉淀池等功能区，具体环境影响分析如下。

原矿石堆场为半露天堆场，主要堆存铜矿石。矿石装卸过程易产生粉尘。污染物迁移途径为重金属粉尘沉降和雨水淋滤下渗，可能污染项目周边土壤和地下水。

浮选车间污染源为矿石破碎粉尘、选矿废水、废矿渣。粉尘中涉及重金属，为无组织排放；废水、废矿、废渣由排水沟流入沉淀池；车间内未铺设防渗膜，水泥硬化地面有裂缝破损时，可能存在下渗污染土壤、地下水。

沉淀池分离出浮选车间废水中的尾砂。选矿废水沉淀后，上清液抽至选矿车间循环使用，运行期间可能存在废水跑冒滴漏，对周围土壤、地下水造成影响。

（三）调查区域内污染源影响分析

调查选矿厂周边污染源主要涉及尾矿库、采石场、裸露渣堆等。

尾矿库采用黏土三级碾压方式防渗；坝体为不透水坝，库内渗滤液未设置导排盲沟和渗滤液收集池。尾矿渣易受地表径流淋溶，下渗对周围土壤、地下水造成污染。

采石场生产期间主要污染源为大气粉尘污染，不涉及重金属，对周围土壤、地下水影响较小。

裸露渣堆自 2013 年开始增加，且逐步向尾矿库外围靠近。裸露渣堆大风天气易产生扬尘，雨水天气淋滤下渗，可能污染土壤、地下水。2021 年选矿厂拆除期间，该矿渣清运至西侧尾矿库坑槽内进行异位填埋处理，原渣堆位置进行了覆土绿化。

（四）现场踏勘与人员访谈

1) 现场踏勘：地块内选矿厂已拆除，地块内已经无相关设施，现场未观察到明显的污染或泄露痕迹。通过采用便携式重金属快速检测仪（XRF）、便携式挥发性气体检测仪（PID）快速检测设备，确定地块内存在镉、铅、铜、砷等污染物。

2) 人员访谈：分别对原企业工人、附近居民进行访谈核实。项目地块除从事有色金属冶炼和选矿外，未进行其他工业活动。企业生产期间未发生管道泄漏及重大环境污染事故。

（五）污染物迁移相关环境因素分析

1. 污染产生过程分析

通过现有资料分析污染源分布特征、成因、生产工艺、环保设施等，确定可能存在潜在污染的区域。

1) 选矿工艺环节产生污染：运输过程中，原辅料转移、装卸过程可能产生扬尘，呈无组织方式沉降影响周边土壤质量；选矿过程中，加入化学试剂进行浸提浮选时，可能溶解释放含重金属废水，随废水排放渗漏、降水淋溶污染周边土壤；选矿产生重金属含量较高的矿石残余物，可能随着雨水淋溶和土壤孔隙下渗等途径污染周边土壤。

　　2）生产期间污染可能包含：水污染（主要是选矿活动、添加药剂使地表水、地下水 pH 发生改变，溶解金属化合物，影响周边河道、地下水）；大气污染（原矿露天堆放，风化形成含重金属粉尘和尾矿风化物，在干燥气候与大风作用下产生尘暴，造成大气环境污染）；固体废物污染（选矿过程产生尾矿渣，可能因为防渗设施简陋，尾矿渣中重金属污染物缓慢释放进入土壤和地下水）；土壤污染（随着大气降尘和雨水淋溶，重金属污染物进入土壤）。

2. 污染物迁移扩散分析

（1）土壤中迁移扩散

项目区存在的污染物主要有重金属、石油烃等，这些污染物在土壤中具有一定的自然迁移性。污染物在各土层的迁移过程大致如下：①填土层空隙较大，渗透系数较高，可能发生石油烃类有机物及离子态重金属污染物渗漏。②黏土层渗透系数较小，各类污染物穿透该层的可能性不高，但若黏土层存在粉土（粉砂）互交等水文地质条件，存在增大污染物穿透该层的可能性。③风化石灰岩渗透系数较小，近地表风化强烈，呈砂状，为一层相对不透水层，对污染有明显阻隔作用。

（2）地表水中迁移扩散

污染物主要通过地表径流进入环境水体，使周围环境地表水受到污染。污染物在水介质中迁移速度相对土壤中较快，同时受地表水流向的影响，可能污染地表水底部土壤。

（3）地下水中迁移扩散

地下水主要赋存于基岩裂隙中的岩溶水，地下水位埋藏较深，包气带内地表浅部主要为弱透水的黏性土，下部为中等至弱风化的泥质灰岩、白云岩、灰岩透水层。地下水主要受大气降水补给，通过包气带渗入下部岩溶水。项目区内原选矿废水极可能通过包气带下渗并向外扩散，对地下水环境存在较大影响。

（4）大气环境中的迁移扩散

该项目区位于低纬度暖温带高原山地季风气候，常年盛行西风，调查地块存在金属粉尘污染影响。污染物可能通过大气粉尘向周边环境迁移、扩散。

3. 污染物迁移转化机制

污染物迁移转化可能通过非饱和层中的污染物随雨水淋溶，下渗至地下水环境进行迁移扩散。调查场地"污染源—暴露途径—受体"概念模型见图 9-3。

（六）污染识别结论

通过资料收集、现场踏勘调查，根据疑似污染区域的识别原则，共划分出原矿石堆场、浮选车间、沉淀池 3 个疑似污染区域。

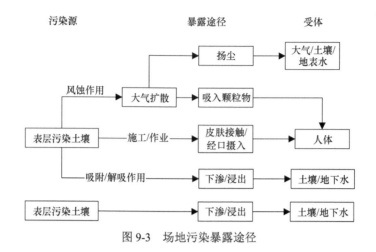

图 9-3　场地污染暴露途径

三、调查工作计划

依据《建设用地土壤污染状况调查技术导则》（HJ 25.1—2019）、《云南省建设用地土壤污染状况调查报告评审要点（试行）》等相关技术文件，采用分地块系统布点法，同时在重点区域结合专业判断布点的方式，在场地污染识别疑似污染最重的区域布设土壤、地下水调查检测采样点位。

（一）布点采样方案

1. 土壤布点原则

一般工业场地可划分为生产区、办公区、生活区等工作单元。重点生产区工作单元，通常包括生产车间、原料存放区、产品仓储库、废水处理站、废渣储存场、物料流通道路、地下储存构筑物及管线等。对使用功能相近、单元面积较小的生产区，也可将几个单元合并成一个检测工作单元。检测点位布设常用方法包括：系统随机布点法、系统布点法、分区布点法，其中土地使用功能不同或污染特征明显差异的地块，一般采用分区布点法进行布设（图 9-4）。

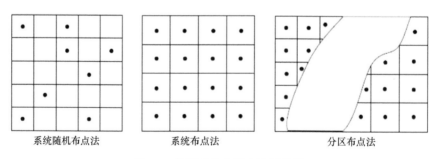

系统随机布点法　　　　　系统布点法　　　　　分区布点法

图 9-4　检测点位布设方法示意图

2. 地下水布点原则

根据《建设用地土壤污染状况调查技术导则》（HJ 25.1—2019）的要求，地下水样品布点原则及方法如下。

1）地下水检测点的布设，充分考虑地下水的流向、类型、埋深等因素，在地下水污染源的上游、中心、两侧及下游区分别布设监测点。

2）地块内重点区域，区分范围不能明确的地块，则在边界红线内地下水径流的下游布设地下水点位，布点位置可结合土壤污染状况调查阶段性结论，垂直地下水流向扇状分布，间隔一定距离按三角形或四边形布置 3～4 个点位。

3）地下水以调查浅层地下水为主，若前期检测浅层地下水污染非常严重，且存在深层地下水时，则在做好分层止水条件下，增加一口深井至深层地下水，以评价深层地下水的污染情况。

4）若地块调查至基岩或风化层仍无地下水，可提供各地下水检测点位现场岩芯照片或其他可靠的无水佐证材料，可结束该地块地下水调查。

3. 土壤初次调查检测布点

项目两个地块均为重点行业企业。根据污染场地调查技术规范要求，按 40m×40m 网格布点法，采集 0～0.5m 表层土壤，0.5m 以下土壤根据判断布点法采集，其中 0.5～3m 每间隔 1m 采集 1 个样，不同性质土层至少采集 1 个样品，同一性质土层厚度较大或出现明显污染痕迹时，根据 XRF 和 PID 快速检测结果确定是否增加采样点。

初步调查阶段地块内共设置 23 个采样点位，其中，地块一内布设 17 个点位，采集 51 个样品；地块二内布设 6 个点位，采集 26 个土壤样品。初次调查土壤检测指标：检测《土壤环境质量　建设用地土壤污染风险管控标准（试行）》（GB 36600—2018）中表 1 建设用地土壤污染风险筛选值和管制值，基本项目 45 项。

4. 土壤第二次调查检测布点

根据污染识别及第一次调查结果分析，确定对生产车间、废水收集沉淀池、原辅材料堆场等存在污染迹象的区域进行加密布点检测。第二次调查检测阶段，两个地块内共设置 25 个点位。第二次调查土壤检测指标：检测 GB 36600—2018 标准中表 1 建设用地土壤污染风险筛选值和管制值（基本项目 45 项）外，同时增加特征因子，包括石油烃（C_{10}～C_{40}）、pH、Zn、Mn、Fe、Sb、Co、V 8 项。

5. 地表水调查检测布点

（1）地表水

调查期间选矿厂原有构筑物均已全部拆除，并进行了相应的覆土绿化，通过现场踏勘和走访，最终确定在选矿厂地块二前采石场区域和高位水池内布设 2 个检测点，同时在调查地块正北方向村内和东南方向的水库、水库下游水池、选矿厂地块二西北侧山脚出水点、厂区西侧大沟上游和下游共设置 6 个地表水检测点。

（2）地下水

调查一般以浅层地下水为主，若检测井钻探至基岩或风化岩层仍无地下水，则通过记录地下水检测井现场岩心照片或其他佐证材料，可结束该检测井的采样调查。

地表水检测指标：调查区域涉及的特征污染因子，拟定地表水检测指标共计 28 项，其中包括《地表水环境质量标准》（GB3838—2002）表 1 基本项目中除粪大肠杆菌群指标外的 23 项指标，同时增加 5 项特征因子，包括硫酸盐、氯化物、硝酸盐、Fe、Mn。

6. 地下水调查检测布点

地下水调查中，共设 5 个检测点，其中以调查地块为中心，地块内污染可能性最大处设置 2 个检测点，同时根据区域地下水流向，在调查地块上游设置 1 个对照点，下游可能受污染影响区域布设 2 个监控点。地下水检测项目为《地下水质量标准》（GB/T 14848—2017）表 1 地下水质量常规指标及限值（除微生物、放射性指标），同时结合地块内原选矿企业特点，增加特征因子 Ni、Sb、Co、石油烃。

7. 土壤背景调查检测布点

根据《建设用地土壤环境调查评估技术指南》要求，在地块周边 4 个垂直轴向上，每个方向等间距布设 3 个采样点，共布设 12 个点位，分别采集 0～0.5m 表层样品。土壤对照背景点检测指标与调查地块土壤检测指标一致。

（二）分析检测方案

1. 分析检测方法

土壤分析方法按《土壤环境质量 建设用地土壤污染风险管控标准（试行）》（GB 36600—2018）推荐方法要求开展；地表水分析方法按《地表水环境质量标准》（GB 3838—2002）、地下水分析方法按《地下水质量标准》（GB/T 14848—2017）推荐或现行有效方法进行检测。

2. 评价标准

（1）土壤评价标准

调查区域土地规划利用类型为采矿用地，目前地块内选矿企业均已关停拆除，并进行了相应的土地平整，土壤污染状况评价按《土壤环境质量建设 用地土壤污染风险管控标准（试行）》（GB 36600—2018）第一类用地土壤污染风险筛选值执行；标准中缺少的其他指标，参照其他地方标准取值或通过项目区域背景值进行评价。

（2）地表水评价标准

根据区域地表水功能区划，所在区域地表水执行《地表水环境质量标准》（GB 3838—2002）表一中Ⅲ类水质标准。

（3）地下水评价标准

项目及周边地下水质量执行《地下水质量标准》（GB/T 14848—2017）中Ⅲ类标准限值，其他指标参照执行《生活饮用水卫生标准》（GB 5749—2022）附录 A.1 生活用水水质参考指标限值。

四、现场采样和实验室检测

（一）现场探测方法和程序

现场调查主要通过资料收集分析、现场踏勘、人员访谈、调查检测相结合。

1）资料收集分析：对地块利用变迁资料、地块环境资料、地块相关记录、有关政府文件及地块所在区域的自然和社会信息等进行收集和分析，重点对原企业有毒有害物质的使用、处理、储存、处置，以及生产过程和设备与管线等信息进行分析。

2）现场踏勘：在资料收集和初步了解基础上，对现场进行有针对性的勘察。踏勘内容包括：建筑物与构筑物分布和生产设施分布情况，车间仓库污水处理设备、排水管渠等存在污染或腐蚀痕迹部位，以及现场恶臭、化学品残留情况。

3）人员访谈：采取当面交流和电话交流方式，对地块现状或历史的知情人进行访谈，访谈内容主要针对资料收集和现场踏勘过程所涉及的疑问、信息补充、已有资料的考证等。

4）调查检测：在对上述情况了解后，组织制定初步调查检测方案，对地块及周边环境地下水、地表水、土壤进行调查检测，并对采集样品检测结果进行分析评价。

（二）样品采集

样品采集过程中，根据调查检测方案内容进行钻孔取样。采集过程中注意按照质量控制要求，采集具有代表性的样品，拍摄不同视角的影像资料，设置相应比例的平行、空白样品，并添加适宜的保护剂，确保样品采集、运输、保存过程质量可控，过程可溯源。

1. 采样前准备

1）业主沟通事宜：调查检测进场之前需与业主进行沟通，确定进场时间，对安全事项和需业主协助配合的各项事宜进行交底。

2）安全教育培训：场地调查实施时，调查人员需遵守各项安全规定。

3）材料和设备的落实：现场调查检测需要的设备器材包括采样标识用具、开孔设备、采样钻机、建井材料、取样器材、检测设备、样品盛装容器、运输设备、安全防护装备等。

2. 土壤样品采集

土壤采样过程：使用 RTK 对照布点方案进行精确定位，采用 XY-180 钻机进行钻井采集深层剖面样品。土壤采集方法按照《建筑工程地质勘探与取样技术规程》（JGJ/T 87-2012）要求进行，取样时先除去碎石、残渣、植物根等杂物，再用陶瓷刀、竹铲进行表面清理。

钻井取样过程中，使用 XRF 和 PID 开展现场检测。根据快检设备测量结果，适时调整样品钻取深度和数量。0.5m 以内表层样品采用锹、铲、竹片挖掘方式进行采集；埋深大于 1.0m 时采用机械钻孔方式进行采集。采样时同步记录样品名称、颜色、湿度、状态、初见水位等钻孔及样品信息；现场采样人员负责样品采集、记录包装过程信息，并将样品装入专用容器中密封保存，并粘贴唯一性标识。

3. 地下水样品采集

根据地下水水位深度，选取合适的采样器具进行采集。采样前进行洗井作业，使用便携式仪器对浊度、电导率、pH 等指标进行现场测定，用于判断洗井质量控制。洗井结束水位恢复稳定后，再测量水位标高、埋深、水深等水文参数。样品采集时按照 VOCs、SVOCs、微生物、重金属、无机物指标顺序依次进行采集。

（三）样品保存与流转

1. 样品保存

采集的土壤、水质样品现场加入相应的保护剂，并粘贴唯一性标识，放置于低温冷藏箱内避光保存、运送至实验室进行检测。具体保存方法和保存期限按照《水质采样 样品的保存和管理技术规定》（HJ 493—2009）、《地下水环境监测技术规范》（HJ 164—2020）要求执行。

2. 样品运输

样品运输过程中设置相应的运输空白，并采用减震隔离措施，以防样品瓶破损、混淆、污染，同时对运输过程的保存温度进行监控。

3. 样品接收

样品接收过程中，押运人员和接收人员对样品状况逐一进行检查。检查内容包括：样品运送单是否填写完整，样品标识、重量、数量、包装、容器、保存温度、保存期限等条件是否满足样品管理要求。

（四）实验室分析

确保调查检测结果准确、可靠，项目调查检测过程中通过设置空白试验、精密度试验、准确度试验、第三方实验室平行样品测定等方式进行质量控制，同时保证调查数据结果具有代表性、准确性、精密性、可比性、完整性。

对于异常值或超标样品，先检查实验室检测质量，对准确度、精密度按标准规定进行检查，然后再进行样品复检。

五、检测结果分析

（一）现场土层探查结果

项目现场探查地块内共布设 25 个采样点位，最大钻孔深度为 11.3m，已达到强风化砂岩层；钻探结果表明，调查区域主要分布新生界第四系坡残积（Q_4^{dl+el}）及古生界三叠系中统北衙组下段（T_2b^1）地层。

地块主要土层从上到下分布情况如下。调查地块选矿厂构筑物拆除后,部分区域内回填了一层土层,回填土层厚度 0.2~0.5m,土质为红黏土。局部区域存在废渣,呈深灰色,稍湿,主要由砂砾、碎石及部分矿渣组成,岩心破碎,呈沙状松散堆积。黏土零星分布于调查区地表浅部平缓处,棕红色、褐黄色、浅黄色、褐红色,含10%~25%的角砾及碎石,稍湿,可塑-硬塑状,局部含灰岩碎块,切面光滑,干强度高,韧性中等。局部含灰白色、黄灰色、青灰色砂岩,碎裂状结构,中厚层构造,中等风化,岩石基本质量等级为较差,裂隙中充填褐红色黏土或方解石。

(二)地质结构调查结果

调查区位于黑惠江深大断裂(F_3)带,总体位于山体斜坡地带,岩层产状相对稳定,但受区域大断裂构造的影响,构造节理裂隙十分发育,岩体被揉搓挤压破坏十分严重,其中又以层间挤压较大。在选矿厂地块二北侧尾矿库区域及采石场堆场附近存在一个较大的构造挤压破碎带,分布面积 48 075m^2。

(三)水文地质调查结果

对调查区域及周边进行水文地质钻探、物探及岩土测试实验。地表径流和地下水文地质调查结果如下。项目地处澜沧江水系,断陷溶蚀盆地南端东南部边缘,其北侧、西侧和南侧为坝子平地。地块受附近采石场多年挖砂采石,原始地貌已遭全面破坏而起伏不平,地表水无统一流向,总体向北、西、南三个不同方向径流。地块二北侧尾矿库,位于采石场形成的采坑内。原始地貌为一宽缓溶蚀洼沟,经多年挖砂采石,形成长 200~220m、宽 80~120m 不规则采坑,大气降水均就地渗入地下,无沟股汇流水源。

项目区域地下水泉点较少,仅有一处泉点,位于项目区外北西侧约 2km 处的碎屑岩裂隙水,出露于附近水塘内,常年流水,水量四季变化不大,属于松散岩孔隙水、碳酸盐岩岩溶水类型,其中松散岩富水性较弱,碳酸盐岩地层富水性中等偏强。场地主要隔水层特征如下。

(1)第四系松散岩类孔隙水含水层(组)

地块及周边区域含水层主要赋存于第四系冲洪积层(Q^h)和残坡积层(Q_4^{el+dl})松散堆积物中。第四系残坡积层(Q_4^{el+dl})零星分布于调查区的原始地表,探坑及采坑揭露最大厚度 10~15m,一般厚度 0~2m。主要由褐红色、红色黏土组成,硬塑-可塑状,整体结构松散,无泉水出露,富水性相对较弱,主要受大气降雨直接补给,多向河流排泄,由于该层位不成层而零星分布,厚度差异大,形成不了有效的隔(阻)水作用。残坡积(Q_4^{el+dl})含水层为红黏土,透水性、富水性弱,直接受大气降水和地表水补给,仅雨季局部形成孔隙水,并垂向渗透补给下伏基岩岩溶水。该孔隙水枯、雨季动态变化较大,局部低洼地带形成上层滞水,枯季基本无水。

(2)碳酸盐岩岩溶裂隙含水层(组)

主要为中生界三叠系中统北衙组下段(T_2b^1)碳酸盐岩岩溶裂隙含水层:岩性主要为深灰色灰岩、灰黑色灰岩、泥质灰岩、钙质泥岩夹少量粉砂岩,底部为灰黑色砂页岩,厚度 293～921m。岩石较坚硬致密，构造裂隙密集发育，裂隙率 7%～10%，受断裂构造影响挤压揉搓现象较为强烈，富水性不均匀，主要表现为以强透水性含水层为主，局部为中等透水层。

（3）调查区包气带特征

项目地下水检测孔地层岩性、注水试验和压水试验结果表明，地下水主要赋存于三叠系中统北衙组下段（T^2b_1）岩溶水含水层中，地下水埋深由东向西逐渐变浅。调查区范围内包气带上部由第四系黏土层及矿渣构成，下部由白云岩层构成。包气带上部黏土层厚度达 4.60m，矿渣层厚度达 9.50m。自地表向下的岩性结构和垂向渗透系数分别为，黏土层 0～4.60m，$K=3.70\times10^{-2}$cm/s，中等透水；矿渣层 0～9.50m，$K=2.80\times10^{-2}$～1.7cm/s，强透水。包气带下部由白云岩层构成，白云岩层厚度达 86m。

（四）土壤调查检测结果

该地块采样共分两次进行，第一次在调查地块厂区内构筑物和相关设备整体拆除后，进行初步调查；第二次是根据选矿企业的行业特点并结合第一次调查检测结果，进行加密布点检测。

1. 第一次采样检测结果

第一次调查检测共设置 23 个点位，采集 77 个土壤样品。检测指标为《土壤环境质量建设用地土壤污染风险管控标准（试行）》（GB 36600—2018）中基本项 45 项（表 9-1）。

表 9-1　第一次调查检测结果汇总表

检测项目	样品个数	检出率/%	检测结果范围/（mg/kg）	第一类用地筛选值/（mg/kg）	超筛选值个数	第一类用地管制值/（mg/kg）	超管制值个数
As	77	100	24.2～11 600	40	76	120	66
Cd	77	100	0.345～6 438	20	32	47	23
Pb	77	100	17.6～28 969	400	51	800	42
Cu	77	100	39.7～15 520	2 000	13	8 000	4
Ni	77	99	0.7～338	150	20	600	0
Cr^{6+}	77	6	2～3.24	3	0	30	0
Hg	77	100	0.01～21.6	8	9	33	0
VOCs	77	0	ND	/	0	/	0
SVOCs	77	0	ND	/	0	/	0

注：本地块处于红壤土的区域范围内，红壤中砷的背景值为 40mg/kg，结合地块第一类用地性质，本次调查地块土壤砷的筛选值为 40mg/kg

2. 第二次调查土壤检测结果

第二次采样阶段，地块内布设土壤检测点位 25 个，共检测土壤样品 76 个，确定主要超标因子为 As、Cd、Pb、V、Zn、Mn，同时 Hg、Cu、Co、Ni 存在少量点位超标。

3. 调查地块及周边地表水采样结果

调查期间共布设了 8 个地表水检测点。检测结果表明项目周边地表水关注污染物 As、Cd、Cr^{6+}、Cu、Pb、Hg、Ni、Zn、Mn、硫化物、石油类等指标均未超《地表水环境质量标准》（GB 3838—2002）Ⅲ类标准限值。

4. 调查地块及周边地下水采样结果

调查期间共布设了 5 个地下水检测点。检测结果表明项目周边地下水 DXS-3、DXS-4 存在超《地下水质量标准》（GB/T 14848—2017）中Ⅲ类标准限值，其中，DXS-3 检测点浊度、NH_3-N、Mn、硫化物、As 5 个因子超标；DXS-4 检测点浊度、Fe、Mn 3 个因子超标。

（五）检测结果评价

1. 土壤检测结果评价

第一次土壤调查结果评价：检测结果表明，77 个样品中有 76 个样品检测出重金属超 GB 36600—2018 第一类用地筛选值，超标率为 94.8%，主要超标污染物为 As、Cd、Pb、Hg、Cu、Ni 6 项，其余的 VOCs、SVOCs、Cr^{6+} 均未发现超标现象。

第二次土壤调查结果评价：检测结果表明，地块内送检的 76 个样品中，均检测出重金属和无机物，并且超第一类用地筛选值，超标率为 100%，主要超标污染物为 As、Cd、Pb、Cu、Ni、Co、Sb、V、Mn、Zn、Hg。VOCs 27 项、SVOCs 11 项及 Cr^{6+} 指标均未超标。

2. 地表水检测结果评价

地表水共布设 8 个检测点，检测结果表明，调查地块周边地表水关注污染物 As、Cd、Cr^{6+}、Cu、Pb、Hg、Ni、Zn、Mn、Fe、硫化物、石油类等均未超《地表水环境质量标准》（GB 3838—2002）Ⅲ类标准限值，其他指标中存在 Do（溶解氧）、BOD_5（五日生化需氧量）、TN（总氮）超标情况，考虑到地表水超标污染物指标不涉及地块污染物特征因子，因此下一阶段不再进行评价。

3. 地下水检测结果评价

调查地块内及周边 DXS-3、DXS-4 检测井存在超《地下水质量标准》（GB/T 14848—2017）Ⅲ类标准限值情况。DXS-3 位于地块一内，出现 Mn 超标 0.4 倍、硫化物超标 34.4 倍、As 超标 1.4 倍，表明选矿厂地块原生产活动已对地下水造成污染影响。DXS-4 位于调查地块下游——村庄水井，出现 Fe 超标 0.6 倍，Mn 超标 2.6 倍。

地下水中石油烃（C_{10}～C_{40}）存在检出的情况，石油烃的最大值 0.15mg/L，参照《生活饮用水卫生标准》（GB5749—2022）附录 A.1 生活用水水质参考指标极限值，石油烃未超标。

4. 不确定性分析

1）本次调查地块一选矿厂历史变迁中多次易主；地块二内也曾出现过一段铜冶炼

过程，现企业已不复存在，仅根据现有资料无法完全追溯地块历史情况，使调查地块中污染物识别可能存在一定的不确定性。

2）调查地块选矿厂生产设施均已拆除，并覆土绿化，地块现状人为扰动较大，虽在调查阶段针对扰动区域增加了相应调查点位，但由于原选矿厂构筑物全部拆除、地表整平等人为扰动破坏了原污染物分布规律，一定程度导致污染分布的随机性与不确定性，污染边界划分等不确定性因素增加。

3）地下水受季节和上游水质的影响，一定程度导致污染分布的不确定性。

4）现场调查期间，没有获得足够的场地利用变迁资料，因此无法准确确定场地内潜在土壤污染源的具体位置，尽管本次场地初步调查选择了不同场地类型中普遍存在的特征污染物类型作为场地潜在土壤污染因子，但不排除由于以上信息缺失，导致确定的潜在污染因子未能充分涵盖场地所有的潜在污染源类型。

六、调查结论

（一）土壤调查结论

1. 土壤对照点结论

地块周边土壤对照点中 As、Ni、Co、V 含量较高，其中大部分样品砷指标超 GB 36600—2018 第一类用地管制值，Ni、Co、V 含量介于第一类用地筛选值及管制值之间。pH 范围在 5.5~7.5，土壤整体呈中性和偏酸性。地块周边土壤对照点 As、Ni、Co、V 含量普遍较高，其中 As 处于高含量背景值水平。

2. 地块内土壤调查结论

选矿厂地块一：地块一内存在土壤 As、Cd、Pb、Cu、V 含量超建设用地中第一类用地筛选值和管制值，Ni、Co 含量超第一类用地筛选值，Mn、Zn 含量超深圳市《建设用地土壤污染风险筛选值和管制值》（DB4403/T67—2020）第一类用地管制值和筛选值，其余 VOCs 27 项、SVOCs 11 项均未超标，综合评价地块一土壤污染深度最深为 9.8m，超标因子为 As，9.8m 以下为基岩层。

地块一土壤中 As 最大超标 98.3 倍，超标面积 13 159m^2；Cd 最大超标 5.7 倍，超标面积 4531m^2；Pb 最大超标 11.3 倍，超标面积 10 477m^2；Ni 最大超标 0.6 倍，超标面积 6137m^2；V 最大超标 0.5 倍，超标面积 7196m^2；Mn 最大超标 7.67 倍，超标面积 1314m^2；Zn 最大超标 0.8 倍，超标面积 1273m^2。

地块二存在土壤 As、Cd、Pb、Cu、Sb、V 含量超建设用地中第一类用地筛选值和管制值；Hg、Ni、Co 超第一类用地筛选值（未超管制值），Mn、Zn 超深圳市《建设用地土壤污染风险筛选值和管制值》（DB4403/T67—2020）第一类用地管制值和筛选值，其余 VOCs 27 项、SVOCs 11 项均未出现超标，综合评价地块二土壤污染最深为 6.0m，超标因子为 As、Ni、Co、V，6.0m 以下为基岩层。

地块二土壤中 As 最大超标 75 倍，超标面积 7355m^2；Cd 最大超标 95.5 倍，超标面积 7355m^2；Pb 最大超标 239 倍，超标面积 5278m^2；Cu 最大超标 3 倍，超标面积 2732m^2；

Ni 最大超标 0.31 倍，超标面积 2104m²；Sb 最大超标 18.56 倍，超标面积 3381m²；Co 最大超标 24.75 倍，超标面积 7355m²；Mn 最大超标 12.07 倍，超标面积 2626m²；Zn 最大超标 1.59 倍，超标面积 633m²；Hg 最大超标 5.04 倍，超标面积 633m²。

调查地块土壤总结论：该项目地块周边土壤对照点中 As、Ni、Co、V、Hg 指标存在含量较高的情况，但因调查地块选矿生产活动进一步导致该类指标污染物加重，判定人为（生产活动）和背景原因导致叠加超标现象。

故本次调查地块土壤污染状况评价属于污染地块，应进行下一阶段的详细调查工作和建设用地健康风险评估工作。

（二）地表水调查结论

通过对调查地块周边地表水调查取样，检测出地块周边地表水 DO、BOD₅、TN 有轻微超标，其他指标均满足《地表水环境质量标准》（GB 3838—2002）III 类标准，未检测出与调查地块特征污染物重金属关联指标超标情况。DO、BOD₅、TN 富营养化指标含量异常与企业生产关联性较小，主要与周边村庄生产活动及农业面源污染相关。

（三）地下水调查结论

根据地下水检测结果，选矿厂地块一内 DXS-3 地下水检测点出现浊度、NH₃-N、Mn、硫化物、As 5 个指标超标，其他指标均满足地下水III类标准限制，其中，关注污染因子 Mn 超标 0.4 倍，硫化物超标 34.35 倍，As 超标 1.4 倍，表明地块一原生产活动已对地下水造成污染。

地块下游村庄水井 DXS-4 检测点出现浊度、Fe、Mn 3 个污染因子超标，其中，关注污染因子 Fe 超标 0.6 倍，Mn 超标 2.6 倍，其他指标均满足《地下水质量标准》（GB/T 14848—2017）III类标准，表明选矿厂原生产活动已对项目及周边地下水造成污染。

（四）污染源调查结论

调查地块存在 As、Cd、Pb、Hg、Cu、Ni、Cr⁶⁺、Co、Sb、V、Mn、Zn 重金属指标超标，而 VOCs、SVOCs 均未检出，石油烃（C₁₀～C₄₀）指标有检出，但未出现超标情况，最终确定下阶段详细调查特征污染物为 As、Cd、Pb、Hg、Cu、Ni、Cr⁶⁺、Co、Sb、V、Mn、Zn。

七、适用范围和经验总结

（一）适用范围

项目主要介绍工业企业污染场地初步调查检测技术过程及要点。重点阐述了污染场地调查过程中资料收集、现场勘察、人员访谈、污染物识别、检测点位布设及调查方案设计、水文地质调查、样品采集运输保存管理、检测过程质量控制、检测结果分析评价等方面的内容，可供建设用地土壤环境调查、工业企业污染场地调查检测工作人员学习参考。

（二）经费开支情况

项目经费开支主要由水文地质勘察、土壤及地下水钻探建井取样、样品检测分析、调查报告编制、技术评审、工作差旅等费用组成，其中，样品检测费约占项目总费用的55%，水文地质勘察费占8%，调查报告编制费占10%，钻探建井取样费占4%，其他费用占23%。

（三）效益总结

初步调查确定项目两个地块存在不同程度污染，下一步需要进行详细调查和风险评估工作，后续将促进该区域土壤污染修复治理工程的开展。

工业企业污染场地调查，事关经济社会发展、生态安全和人体健康，既是环境与发展问题，更是民生问题。项目的实施，在一定时间内可缓解当地群众对项目区域内生态环境保护问题的关切，保障区域人民群众正常生产生活，维护当地群众的环境权益，改善当地人居环境，促进人民安居乐业，实现经济可持续发展。

八、启示

1）工业企业污染场地调查易受地块内污染企业历史变迁资料缺失和人为扰动影响，污染场地初步调查结论可能出现污染因子调查不全、污染范围定量不准等潜在风险。

2）当工业企业场地调查出现污染情况时，要结合企业历史变迁和生产工艺，排除降尘扩散、地表径流和渗透等因素对地块周边地下水、土壤、农作物直接或间接污染的影响。

第二节　流域固体废物重金属污染源排查技术及应用

项目主要针对所在县流域内固体废物重金属污染源进行排查，鉴别工业固体废物的基本属性，同时兼顾调查水体的污染成因、污染分布及污染程度。调查期间，通过收集分析流域内污染企业的历史资料，进行现场核查采样检测。调查核实径流区内主要涉及Pb、Zn、Cu、Mn、Ti 等金属洗选和冶炼废渣污染，最终排查确定 97 个工业固体废物堆场。通过此次污染源调查，基本核实了所在县内多年积聚的废渣类型、数量和分布情况，有效填补了废渣综合监管方面的不足，在源头上消除了流域水体污染隐患，为后续生态环境管理部门科学有效监管、治理固体废物提供了重要决策依据及数据支持。

一、项目概况

（一）项目目标

对项目所在区域径流区内尾矿废渣进行排查，调查境内流域水体污染成因、污染源分布情况。对径流区河道支流、沟渠等地表水体、河道底泥、废渣堆场周边土壤分别进行调查采样检测。核查项目所在县内水体、土壤污染状况；查明区域内有色金属采选、冶炼等行业工业固体废物源的种类、数量、分布等基本情况。

（二）调查范围

项目调查面积约 2.85km²，共涉及 12 个乡镇的工业固体废物源的基本情况，现场调查并核查水体、土壤污染成因及污染分布和污染程度等内容。

（三）调查原则及方法

1. 调查原则

按照客观性、针对性、规范性、可操作性原则，进行现场踏勘调查取样，对调查检测结果进行评价，客观反映堆存场地及堆存废渣污染物情况，同时结合场地特征、环境特征，对潜在污染特性进行规范调查采样检测。同时充分考虑所在区域工业固体废物风险管理的实际需求，结合国内外调查与风险评估技术集成创新，综合考虑项目工期与经费限制等因素，制订切实可行的计划，保障最终调查与评估工作结论科学、有效。

2. 调查方法

按照现行场地环境调查及测绘勘察等技术规范要求开展流域固体废物重金属污染源排查。具体工作方法如下。

布点方法：采用系统布点法与专业判断布点法相结合，对目标区域进行布点采样。

采样方法：表层工业固体废物样品，采取双对角线采集法采集混合样品；深层样品采取单点样品。

评价方法：参照《工业固体废物采样制样技术规范》（HJ/T 20—1998）、《危险废物鉴别标准　浸出毒性鉴别》（GB 5085.3—2007）、《建筑材料放射性核素限量》（GB 6566—2010）、《土壤环境质量　建设用地土壤污染风险管控标准（试行）》（GB 36600—2018）、《土壤环境质量　农用地土壤污染风险管控标准（试行）》（GB 15618—2018）等国家相关标准技术规范，结合工业固体废物堆场生产历史，采集具有代表性的样品进行检测，并通过单因子指数法、采样点总体超标率法、类比法等技术，进行污染水平评价和固体废物属性鉴别。

（四）调查依据

调查过程中主要根据国家目前对生态环境保护方面的现行法律、法规结合固体废物、土壤、地下水污染状况调查技术导则、技术规范、技术标准开展相应的调查、采样、分析工作，同时依据固体废物、土壤、地表水、地下水等鉴别标准、质量标准对调查结果进行分析，评价污染物潜在风险，明确地块是否存在污染。

（五）工作技术路线

项目为大型尾矿及冶炼废渣等工业固体废物调查与风险管控项目，现有相关标准、规范及以往经验都难以直接套用，因此实际排查鉴别检测过程中，重点考虑项目实施方案确定的预定目标和主要任务，并在结合借鉴国际经验和技术方法的基础上，开展流域固体废物重金属污染源的排查与评估（图 9-5）。

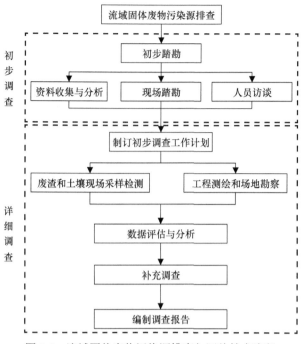

图 9-5　流域固体废物污染源排查与评估技术流程

（六）项目区域概况

1. 地理位置

项目地所在县属于有色金属开发的老工业区。有色金属冶炼历史悠久，特别是从 20 世纪 80 年代采选矿、冶炼等行业迅速发展，其尾矿废渣随意排放，大量尾矿废渣堆存问题逐渐显现，加之环保配套设施落后，生产原料变化，生产工艺革新，导致该县所在流域径流区内，堆放的工业固体废物成分极为复杂，其属性难以鉴定。因历史遗留和地区发展差异等原因，大部分尾矿废渣散乱堆放在采选矿场和冶炼片区周边，形成了多个遗留废渣堆，给所在流域生态环境带来巨大威胁。

2. 水文地质条件

项目地处滇东高原南缘，地势南高北低。南部最高点海拔 2515m，北部最低点海拔 230m。区域地层比较复杂，除侏罗纪、白垩纪地层缺失外，其余地层均有分布。基底由元古界构成，元古界昆阳群山麓东北部、中部、南部地区，为厚逾万米的板岩、片岩及碳酸盐类浅变质岩系，其中碳酸盐岩厚近 3000m，尤以大龙口组灰岩厚度最大，为 432～1885m，出露于南部的元古界哀牢山群变质带，片麻岩厚度为 5300m，夹透镜状大理岩，其中阿龙组上亚组大理岩厚度达 596m。自晋宁运动以后，沉积了厚达 1 万余米的巨厚沉积物，尤以上古生界和三叠系厚度最大，存在最广。

3. 气候气象

项目所处低纬度地区，北回归线横穿南境，光照时间长，无霜期长，有效积温高，属南亚热带季风气候。呈夏季炎热多雨、冬季温和少雨的立体气候特征，年平均气温 19.8℃，年平均地温 20.8℃，年平均日照时数 2322h，年平均降水量 805mm，全年无霜期 307 天。

二、调查方案设计

（一）废渣调查布点及采集方案

1. 采样布点原则及方案

（1）布点原则

采样检测点位布设按照《工业固体废物采样制样技术规范》（HJ/T 20—1998）及国家污染场地相关技术导则要求，同时结合现场条件，充分运用专业判断和网格布点法确定采样点位置和数量，既满足必需的样品数量，又防止过多样品导致不必要的成本增加。

（2）布点方案

该阶段样品采集分为 2 个层次：①固体废物堆场表层区域，采用 20m×20m 网格大小进行布点采样，对于固体废物种类明显变化区域，进行 5m×5m 加密布点。②固体废物堆场内部垂直区域，主要关注固体废物堆场内部不同深度层面上的变化，采用钻机进行调查采样，单个区域原则上布设 4～5 个检测点位。在不具备操作条件的堆场区域，按照 20m×20m 网格大小进行手工钻探取样。

（3）采样钻孔位置

钻孔位置以目标固体废物堆场区域中心为核心，结合方量计算需要，以横纵交叉形式向周边进行延伸，充分覆盖整个固体废物堆场区域。由于固体废物堆场的高程、地形变化较大、可操作条件有限等因素限制，项目采用网格布点法和经验判断相结合的方式，在固体废物堆场底部边界点筛选时，结合现场经验判断，并采用 XRF 便携式检测设备进行快速测定，确定污染边界样品送实验室进行检测确认。

（4）采样深度

固体废物堆场区域表层样品采集，采用人工挖掘采样方式，挖深 0～20cm。钻孔样品采集，根据现场试钻情况初步确定，间隔 1～1.5m 进行样品采集，如遇到废渣特性发生明显变化，则补充采集该段样品。待废渣堆体贯穿后，取 1 个土壤或基岩样品。为便于了解渣堆底部土壤污染情况，调查时根据钻孔施工条件，选取部分钻孔对底部土层加深钻入 1～3m。

（5）采样点位现场测量

现场确定采样点位置时，根据采样布点方案，结合经验判断和现场情况合理确定位置。现场放点时，若遇无法钻入或地形条件无法满足钻机钻探条件时，依据渣堆最大可疑污染特点进行适当调整。现场钻探采样完成后，由专业工程勘探单位，利用 RTK 进行坐标测量，确认最终坐标。表层区域采用高精度 GPS 进行点位坐标测量。

2. 工业固体废物及土壤样品采集

根据场地污染物特征和现场实际情况，现场调查采用钻孔或挖掘方式进行固体样品采集。

（1）钻孔采样

冲击钻探方式的最大优势是对地层扰动较小，同时可避免旋转摩擦发热和加水扰动的缺点，避免污染物的迁移，可保证采集到的废渣或土壤样品能真实反映地层中污染空间分布状况。

（2）挖掘及手钻采样

对于表层及堆存场边缘范围内，地势变化大，不能满足机械钻探作业要求的堆存场，采用人工挖掘或手钻的方式进行，其中，表层样品挖掘 5 点进行混合取样，剖面深度采用手钻单点采样。

（3）样品采集步骤及要求

工业固体废物及土壤样品采集，参照《建设用地土壤污染风险管控和修复监测技术导则》（HJ 25.2—2019）的相关要求，在表层和剖面深度钻探采样时，利用 GPS 测量采样点的平面坐标和海拔。现场取样时，先对样品的组成、类型、密实程度、湿度、颜色、石块含量、现场地理环境信息等方面进行观察和专业判断，并及时进行记录。

3. 现场记录

（1）XRF 检测与记录

采用便携式 X 射线荧光光谱法，进行固体样品重金属污染物含量检测，一般重复测量 2～3 次，取其平均值作为最终记录结果，同时抽取 10%的比例样品，进行实验室对比检测，对其进行相关性分析，满足相关性系数大于 0.7 以上，表明现场 XRF 数据可用于现场污染状况的表征。

（2）现场书面及影像记录

现场书面和影像记录可辅助识别废渣的外观特征、污染物空间分布，为确定废渣种类及特性提供溯源证据。

4. 渣堆面积及堆存量测绘方法

渣堆调查面积确定，采用实地测量方式进行，比例尺为 1∶500，测量坐标系统为 2000 国家大地坐标系，高程系统采用 1985 国家高程基准。

针对采用钻孔监控的渣堆或尾矿库渣量估算，一般采用块段法计算。通过渣堆或尾矿库的水平面积和厚度参数进行计算。例如，

区块 A 渣量=区块 A 面积×区块 A 厚度

其中，水平面积可实地测量后从平面图软件读取，区块 A 面积是指施工钻孔圈闭范围面积，区块 A 厚度是指施工钻孔圈闭范围内所有钻孔揭露厚度的算术平均值。

区块 B 渣量=楔形或锥形×区块 B 面积×区块 B 厚度=（1/3）或（1/2）×面积 B×厚度 B

其中，区块 B 面积是指施工钻孔圈闭区最外围至边界范围面积，区块 B 厚度是指圈闭钻孔外围钻孔揭露厚度平均值。

渣堆（尾矿库）渣量=区块 A 渣量+区块 B 渣量

针对没有钻孔监控渣堆或尾矿库渣量估算，也可采用资料收集、现场调查的方式估算渣堆/尾矿库的厚度，并实地测量水平面积后，通过下式计算：

$$渣堆（尾矿库）渣量=面积×厚度$$

（二）评价标准

1. 浸出毒性分析

（1）危险废物属性判别

浸出过程按照《固体废物　浸出毒性浸出方法　硫酸硝酸法》（HJ/T 299—2007）制备浸出液，采用《危险废物鉴别标准　浸出毒性鉴别》（GB 5085.3—2007）进行检测，如任何一种危害成分含量超过 GB 5085.3—2007 中所列浓度限值，则判定该固体废物具有浸出毒性的危险特性。浸出过程按照《固体废物　浸出毒性浸出方法　水平振荡法》（HJ 557—2010）制备浸出液，采用《危险废物鉴别标准　腐蚀性鉴别》（GB 5085.1—2007）要求进行腐蚀性评价。

如果样品检测结果超《危险废物鉴别技术规范》（HJ 298—2019）中相应标准限值的份样数，大于或者等于表 9-2 中规定的超标份样数限值，即可判定该废渣具有该种危险特性。

表 9-2　检测结果判断方案

份样数	超标份样数限值	份样数	超标份样数限值
5	2	32	8
8	3	50	11
13	4	80	15
20	6	≥100	22

依据渣堆方量大小，进行相应样品采集，并对照相应危险废物鉴别标准，进行危险特性判定，如果超过相应危险废物判定标准限值则具有危险特性。

考虑到项目涉及鉴别渣堆数量较多，受资金等因素限制，严格按照相关标准要求难以支撑。因此调查时重点结合工业固体废物的来源、堆场产生历史、固体废物种类及现场堆存情况和废渣均一性等因素，检测时选择相对具有代表性的样品进行分析，部分点位样品数未严格按照技术规范执行，而是通过类比及样品代表性等方便进行综合判断。

（2）一般固体废物判别

《一般工业固体废物贮存、处置场污染控制标准》（GB 18599—2001）对第Ⅰ类一般工业固体废物定义是：按照 GB 5086 规定方法进行浸出试验而获得的浸出液中，任何一种污染物的浓度均未超过 GB 8978 最高允许排放浓度，且 pH 值在 6 至 9 范围之内的一般工业固体废物；第Ⅱ类一般工业固体废物按照 GB 5086 规定方法进行浸出试验而获得的浸出液中，有一种或一种以上的污染物浓度超过 GB 8978 最高允许排放浓度，或者是 pH 值在 6 至 9 范围之外的一般工业固体废物。

特别提示：自 2021 年 7 月 1 日原 GB 18599—2001 标准作废，由《一般工业固体废物贮存和填埋污染控制标准》（GB18599—2020）替代。新标准对第Ⅱ类一般工业固体废物定义也发生变化，即"按照 HJ 557 规定方法获得的浸出液中有一种或一种以上的特征污染物浓度超过 GB8978 最高允许排放浓度（第二类污染物最高允许排放浓度按照一级标准执行），或 pH 值在 6～9 范围之外的一般工业固体废物"。

2. 放射性水平判别

根据《建筑材料放射性核素限量》（GB 6566—2010）标准，建筑主体材料中天然放射性核素 Ra-266、Th-232、K-40 的放射性比活度应同时满足 IRa≤1.0 和 Ir≤1.0。

IRa（内照射指数）：建筑材料中天然放射性核素 Ra-226 的放射性比活度与 GB 6566—2010 标准规定的限量值之比值。

Ir（外照射指数）：建筑材料中天然放射性核素 Ra-226、Th-232 和 K-40 的放射性比活度分别与其他各单独存在时 GB 6566—2010 标准规定的限量值之比的和。

3. 土壤污染水平判别

（1）建设用地

根据《土壤环境质量 建设用地土壤污染风险管控标准（试行）》（GB 36600—2018），项目废渣堆场周边厂界范围内及底部土壤为建设用地第二类用地，参照建设用地第二类用地土壤污染风险筛选值和管制值。

（2）农用地

根据《土壤环境质量 农用地土壤污染风险管控标准（试行）》（GB 15618—2018），该项目废渣堆场周边土壤为农用地时，参照农用地土壤污染风险筛选值和管制值。

4. 地下水评价标准

（1）评价标准

调查区域地下水主要功能为生活饮用水、农业用水、工业用水，因此地下水环境质量按《地下水质量标准》（GB/T 14848—2017）Ⅲ类进行评价。

（2）评价方法

本次调查对河道底泥现状评价采用《环境影响评价技术导则 地下水环境》（HJ 2.3—2018）附录 D 中推荐的方法进行。

超标倍数计算公式：

$$B = \frac{C - C_0}{C_0}$$

式中，B 表示超标倍数；C 表示检测数据值；C_0 表示质量标准限值。

超标率计算公式：

$$L = \frac{\text{超标数据个数}}{\text{总监测数据个数}} \times 100\%$$

污染指数计算公式：

$$P_i = \frac{C_i}{S_i}$$

式中，P_i 表示底泥评价因子 i 的单项污染指数，大于 1 表明该因子超标；C_i 表示调查点位评价因子 i 的实测浓度（mg/kg）；S_i 表示评价因子 i 的评价标准限值（mg/kg）。

（三）检测指标及分析方法

1. 检测指标

项目重点进行工业固体废物属性鉴别及工业固体废物重金属污染物的污染情况分析，因此重点关注固体废物、土壤重金属指标，同时兼顾放射性、理化特性等信息（表 9-3）。

表 9-3　样品检测指标一览表

样品类别	检测类型	检测指标
固体废物	重金属	pH、Pb、Cd、As、Hg、Zn、Cr、Cu、Ni
	浸出毒性	pH、Pb、Cd、As、Hg、Zn、Cr、Cu、Ni
	放射性	^{226}Ra、^{32}Th、^{40}K
土壤	理化指标	pH
	重金属	Pb、Cd、As、Hg、Zn、Cr、Cu、Ni

2. 分析方法

检测方法优先选择《危险废物鉴别标准》（GB 5085.1—2007～GB 5085.7—2007）、《土壤环境质量　建设用地土壤污染风险管控标准（试行）》（GB 36600—2018）及《土壤环境质量　农用地土壤污染风险管控标准（试行）》（GB 15618—2018）等国家标准规范中的指定方法进行，特殊指标缺少国标或行标检测方法时，可参照地标或美国 EPA 标准进行。

鉴于样品浸出毒性测定需要，样品预处理分别采用《固体废物　浸出毒性浸出方法硫酸硝酸法》（HJ/T 299—2007）及《固体废物浸出毒性浸出方法　水平振荡法》（HJ 557—2010）分别进行酸浸、水浸。

（四）质量控制

1. 现场调查质量控制

现场调查质量控制主要包括水文地质调查、土地利用调查、污染源调查三个方面。

1）水文地质调查：以现有区域水文地质调查研究成果为基础，查明包气带岩性、厚度及其区域分布；重点查明地下水的埋藏、分布、补给、径流和排泄条件，建立完善的地下水系统结构模式或模型；查明地下水开发利用状况，集中开采水源地分布及其开采量等。

2）土地利用调查：依据国家土地利用分类办法的规定，结合调查区土地利用特点，查明土地利用现状及其变化情况，包括城市、农用地、林地、工矿用地、草地等现状及变化。

3）污染源调查：以土壤、固体废物、地下水、地表水等类别进行污染源调查。污染源调查内容包括污染类型、规模、数量及污染物成分、空间分布特征、污染途径、迁移转化规律和危害等。

2. 检测结果的质量控制

样品检测过程中严格按照国家或行业标准方法要求开展，同时使用有证标准物质或参考物质进行准确度控制。通过双空白试验、不低于10%平行、加标样品测定；质量管理员通过平行密码样、质控密码样，抽取不少于10%样品进行实验室之间比对检测，对检测结果进行质量控制。出现可疑结果时，对有效期内的存留样品进行复测，必要时进行重新采样检测，确保最终检测结果具有代表性、准确性、精密性、可比性、完整性。

3. 仪器设备和标准物质有效控制

在检测过程中按照仪器设备管理程序要求，进行分类管理。强检设备在固定检定周期内，委托符合能力范围要求的计量单位进行检定或校准，并在使用过程中进行必要的期间核查，直至溯源到国家测量基准。非强检仪器设备，按照校准规程要求，进行内部校准或采用有证标准物质进行有效测量校核比对，同期开展检测机构间的能力验证，确保量值溯源至国家计量测试标准。

三、工业固体废物污染调查过程分析

根据项目前期属地生态环境局环境统计资料，分析、现场踏勘、调查考证了 97 个工业固体废物堆场，主要分布在 12 个乡镇，主要涉及 Pb、Zn、Cu、Mn、Ti、Fe 等金属洗选和冶炼行业。项目确定 97 个工业固体废物堆场中，有 8 个已无固体废物堆存场地，有 2 个固体废物堆场为危险废物经营企业原料堆场，有 1 个固体废物堆场因不具备采样条件，另有 1 个尾矿库从建成至今未生产堆积尾矿，未进行固体废物采样调查。因此最终实际进行调查并取样、分析的工业固体废物属性鉴定堆场 85 个，其中，尾矿库 71 个，废渣堆场 14 个。堆场总占地面积为 280.2 万 m^2，废渣总体积为 1958.34 万 m^3。

项目涉及的区域和企业较多，在此案例介绍过程中，主要选取铅锌冶炼企业废渣堆场、有色金属采选冶炼化工片区土壤和地下水污染调查为代表性案例，重点对流域调查程序和重点关注评价内容进行介绍。该项目所涵盖的其他 83 个固体废物堆场，在实际工作中也按照类似流程组织开展相应的调查检测评价工作，在此由于篇幅受限不再重复叙述。

（一）铅锌冶炼废渣堆场调查

1. 铅锌冶炼废渣堆场背景情况介绍

铅锌冶炼废渣堆场所属企业成立于 2007 年，先后具有回转窑生产氧化锌粉生产线和铅锌矿洗选生产线。2007 年建设了浸出渣提粗铅生产线，但建成后受粗铅市场行情低迷等原因影响，该生产线一直未正常生产，也未办理环评等相关环保手续。2015 年企业受环保政策影响，对浸出渣提粗铅生产线设备进行了拆除，期间尾矿库管理较为混乱，存在尾矿及冶炼渣混堆情况，因此对其进行了不规范尾矿闭库工作。调查期间该企业仅保留了 2 万 t/a 回转窑氧化锌生产线。生产工艺采用回转窑焙烧技术，将原矿及燃料煤进行混合后高温焙烧，物料中含锌化合物在碳的还原和高温空气氧化作用下转化为氧化锌，后通过烟气表冷、旋风分离、布袋收尘收集氧化锌产品，剩余的窑渣通过水淬冷却后产生水淬渣，存放于尾矿库。

现场踏勘，该企业尾矿库底层及东北侧大部分区域均堆存尾矿，尾矿库西南侧堆放了部分冶炼渣。尾矿库西侧紧邻农田，西侧 700m 为其他矿业公司，西北侧 2km 外为村庄，西南侧 600m 为 323 国道，周边其他区域为荒地。

2. 尾矿库占地及方量

经实际测绘，该企业占地面积为 11 万 m²，尾矿库占地面积共 2.5 万 m²。渣堆尾矿厚度根据根据施工钻孔圈闭范围所有钻孔厚度计算，算术平均值为 7.3678m。根据测绘，渣量=区块面积×区块平均厚度，得出尾矿及冶炼渣堆存方量共计约 18.6 万 m³。

3. 尾矿库布点及样品采集情况

根据污染场地相关技术导则要求，结合现场情况，按照疑似污染区域现场情况进行分区，并结合 20m×20m 网格布点要求，在尾矿库及周边共设置 22 个检测点位，其中，钻井打孔点 9 个，周边土壤人工分层采样点 13 个。共计采集土壤样品 97 个，其中，周边土壤样品 33 个，废渣及尾矿样品共 64 个。

4. 成分分析情况

（1）全扫描检测结果分析

样品 ICP-MS 全扫描检测结果表明 Mn、Zn、Ba 等含量相对较高，重点关注的重金属指标中 Pb、Zn、Cu、Cr、Cd、As、Ni 7 种元素均有不同程度检出，其中，Mn 含量为 0.22%～0.53%，Zn 含量为 0.58%～1.0%，Ba 含量为 0.30%～0.88%，其余元素含量相对较低，其中 Cu 为 287～2000mg/kg，Pb 为 421～4020mg/kg，另有多种稀有金属元素也有不同程度检出（表 9-4）。

表 9-4 全扫描检测结果 （单位：mg/kg）

分析指标	检出限	JSZ17-1	JSZ17-2	分析指标	检出限	JSZ17-1	JSZ17-2
Be	0.4	2.0	1.6	Se	0.6	8.0	2.4
V	0.6	65.1	68.5	Mo	0.8	23.4	10.9
Cr	1.0	54.9	48.9	Ag	1.4	60.6	3.8
Mn	1.8	5 300	2 200	Cd	0.6	63.3	30.0
Co	1.1	56.8	17.5	Sb	1.6	2.9	40.6
Ni	1.9	149	57.4	Ba	0.9	8 800	2 980
Cu	1.2	2 000	287	Ti	0.6	4.7	2.5
Zn	3.2	10 000	5 760	Pb	2.1	4 020	421
As	0.5	736	302				

（2）XRF 扫描检测结果分析

钻孔样品中主要的金属元素为 Fe，含量为 0.6%～49.4%；一类重金属元素中 Pb、Cr、As、Cd、Hg 及二类重金属元素 Cu、Zn 等均有不同程度检出。在关注的重金属元素中，Zn、Pb、As 含量略高（表 9-5）。

表 9-5　XRF 金属扫描检测结果

检出值	Cr	Cu	Zn	As	Cd	Hg	Pb	Mn	Fe
最小值/（mg/kg）	85	45	336	44	0	0	172	568	6 271
最大值/（mg/kg）	441	3 605	25 847	11 476	60	60	10 433	9 170	493 506
平均值/（mg/kg）	210	863	7343	1 416	22	16	3 368	2 015	94 259
中值/（mg/kg）	195	255	7 233	669	24	11	3 356	1 686	66 987
变异系数	0.45	1.20	0.91	1.84	0.85	1.07	0.79	0.93	1.11

5. 浸出毒性分析

（1）酸浸出毒性分析

对采集样品随机抽取 30 个钻孔样，进行浸出毒性检测。样品检测指标包括 Cr、Pb、Cd、As、Hg、Cu、Zn、Ni 8 项，按检出率高低排序为 Zn（96.7%）=Cd（96.7%）>Pb（56.7%）=As（56.7%）>Ni（46.7%）>Cu（33.3%）>Hg（30.0%）>Cr（未检出）。样品超标情况统计表明，钻孔废渣样品中，1 个样品 Ni 超标，超标率为 3%，最大超标0.31 倍。

30 个废渣样品，pH 为 6.0～8.5。样品超标情况统计表明，Ni 的超标率为 3%，其余 7 项元素未超标；超标样品数占总检测样品数的 3%。根据《危险废物鉴别技术规范》（HJ 298—2019），从风险概率判断，表明该堆场废渣浸出毒性不具有危险特性。

（2）水浸出毒性分析

调查检测期间，随机抽取 15 个样品，按照 GB 5086 规定方法，对重金属关注指标进行水浸试验。结果表明 Cr、Hg、Ni 指标未检出，按照检出率高低排序为 Zn（33.3%）>Cd（26.7%）>Pb（13.3%）>Cu（6.7%），根据 GB 8978 最高允许排放浓度判定，所检测的 15 个样品中，1 个样品 Cd 超标，超标 2.08 倍，其他指标未超标，属于第Ⅱ类一般工业固体废物。

6. 尾矿库周边土壤污染情况

调查期间，选取尾矿库西侧 6 个农田土壤样品进行检测，根据《土壤环境质量　农用地土壤污染风险管控标准（试行）》（GB 15618—2018）中风险筛选值判定，pH 为 6.1～7.4，As 超筛选值 0.38～2.89 倍，超标率 83.3%，As 未超管制值；Pb 超筛选值 0.12～1.04倍，超标率为 83.3%，Pb 未超管制值；Cd 超筛选值 7.03～38.00 倍，超标率 100%，Cd 超管制值 0.24～3.11 倍，超标率 66.7%；Cu 超筛选值 0.32～0.47 倍，超标率 33.3%，Cu 未超管制值；Ni 超筛选值 0.16～1.38 倍，超标率 100%；其余元素未超标，表明农田土壤已经受到了不同程度的污染，重点污染物为 Cd。

调查期间，采集了 4 个尾矿库底部土壤进行检测，根据《土壤环境质量　建设用地土壤污染风险管控标准（试行）》（GB 36600—2018）进行判定，pH 为 6.4～6.7，所测总 As 超筛选值 3.4 倍，超标率 100%，超管制值 0.43～0.89 倍，超标率 100%。表明底部土壤也已受到不同程度的污染，重点污染物为 As。

7. 放射性检测结果分析

项目对尾矿及废渣样品分别进行放射性检测。根据《建筑材料放射性核素限量》（GB 6566—2010）标准，建筑主体材料中天然放射性核素 Ra-266、Th-232、K-40 的放射性比活度应同时满足 IRa≤1.0 和 Ir≤1.0。通过本次检测样品分析外照射指数（Ir）为 0.21～0.93，内照射指数（IRa）为 0.14～1.12，平均值大于 1，个别点位虽满足放射性要求，但整体来看不满足，因此不能直接用于建筑主体材料，建议后续资源利用或处置时可强化检测，注意物料配比调控，重新评估其放射性。

8. 小结

根据上述测绘及检测结果分析，铅锌冶炼企业废渣堆场地块尾矿库占地面积为 2.5 万 m^2，尾矿及冶炼渣堆存方量共计约 18.61 万 m^3；属性鉴别为第 II 类一般工业固体废物；尾矿库底部土壤也已受到污染，重点污染物为 As；尾矿库周边农田土壤已受到不同程度的污染，重点污染物为 Cd。

（二）有色金属采选冶炼化工片区土壤污染调查

1. 背景情况介绍

有色金属采选冶炼化工片区是一个以铅锌采选、冶炼及化工生产为主的工业企业集聚园区，年生产电铅 1 万 t、电锌 1 万 t、硫酸 1.5 万 t、锌饼 0.36 万 t、电炉锌粉 0.12 万 t，日处理铅锌原矿 350t。排查期间，现场遗留多个尾矿库及废渣堆场。尾矿及废渣堆存量较大，同时在片区地块北侧 300m、西侧 200m 及东南侧 200m 以外，分布着较多农田。鉴于上述情况，对有色金属采选冶炼化工片区场地内及周边农田土壤进行集中采样检测评价，以调查该片区场地土壤及周边农田土壤污染状况。

2. 土壤布点采集情况

根据污染场地相关技术导则要求，结合现场情况，按照疑似重点污染对该区域现场情况进行分区，并结合 20m×20m 网格布点要求，在项目及周边区域设置土壤表层采样点 34 个，其中，片区内表层土壤采样点 20 个，片区周边农田土壤表层采样点 14 个，共计采集土壤样品 57 个。

3. 场地内土壤污染情况

该片区场地内采集了 23 个土壤样品，根据《土壤环境质量 建设用地土壤污染风险管控标准（试行）》（GB 36600—2018）评价，pH 为 6.8～9.7，所检测元素 As 超筛选值 0～0.29 倍，超标率为 56.5%，未超管制值。土壤中 Hg、Pb、Cd、Cu、Ni 元素均未超筛选值，表明该片区内土壤受到了不同程度污染，重点污染物为 As。

4. 周边农田土壤污染情况

在周边农田内抽取了 27 个土壤样品进行检测，根据《土壤环境质量 农用地土壤污染风险管控标准（试行）》（GB 15618—2018）中风险筛选值进行评价，片区周边农田土壤 pH 为 6.2~8.1；As 超筛选值 0.18~1.35 倍，超标率 100%，As 未超管制值；Cd 超筛选值 2.8~21.9 倍，超标率为 100%；Cd 超管制值 0.1~1.8 倍，超标率为 55.6%；Cu 超筛选值 0.12~1.1 倍，超标率为 14.8%，Cd 未超管制值；Ni 超筛选值 0~0.99 倍，超标率为 33.3%，Ni 未超管制值；Cr 超筛选值 0.23~0.49 倍，超标率为 11.1%；Cr 超管制值 0.06~0.82 倍，超标率为 55.6%；Zn 超筛选值 0.04~1.86 倍，超标率为 55.6%，Zn 未超管制值；其余 Hg、Pb 总量未超标。表明有色金属采选冶炼化工片区周边农田土壤已经受到了不同程度污染，重点污染物为 Cd 和 Cr。

（三）有色金属采选冶炼化工片区地下水污染调查

1. 地下水检测井布设

为了解有色金属采选冶炼化工片区地下水环境质量现状，进一步分析重点区域废渣堆场对地下水环境的影响。根据项目片区情况，综合考虑潜在污染源分布、水文地质条件等因素，在重点潜在污染区域新建 10 个地下水检测井，结合原有 1 个检测井，以重点污染源为调查对象，进行地下水环境质量调查，进一步了解流域所在片区内地下水环境现状。

2. 检测指标

根据《地下水质量标准》（GB/T 14848—2017）和《地下水环境状况调查评价工作指南》（环办土壤函〔2019〕770 号）要求，结合调查区域疑似污染特征，确定地下水检测指标为 Pb、Cd、As、Hg、Cr、Cu、Ni、Zn，同时记录井深、水位高程等水文参数。

3. 检测频次

调查期间分别在枯水期和丰水期各采样检测 1 次。

4. 检测结果分析

在枯水、丰水季各采集检测 11 组地下水样品，其中，枯水季有 6 组水样超标，超标率 50%，主要超标因子为 Pb、Cd、As、Ni，最大超标倍数分别为 0.7 倍、4.2 倍、89.8 倍、0.3 倍；丰水季有 9 组水样超标，超标率为 81.8%，主要超标因子为 Pb、Cd、As、Ni、Zn，超标倍数分别为 0.8 倍、14.8 倍、84.2 倍、36 倍、3.8 倍，除 2 口检测井外，其余 8 口检测井均出现重金属指标超标，且呈现枯水季水质较丰水季水质质量较好。

该片区地下水 Pb、Cd、As、Ni、Zn 等指标出现超标，且丰水季超标现象较枯水季严重，其主要原因为，调查区域内为传统有色金属冶炼基地，历史悠久，其废渣、尾矿随意排放现象较为突出，相关环保配套设施落后，导致废渣、尾矿易对周边环境产生影响。水文地质调查显示，该区域处于岩溶断陷盆地与峰丛洼地的交叉接触地带，受地形、地貌及岩性控制，地下水排泄条件较好。废渣、尾矿在大气降水淋滤、地表径流等作用下，重金属污染物质沿岩溶裂隙、孔隙、溶洞、落水洞等以垂直—水平—垂直的复杂运动向含水层运移，使区域及周边地下水超标。

四、固体废物污染调查结论

（一）工业固体废物堆场调查整体情况说明

现场调查排查后，项目涉及工业固体废物堆场 97 个，其中，有 8 个已无固体废物堆存的堆场，有 2 个固体废物堆场为危险废物经营企业原料堆场，有 1 个固体废物堆场因不具备采样条件，另有 1 个尾矿库从建成至今未生产堆积尾矿，未进行固体废物采样调查。为此实际进行工业固体废物属性鉴别的堆场数量为 85 个，堆场总占地面积为 280.2 万 m^2，废渣总体积为 1958.34 万 m^3，其中包括 71 个尾矿库、14 个废渣堆场。按照固体废物属性分类，有 1 个危险废物堆场，64 个第 I 类一般工业固体废物堆场，20 个第 II 类一般工业固体废物堆场。

1. 危险废物

调查范围内排查出 1 个危险废物堆场。该堆场所属行业为高锰酸钾生产，固体废物主要为压滤产生的锰渣、苛化工艺产生的苛化渣。该堆场为所在企业临时堆场，堆棚底部采用水泥硬化，堆棚有防风防雨措施，占地面积约 3662.9m^2，场地内废渣堆存量约为 1.4 万 m^3。调查期间该企业属于正常生产，废渣在厂内进行综合利用，渣量随企业生产利用情况随时发生变化。

2. 第 I 类一般工业固体废物

本次调查范围内排查出 64 个第 I 类一般工业固体废物堆场，总占地面积 224.4 万 m^2，总堆存方量 1667.69 万 m^3。

按堆存固体废物类型分类，64 个第 I 类一般工业固体废物堆场中，其中，58 个为尾矿库，占地面积 180.6 万 m^2，尾矿方量为 876.2 万 m^3，主要为铅锌洗选尾矿、铜铁多金属洗选尾矿、钛铁选矿尾矿、锰矿洗选尾矿及钼铅锌尾矿 5 种类型；4 个冶炼废渣堆场，占地面积 1.1 万 m^2，废渣方量为 2.98 万 m^3，主要是铅锌锡冶炼渣、高锰酸钾生产废渣、原矿酸洗浸出铜废渣 3 类；2 个为煤矸石堆场，占地面积 42.7 万 m^2，堆存方量为 776.5 万 m^3。

3. 第 II 类一般工业固体废物

本次调查范围内的第 II 类一般工业固体废物堆场 20 个，总占地面积 55.45 万 m^2，总堆存方量 289.25 万 m^3。

20 个第 II 类一般工业固体废物堆场中，有 6 个堆场堆存的废渣为冶炼渣，其中，5 个为铅锌冶炼废渣，1 个为历史遗留废渣；有 1 个高锰酸钾生产废渣；有 13 个为尾矿库，主要有铅锌矿洗选尾矿、锰矿水洗渣、钛铁选矿尾矿和铜洗选尾矿 4 类，其中有 1 个尾矿库为铅锌冶炼渣和铅锌矿洗选尾矿混堆堆场。

（二）调查整体情况小结

项目分类评估范围内的固体废物堆场数量为 85 个（表 9-6）。

表 9-6　固体废物堆场分类统计结果

分项	危险废物	第Ⅱ类一般工业固体废物	第Ⅰ类一般工业固体废物	总计
数量	1	20	64	85
占比/%	1.18	23.53	75.29	100
面积/m²	3 662.9	554 520	2 244 237	2 802 420
占比/%	0.13	19.79	80.08	100
体积/万 m³	1.4	289.25	1 667.69	1 958.34
占比/%	0.07	14.77	85.16	100

1. 固体废物堆场固体废物属性分布

从数量上统计，本次调查共识别出危险废物堆场 1 个，占比 1.18%；属于第Ⅱ类一般工业固体废物堆场 20 个，占比 23.53%；属于第Ⅰ类一般工业固体废物堆场 64 个，占比 75.29%。

2. 固体废物堆场固体废物属性占地面积分布

从占地面积上统计，调查识别出危险废物堆场占地面积 3662.9m²，占比 0.13%；第Ⅱ类一般工业固体废物堆场占地面积 55.45 万 m²，占比 19.79%；第Ⅰ类一般工业固体废物堆场占地面积 224.42 万 m²，占比 80.08%。

3. 固体废物堆场固体废物属性体积分布

从体积上统计，共鉴别出 1.4 万 m³ 危险废物，占比 0.07%；第Ⅱ类一般工业固体废物鉴别出 289.25 万 m³，占比 14.77%；第Ⅰ类一般工业固体废物鉴别出 1667.69 万 m³，占比 85.16%。

（三）工业固体废物堆场行业分布

对项目区域工业固体废物堆场进行属地划分和重点行业类别统计。项目范围内共有工业固体废物堆场 97 个，主要分布在 12 个乡镇。按行业分类繁多，其中铅锌洗选、钛铁洗选、铅锌冶炼行业占比较大，锰洗选、铜洗选、铜冶炼、高锰酸钾生产等其他多个行业也有少量涉及，其中，铅锌洗选尾矿库共有 42 个，占比为 43.3%；钛铁洗选尾矿库共有 11 个，占比为 11.3%（图 9-6）。

五、适用范围和相关经验总结

（一）适用范围

项目主要介绍流域重点污染源排查技术过程及要点。重点阐述了流域重点污染源排查过程中资料收集分析、现场勘察、污染物识别、环境检测点位布设、排查方案设计、水文地质调查、样品采集运输保存管理、检测过程及结果控制、固体废物属性鉴别、调查数据分析评价等方面的内容，可供流域污染源排查及污染控制调查项目调查及检测工作人员学习参考。

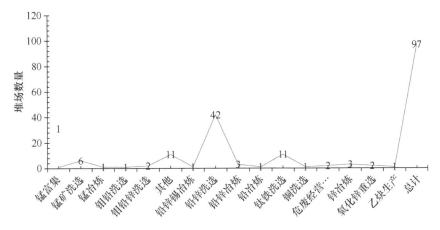

图 9-6　各行业工业固体废物堆场数量分布图

（二）经费开支情况

项目经费开支主要由水文地质勘察、废渣存量测绘、地下水钻探建井取样、废渣及土壤剖面调查取样、工程监理、样品检测分析、废渣调查报告编制、风险评估报告编制、废渣污染治理及监管方案编制、地勘报告编制、技术评审、工作差旅等费用组成。其中，样品检测费约占项目总费用的 55%，水文地质勘察费占 15%，调查类报告编制费占 10%，钻探建井取样费占 15%，其他费用占 5%。

（三）效益总结

该项目主要调查了解流域上游采选矿、冶炼等废渣堆存及造成的污染状况，消除区域废渣堆对周边环境的影响，进而解决上游重金属污染及生态环境破坏和恶化问题。此项目的效益主要体现在环境效益方面，其次是经济效益，主要体现在通过环境改善给区域及流域带来的间接效益。

1. 环境效益

项目针对所在流域上游采选矿、冶炼等废渣堆存情况，为区域所在县采选矿、冶炼等废渣监管提出合理建议，从源头进行污染风险管控，推进所在流域径流区内废渣污染问题逐步解决，有利于改善废渣堆点周边环境空气、土壤和水体质量。

2. 经济效益

项目实施本身并不产生直接经济效益，但项目实施后，采选矿、冶炼等废渣重金属污染问题会得到一定程度解决，周边生态环境质量逐步得到改善，从而可以提高农产品产地土壤环境质量，提升农产品产量和品质，利于农民增产增收。通过排查，部分废渣具有资源化利用价值，采用技术研究与推广，可实现废渣综合利用，促进综合利用企业发展。

六、启示

1）流域污染源调查项目具有区域较广、污染企业多、涉及行业类别较多、工作体量大、污染源基数不清等特点。在相关资料缺失的情况下，在开展现场踏勘排查过程中，需要借用专业技术手段采用测绘勘察和精准快捷的便携式检测仪器，可初步了解污染源的形成年代、种类、分布数量和特征污染因子等情况。

2）流域污染源调查检测过程中，需要综合考虑调查方法、时间和经费等因素，合理优化调查方案。在调查采样过程中，应与区域水文地质调查、废渣堆场测绘勘探同步进行，必要时可加密布点取样，现场采用便携式检测仪器开展测试，同时按30%的比例抽取样品进行实验室对比检测，以确保样品结果的准确性和相关性。此方法可满足流域调查工作在保证质量的前提下，提高检测效率，降低调查经费。

第三节　农用地土壤环境调查与评估

本项目对区域内土壤及农产品开展调查，通过取样检测，对土壤环境质量进行分析，掌握农用地土壤环境质量及农产品质量总体状况，明确土壤特征污染物及其分布规律。同时结合区域内现有产业布局、主要工业和农业生产活动，分析区域土壤的主要污染来源，并结合未来规划提出土壤环境质量综合防控措施建议，为后续管理工作提供技术依据。

一、概述

（一）项目来源

调查区域为省级重金属防控区，Pb、Cd为主要防控污染物。为掌握调查片区农用地土壤环境质量现状、特征污染物、污染来源，特开展此次75.41km^{2}的农用地土壤环境调查与评估工作，为后续农用地土壤环境质量综合防治提供技术依据。

该项目调查与评估总投资69.80万元来源为2021年中央土壤污染防治资金。

（二）调查范围

根据《片区土壤环境调查方案》（2018年4月）提供的土壤污染重点治理区示意图，项目调查片区面积为75.41km^2。除重点工业企业周边农用地外，项目片区农用地调查范围其他区域主要呈现西北至东南带状分布。结合乡镇、行政村分布情况，将调查区块结合地理位置划分为多个单元进行调查采样分析。其中，耕地、果园地等农用地面积为68.84km^2，建设用地面积为6.57km^2。

根据当地自然资源局提供的2018年土地变更调查矢量数据，将项目调查区域所涉及的农用地划分为13个区块，总面积71.48km^2（表9-7）。

表 9-7 片区土壤环境调查区块面积分布

调查区块	面积/m²	区块	面积/m²
1#调查区块	3 974 993	8#调查区块	5763 282
2#调查区块	4 724 151	9#调查区块	10 743 532
3#调查区块	4 788 341	10#调查区块	700 615
4#调查区块	7 898 485	11#调查区块	6 742 807
5#调查区块	1 191 086	12#调查区块	1 238 355
6#调查区块	638 914	13#调查区块	21 770 366
7#调查区块	1 309 483	合计	71 484 409

（三）调查依据

1. 法律法规

1）《中华人民共和国环境保护法》（2015 年 1 月 1 日）。

2）《中华人民共和国土壤污染防治法》（2019 年 1 月 1 日）。

3）《中华人民共和国固体废物污染环境防治法》（2020 年 9 月 1 日）。

4）《中华人民共和国土地管理法》（2020 年 1 月 1 日）。

2. 政策文件

1）《关于印发〈农用地土壤环境质量类别划分技术指南〉的通知》（环办土壤〔2019〕53 号）。

2）《农用地土壤环境管理办法（试行）》（2017 年 11 月 1 日）。

3）《关于印发〈农用地土壤环境风险评价技术规定（试行）〉的通知》（环办土壤函〔2018〕1479 号）。

4）《关于印发〈农用地土壤污染状况详查点位布设技术规定〉的通知》（环办土壤函〔2017〕1021 号）。

5）《关于开展农用地土壤污染状况详查点位核实工作的通知》（环办土壤函〔2017〕1022 号）。

6）《关于印发〈农用地土壤污染状况详查质量保证与质量控制技术规定〉的通知》（环办土壤〔2017〕1322 号）。

3. 技术标准

1）《土地利用现状分类》（GB/T 21010—2017）。

2）《土壤环境质量 农用地土壤污染风险管控标准（试行）》（GB 15618—2018）。

3）《食品安全国家标准 食品中污染物限量》（GB 2762—2017）。

4）《土壤环境监测技术规范》（HJ/T 166—2004）。

5）《农田土壤环境质量监测技术规范》（NY/T 395—2012）。

6）《食用农产品产地环境质量评价标准》（HJ/T 332—2006）。

7）《农用地土壤样品采集流转制备和保存技术规定》（2017 年）。

8）《农产品样品采集流转制备和保存技术规定》（2017 年）。

9）《全国土壤污染状况详查 农产品样品分析测试方法技术规定》（环办土壤函〔2017〕1625 号）。

10）《全国农用地土壤污染状况详查 质量保证与质量控制工作方案》（环办土壤函〔2017〕1959 号）。

11）《农用地土壤环境质量类别划分技术指南（试行）》（环办土壤〔2017〕97 号）。

（四）调查方法

本项目调查工作分两个阶段开展。

第一阶段：调查工作主要以资料收集、现场踏勘和人员访谈为主，原则上不进行现场采样分析。通过现场调查、资料收集汇总、人员访谈等情况，分析调查区域被污染的成因和来源，判断已有资料是否满足分类管理措施的实施。

第二阶段：确定调查范围、检测单元、检测点位设置、检测指标、采样分析、结果评价与分析等工作。通过第二阶段的检测结果及评价分析，明确土壤污染特征、污染程度、污染范围及对农产品质量安全的影响等。如果第二阶段的调查结果还不能满足评价要求，则需要增加补充调查，直至满足评价要求。

根据收集到的调查资料、检测分析结果，对农用地进行土壤环境质量综合评价。分析农用地的污染程度及范围，提出对应的防控建议和措施，编制农用地土壤污染状况调查报告。土壤环境调查技术路线见图 9-7。

二、调查区域环境概况

（一）地块地理位置

项目区域位于云南省中部偏西南，101°16′30″～102°16′50″E，23°38′15″～24°26′05″N，海拔 1480m。

（二）环境概况

1. 地形地貌

项目所在地行政区域地形以山地为主，全县总面积约 4300km^2，其中，山区面积 4120km^2，坝区面积 80km^2；地势西北高、东南低，境内最高海拔哀牢山主峰 3166m，最低海拔 430m。

2. 气候气象

项目所在地紧靠哀牢山山脉东侧，属于低海拔河谷地带，夏秋炎热多雨，冬春温和干燥，地形温差显著。常年主导风向为西南风，年平均风速 2.4m/s。

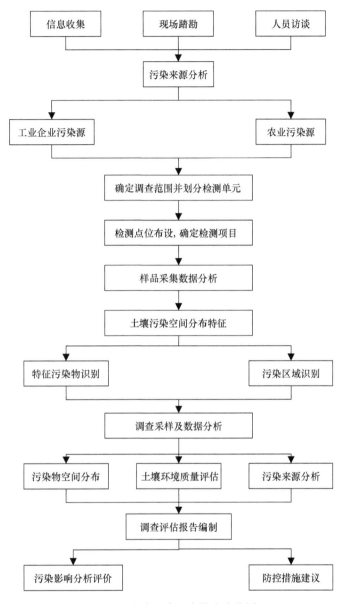

图 9-7　土壤环境调查技术路线图

3. 土壤特征

项目调查区域内主要土壤类型为赤红壤、红壤、燥红土及水稻土，资源丰富，自然条件优越，物产众多，盛产稻谷、玉米、甘蔗、香蕉、芒果、荔枝、竹子、烤烟等粮经作物。调查区域内储有丰富的大型磁铁矿和铜矿，早期开展采矿作业，区域内植被破坏严重，导致地表陷裂，采矿剥离土石，以及尾矿等固体废物随意堆弃或简易填充沟箐，长期受地表径流的冲蚀，项目调查区土壤存在不同程度重金属污染。

三、区域农用地土壤初步调查

（一）重点区域污染识别

本次调查的重点为涉重金属企业周边区域土壤调查，以及调查区域周边常年主导风向的下风向。

现场采样时，应避免采样设备及外部环境等因素污染待测样品，确保样品的代表性和完整性。为此，需建立一套完整的样品采集、保存、运输、交接等现场质量控制程序。

（二）初步调查布点方案

根据相关技术文件要求，以及上述潜在污染区域和污染物分析识别结果，对调查区域内土壤和农产品进行采样方案的设计（表9-8）。

表9-8　土壤环境初步调查检测点位及采集结果表

序号	类型	布点方式	拟采集点位个数	实际采集点位个数	实际采集样品个数
1	重点工业企业周边农用地	网格布点	30	30（4个点位采集剖面样）	39
2	其他区域农用地	网格布点	120	120（9个点位采集剖面样）	135
3	农产品	按照土壤点位5∶1协同采集	32	16	16
4	灌溉水	视灌溉水源采集	7	7	7

1. 土壤样品

1）工业企业周边农用地：以工业污染源为中心的周边农用地，采用网格法布点，布点密度为1000m×1000m，共布设30个点位，选择6个点位采集剖面样品，共采集39个土壤样品。

2）其他区域农用地：采用网格法布点，布点密度为1000m×1000m，共布设120个点位，选择9个点位采集剖面样品，共采集135个土壤样品（表9-9）。

表9-9　初步调查点位布设情况表

调查区块	占地面积/m²	土壤检测点位个数	点位编号	农产品检测样品个数
1#	3 974 993	11	GS-T-1 至 GS-T-11	1
2#	4 724 151	8	GS-T-12 至 GS-T-19	2
3#	4 788 341	9	GS-T-20 至 GS-T-28	1
4#	7 898 485	14	GS-T-29 至 GS-T-42	0
5#	1 191 086	5	GS-T-43 至 GS-T-47	2
6#	638 914	3	GS-T-48 至 GS-T-50	0
7#	1 309 483	8	GS-T-51 至 GS-T-58	1
8#	5 763 282	16	GS-T-59 至 GS-T-74	4
9#	10 743 532	18	GS-T-75 至 GS-T-92	0
10#	700 615	1	GS-T-150	1

续表

调查区块	占地面积/m2	土壤检测点位个数	点位编号	农产品检测样品个数
11#	6 742 807	18	GS-T-93 至 GS-T-110	1
12#	1 238 355	4	GS-T-111 至 GS-T-114	0
13#	21 770 366	35	GS-T-115 至 GS-T-149	3
合计	71 484 409	150	—	16

3）监测指标：全部土壤样品检测 pH、重金属总量 8 项（As、Pb、Cd、Hg、Cr、Cu、Zn、Ni）；其中 12 个土壤样品检测阳离子交换量、有机质含量、全氮、全磷、全钾、速效磷、速效钾和碱解氮；此外，12 个土壤样品检测多环芳烃、六氯环己烷（六六六）、DDT 及苯并[a]芘。

2. 农产品样品

根据调查区域内主要农产品种类，结合部分农用地布点协同采集相关农产品，初步调查主要采集农产品为柑橘、玉米、甘蔗、香蕉、芒果、水稻等，共采集农产品 16 个，具体采集农产品的种类以采样时间农产品收获种类为准（表 9-9）。

监测指标：重金属总量 8 项（As、Pb、Cd、Hg、Cr、Cu、Zn、Ni）。

3. 灌溉水样品

结合调查区域的主要河流分布情况，涉及项目区域上游、沿线主要支流及下游，共设置 7 个断面，进行水质样品采样和检测。

四、区域农用地土壤详细调查

（一）区域土壤背景调查

1. 区域土壤背景调查布点方案

（1）布点原则

参考《土壤环境质量评价技术规范（征求意见稿）》，进行污染物累积性评价时，需采用土壤环境背景值或土壤环境本底值调查数据。

土壤环境背景值的确定：优先采用相同比例尺当地土壤环境背景值，其次可采用评价对象大范围的区域土壤环境背景值。背景值的数据来源主要有两类：一是从已完成土壤环境背景值调查项目成果中获得土壤环境背景含量数据，二是通过开展土壤环境背景调查获取。本次通过开展土壤环境背景调查获取。

土壤环境本底值的确定：根据土壤类型相同、未受污染影响的周边土壤污染物样本含量，或者调查区内无污染的、同母质的下层土壤的污染物含量值，作为土壤环境本底值评价依据。

土壤环境背景调查布点参考《农田土壤环境质量监测技术规范》（NY/T 395—2012），一般在调查区域内或附近，找寻未受到人为污染或相对未受污染，而成土母质、土壤类型及农作历史等一致的区域布点。

（2）布点方案

土壤背景样品拟在位于调查区域主导风向上风向、人为扰动较少的区域内采集，共设 2 个点位，均采集剖面样，每个剖面采样点分别采集 5～20cm、50～60cm 和 100～120cm 三个深度的土壤样品，每个点位共采集 3 个样品。在样品采集过程中需根据颜色、结构、机械组成、有机质含量等划分发生层次，用小土铲在最有代表性的均匀层次部位自下而上逐层取样，共采集 6 个样品。

（3）检测项目

1）特定指标测定：pH、As、Pb、Cd、Hg、Cr、Cu、Zn、Ni。

2）理化性质测定：阳离子交换量、有机质含量、全氮、全磷、全钾、速效磷、速效钾和碱解氮。

3）有机污染物测定：苯并[a]芘、六六六、DDT。

（4）背景采样点确定

区域背景调查，原则上优先选择调查区块内无污染或相对未受污染的区域进行布点，本次背景采样点调查区块选择周边未受污染的区域。

2. 区域土壤背景调查布点采样

在设置好的检测点位上，用取土钻垂直挖取相应深度土壤样品，用竹铲去除石块或者植物根后获取 1.0kg 左右土样存放于密封袋中。

在此过程中，严格按照采样技术规程，开展样品的采集、点位信息、样品状态描述、样品标识等记录，确保样品的代表性和唯一性。

（二）详细调查布点方案

根据初步调查分析结果，针对典型超标点位及工业企业农用地区块，进行加密补充调查。经调查结果分析，典型超标点位主要位于 8#调查区块及 13#调查区块，以及工业企业农用地 6#、7#及 10#三个调查区块。针对典型超标点位，需补充调查，在以典型超标点位为中心四个方向 100m 处采集样品，典型超标点位主要选取多个重金属超标或多个剖面样超标的点位，典型超标点位主要为 GS-T-72 的 3 个样品、GS-T-148 的 4 个样品，需补充调查四周土壤样品共 7 个。工业企业农用地区块加密补充调查，拟采取结合区块内工业企业的生产特性及农用地的分布情况进行加密布点，需补充调查点位编号GS-T-151 至 GS-T-162，共计 12 个土壤样品。因此，补充调查采集土壤样品共计 19 个，均为表层样。

此外，依据项目绩效考核，需掌握区域农产品质量总体状况。鉴于初步调查中农产品 Pb 超标率为 43.75%，因此补充调查该项目拟增加区域内农产品采集样品个数，按照土壤点位 3∶1 的比例协同采集农产品，拟补充农产品协同采集点位共计 38 个。

1. 土壤样品

1）采样方法：在每个采样单元中心 25m 半径范围内按照梅花形采集土样 5 个，混匀后得到约 1kg 的混合样本，作为该样方的代表样品，均采集表层样。

2）检测指标：pH、As、Pb、Cd、Hg、Cr、Cu、Zn、Ni。

2. 农产品

1）采集种类：农产品采集前，应与当地农业管理部门负责人提前沟通并掌握各片区主要农产品种类和生长情况。优先采集主要农产品食用部位样品，同时调查区域内农产品种类。

2）检测指标：As、Pb、Cd、Hg、Cr、Cu、Zn、Ni。

五、质量控制

（一）现场采样质量控制

1. 土壤采集

根据前期踏勘，调查区域内工业企业及南片区周边为山地，其余沿调查区域周边片区地势稍显平坦，按照《土壤环境监测技术规范》（HJ/T 166—2004）及《农田土壤环境质量监测技术规范》（NY/T 395—2012）中的规定，进行样品采集。

2. 农产品采集

农产品混合样主要在已确定采样地块内 5m×5m 按双对角线法，等量混匀组成一个混合样品。农产品采集部分为其可食部分。

粮食作物采样量一般要求为 1500g（籽粒干重样），蔬菜、水果采样量一般要求为 1000g（可食用部分鲜重）。采样前，用 GPS 定位，记录实际采样样点中心点位经纬度，详细填写现场基本信息和样品唯一性标识，并拍摄现场采样照片。

3. 水质采集

农田灌溉水的采样断面设置在主要灌溉取水口处，与土壤样品协同采集。携带经检定/校准合格的仪器设备，对采集到的水质样 pH、DO、水温、电导率等指标进行现场测定。将现场测定值详细记录于采样记录单上。同时按照 10%的比例采集空白样、10%的比例采集平行样。

4. 样品保存及流转

（1）样品保存

现场采集的土壤、水质样品，放置于低温冷藏箱内避光保存，在样品保存期限内及时运送到实验室进行检测，具体保存方法和保存期限按规范要求执行（表 9-10）。

（2）样品运输

运输过程中，样品存放于低温冷藏避震箱内，要求样品与采样记录单进行逐个核对，检查无误后分类装箱。

表 9-10　样品保存方法及保存期限汇总表

类别	检测指标	容器	最小容积/mL	保存条件	保存期/天
土壤	重金属（除 Hg 和 Cr^{6+}）	聚乙烯、聚氯乙烯塑料，玻璃瓶	250		180
	石油烃（C$_{10}$～C$_{40}$）	带特氟龙盖硬质玻璃	250		14
	VOCs	带特氟龙盖硬质玻璃	40×3		7
	SVOCs	带特氟龙盖硬质玻璃	250	保温箱（约 4℃）	10
	Hg	聚乙烯、聚氯乙烯塑料，玻璃瓶	250		28
	Cr^{6+}	聚乙烯、聚氯乙烯塑料，玻璃瓶	250		30
	多环芳烃	带特氟龙盖硬质玻璃	250		14
水质	重金属	装有 1mL HNO$_3$ 保护液（使 pH<2）塑料瓶	500		28
	石油类、SVOCs	玻璃瓶（配聚四氟乙烯薄膜密封瓶盖）	1000	保温箱（约 4℃）	7
	VOCs	装有 1mL HCl（使 pH<2）玻璃瓶（配聚四氟乙烯薄膜密封瓶盖）	40×2		14

（3）样品交接

运输到实验室的每批次样品，由采样技术人员与接样员对样品的采样及运输情况进行核实，并签字确认。样品接样记录单作为检测报告副本原始记录的附件存档。

5. 各取样阶段情况汇总

（1）初步调查阶段

2021 年 7 月 15～19 日开展了区域内初步调查，对区域内土壤、植物及灌溉水样品进行采集。初步调查阶段共布设 150 个采样点位（含采集剖面样 15 个点位），采集土壤样共 176 个，农产品样共 16 个，灌溉水样共 7 个。其中，同步第三方实验室开展 10% 的外部质量控制比对工作。

（2）补充调查阶段

结合初步调查检测情况，2021 年 10 月 9～16 日开展了区域内补充调查，进一步开展土壤、植物及灌溉水的样品采集。补充调查阶段共布设 21 个采样点位（含背景点点位 2 个），采集土壤样共 25 个（含背景点样品 6 个），农产品样共 38 个，灌溉水样共 3 个。

（二）实验室质量控制分析

针对土壤样品、农产品样品、水质样品检测方法，检测机构优先采用现行有效的国家标准、行业标准或技术规范开展。

根据《项目调查区土壤环境调查评估项目质控报告》（2021 年 9 月 1 日）及《项目片区土壤环境调查评估项目质控报告》（2021 年 11 月 9 日），检测机构依据检测质量保证和控制措施的相关技术规范和要求，在采样前的准备，样品采集、保存、运送、交接，样品检测等过程中，均严格开展全程的质量控制工作，确保所获得的数据具有准确性、真实性和有效性。

另外，为确保实验室分析质量的可靠性，在初步调查阶段实验室质控措施还增加了第三方质量控制工作。选取 17 个土壤样品，委托具备检测能力的机构，开展实验室间比对分析。检测指标为 pH、As、Cd、Pb、Cu、Hg、Ni、Cr、Zn。根据分析检测结果，得出两个检测机构实验室间的相对偏差范围均在质量控制允许范围内（表9-11）。

表9-11　实验室间分析测试相对偏差范围汇总表

序号	分析指标	相对偏差范围	是否符合质量控制要求
1	pH	0.1%～9.5%	符合
2	As	0.5%～6.3%	符合
3	Pb	0.8%～8.1%	符合
4	Cd	3.6%～9.3%	符合
5	Cu	0.9%～7.6%	符合
6	Ni	3.9%～9.2%	符合
7	Zn	2.4%～9.2%	符合
8	Cr	1.7%～9.8%	符合
9	Hg	1.53%～10.1%	符合

综上所述，在样品采集、样品运输与保存、样品制备、实验室分析、数据审核等各环节，检测机构均严格按照相关检测标准、技术规范，进行全流程的质量控制工作，保障所出具的数据是准确的、真实的、有效的。

六、评价内容

（一）评价标准

1. 农用地土壤

土壤环境质量评价指标（Cd、As、Cu、Pb、Cr、Zn、Hg、Ni、六六六、DDT、苯并[a]芘），参考《土壤环境质量　农用地土壤污染风险管控标准（试行）》（GB 15618—2018）中风险筛选值及风险管制值进行评价。

2. 农产品

农产品质量评价参考《食品安全国家标准　食品中污染物限量》（GB 2762—2017）进行评价。

3. 灌溉水

灌溉水质量评价参考《农田灌溉水质标准》（GB 5084—2021）蔬菜标准、旱作标准进行评价。

（二）评价内容及项目

1. 评价内容

（1）土壤环境质量初步评价

表层土壤污染物含量对照《土壤环境质量　农用地土壤污染风险管控标准（试行）》（GB 15618—2018），初步判定土壤环境质量类别。

（2）农产品安全性评价

食用农产品中污染物含量对照《食品安全国家标准　食品中污染物限量》（GB

2762—2017），判定食用农产品中污染物含量的超标程度。

（3）表层土壤重金属活性评价

表层土壤重金属可提取态含量对照可提取态含量阈值，判定表层土壤重金属的活性。评价土壤 Cd 活性。

（4）表层土壤重金属累积性分析

以同一点位表层土壤与深层土壤中重金属含量的比值，或者以表层土壤重金属含量与同一区域（3km 内）最近点位深层土壤重金属含量的比值，判定表层土壤重金属累积程度。

2. 评价项目

1）以表层土壤中的 Cd、Hg、As、Pb、Cr、Cu、Ni、Zn、苯并[a]芘、六六六、DDT 污染物，作为农用地土壤环境质量类别判定的项目。

2）以农产品中 Cd、Hg、As、Pb、Cr 污染物作为农产品安全性评价的项目。

3）以表层土壤 Cd 可提取态作为表层土壤 Cd 活性评价项目。

4）以表层土壤与深层土壤中 Cd、Hg、As、Pb、Cr、Cu、Ni、Zn 污染物作为表层土壤重金属累积性分析的项目。

（三）评价方法

1. 农用地详查点位表层土壤环境质量评价

（1）单因子评价

1）依据《土壤环境质量 农用地土壤污染风险管控标准（试行）》（GB 15618—2018）中的筛选值 S_i 和管制值 G_i，基于表层土壤中 Cd、Hg、As、Pb、Cr 的含量 C_i，评价农用地土壤污染的风险，并将其土壤环境质量类别分为三类。

Ⅰ类：$C_i \leq S_i$，农用地土壤污染风险低，可忽略，应划为优先保护类；

Ⅱ类：$S_i < C_i \leq G_i$，可能存在农用地土壤污染风险，但风险可控，应划为安全利用类；

Ⅲ类：$C_i > G_i$，农用地土壤存在较高污染风险，应划为严格管控类。

2）依据《土壤环境质量 农用地土壤污染风险管控标准（试行）》（GB 15618—2018）中：Cu、Ni、Zn、苯并[a]芘、六六六、DDT 的筛选值 S_i，评价农用地土壤污染的风险，并将其土壤环境质量类别分为两类。

Ⅰ类：$C_i \leq S_i$，农用地土壤污染风险低，可忽略，应划为优先保护类；

Ⅱ类：$C_i > S_i$，可能存在农用地土壤污染风险，应划为安全利用类。

3）其他增加测定项目由各地依据评价参考值 S 分析是否超过该值，并对相关行业企业周边污染农用地的情况进行综合分析。

（2）多因子综合评价

1）Cd、Hg、As、Pb、Cr 5 因子综合评价：按表层土壤的 Cd、Hg、As、Pb、Cr 中类别最差的因子确定该点位综合评价结果。

2）Cu、Ni、Zn 3 因子综合评价：按表层土壤的 Cu、Ni、Zn 中类别最差的因子确定该点位综合评价结果。

3）苯并[a]芘、六六六、DDT 3 因子综合评价：按表层土壤的苯并[a]芘、六六六、DDT 中类别最差的因子确定该点位综合评价结果。

2. 农产品安全性评价

采用单因子指数法进行评价，将农产品 i（水稻或小麦）超标程度分为 3 级（表 9-12）。

表 9-12　农产品超标程度分级

超标登记	E_{ij} 值
Ⅰ（未超标）	$E_{ij} \leqslant 1.0$
Ⅱ（轻度超标）	$1.0 < E_{ij} \leqslant 2.0$
Ⅲ（重度超标）	$E_{ij} > 2.0$

3. 表层土壤重金属活性评价

仅对表层土壤中 Cd 的活性进行评价。土壤 Cd 的活性评判阈值：土壤 pH ≤ 6.5 时，w（CaCl$_2$）=0.01mol/L 溶液可提取态的土壤 Cd 含量阈值为 0.04mg/kg；土壤 pH > 6.5 时，w（CaCl$_2$）=0.01mol/L 溶液可提取态的土壤 Cd 含量阈值为 0.01mg/kg。小于等于阈值，表示土壤 Cd 活性低；大于阈值，表示土壤 Cd 活性高。土壤 Cd 活性评价结果主要作为土壤 Cd 背景较高地区农用地土壤环境质量类别辅助判定的依据。

4. 表层土壤重金属累积性评价

本次详查未采集深层样品，而是采用多目标区域地球化学调查获得的深层样品数据，按照就近原则选取与表层土壤数据匹配的深层土壤数据（3km 内最近的深层数据），计算累积系数。

根据 A_i 值的大小，进行土壤调查点位单项重金属累积性分析（表 9-13）。

表 9-13　土壤单项重金属累积程度分级

累积程度分级	A_i 值
无明显累积	$A_i \leqslant 1.5$
中度累积	$1.5 < A_i \leqslant 3$
中重度累积	$3 < A_i \leqslant 6$
重度累积	$A_i > 6$

表层土壤重金属累积性分析结果是土壤重金属高背景区判定的参考依据。在土壤重金属超标时，结合区域地质背景及污染源分布情况，区域内 $A_i \leqslant 3$ 且周边无相关污染源的情况下，可作为地质高背景区的判定条件之一。表层土壤重金属累积性分析结果也是重金属超标原因分析的重要依据。

（四）单元农用地土壤环境质量类别判断

1. 划分单因子评价单元并初步判定土壤环境质量类别

详查单元布点时，根据农用地利用方式、污染类型和特征、地形地貌等因素，划分调查单元。如果详查单元内点位土壤环境质量类别一致，详查单元即为评价单元。否则应根据详查单元内点位土壤环境质量评价结果，依据聚类原则，利用空间插值法结合人工经验判断，将详查单元划分为不同评价单元。评价过程中，尽量确保每个评价单元内土壤环境质量类别保持一致。

按照以下 4 个原则初步判定评价单元内农用地土壤环境质量类别。

（1）一致性原则

当评价单元内点位类别一致时，该点位类别即是该评价单元的类别。

（2）主导性原则

当评价单元内存在不同类别点位时，某类别点位数量占比超过 80%，其他点位（非严格管控类点位）不连续分布，该单元则按照优势点位的类别计；如存在 2 个或以上非优势类别点位连续分布，则划分出连续的非优势点位对应的评价单元。

（3）谨慎性原则

对孤立的严格管控类点位，根据影像信息或实地踏勘情况划分出对应的严格管控类范围；如果无法判断边界，则按最靠近的地物边界（地块边界、村界、道路、沟渠、河流等），划出合理较小的面积范围。

（4）保守性原则

当评价单元内存在不连续分布的优先保护类和安全利用类点位且无优势点位时，可将该评价单元划为安全利用类。

2. 按多因子综合评价结果初步判定评价单元内农用地土壤环境质量类别

在单因子评价单元划分及农用地土壤环境质量类别初步判定的基础上，多因子叠合形成新的评价单元，评价单元内部农用地土壤环境质量综合类别按最差类别确定。

根据管理需要可分别形成 5 项重金属（Cd、Hg、As、Pb、Cr）、3 项重金属（Cu、Zn、Ni）、3 项有机污染物（苯并[a]芘、六六六、DDT）的农用地土壤环境质量初步判定结果。

（五）农用地土壤环境质量类别的辅助判定

1. 辅助判定的原则

1）对重金属高背景、低活性（仅限于 Cd，其他重金属不考虑活性）地区，在区域内无相关污染源存在或者无污染历史的情况下，可根据农产品（水稻或小麦）安全性评价结果或表层土壤 Cd 活性评价结果，按照谨慎原则，对初步判定为安全利用类或严格管控类的评价单元进行辅助判定。

2）对土壤 Cd 环境质量评价，有农产品数据的采用农产品安全性评价结果辅助判定，没有农产品数据的采用土壤 Cd 活性评价结果辅助判定；其他重金属仅用农产品评价结果辅助判定，若没有农产品数据，则维持初步判定结果不变。

3）初步判定及辅助判定的结果均需保留。

2. 单因子辅助判定的方法

1）利用农产品安全性评价结果进行辅助判定，根据评价单元农产品安全性评价结果辅助判定评价单元内农用地土壤环境质量类别（表 9-14）。

表 9-14　利用农产品安全评价结果辅助判定评价单元单因子土壤环境质量类别判定依据

评价单元土壤环境质量类别初步判定	判定依据（评价单元内或相邻单元农产品重金属超标情况）		辅助判定后单因子土壤环境质量类别
	评价单元内农产品点位 3 个及以上	单元内农产品点位小于 3 个	
优先保护类	—	—	优先保护类（Ⅰ）
安全利用类	均未超标	均未超标，且周边相邻单元农产品点位未超标	优先保护类（Ⅰ）
	上述条件都不满足的其他情形	上述条件都不满足的其他情形	安全利用类（Ⅱ）
严格管控类	未超标点位数量占比≥65%，且无重度超标的点位	均未超标，且周边相邻单元农产品点位未超标	安全利用类（Ⅱ）
	上述条件都不满足的其他情形	上述条件都不满足的其他情形	严格管控类（Ⅲ）

2）利用土壤 Cd 活性评价结果进行辅助判定，如果严格管控类评价单元内没有农产品协同调查点位，则按照单元内农用地土壤 Cd 活性评价结果，辅助判定土壤 Cd 环境质量类别，其他重金属单因子土壤环境质量类别不变（表 9-15）。

表 9-15　利用土壤 Cd 活性辅助判定评价单元土壤 Cd 环境质量类别评价单元

评价单元土壤 Cd 环境质量类别初步判定	土壤 pH	单元或区域辅助判定依据	污染风险	辅助判定后土壤 Cd 环境质量类别
严格管控类	pH≤6.5	单元内或区域内所有点位土壤可提取态镉≤0.04mg/kg	风险可控	安全利用类（Ⅱ）
		其他情形	风险较高	严格管控类（Ⅲ）
	pH＞6.5	单元内或区域内所有点位土壤可提取态镉≤0.01mg/kg	风险可控	安全利用类（Ⅱ）
		其他情形	风险较高	严格管控类（Ⅲ）

3. 单因子辅助判定后的单元综合类别

单因子辅助判定后的单元农用地土壤环境质量类别，仍需进行 5 因子（Cd、Hg、As、Pb、Cr）综合，单元类别按类别最差的因子计。

七、调查结论

（一）土壤环境调查结论

1. 区域土壤特征污染物分布特征

区域有机污染物总体情况：在所有样品中检测六六六、DDT 及多环芳烃类，均未检出。

区域重金属含量环境背景：区域土壤背景值的统计情况显示，土壤中 Cu、Cd、Ni 浓度均偏高。

区域重金属污染物分布情况：本次调查范围内 13 个片区农田土壤中有 12 个片区均

出现重金属超 GB 15618—2018 筛选值（5#小河口片区除外）；区域整体呈现 Ni 超筛选值，超标率 4.3%；此外，部分样品存在不同程度的 Cu 及 Cd 超筛选值，部分零星点位存在 Pb、As、Cr、Hg 超筛选值，但均未超管制值。涉及超标点位较多的区域主要为 7#、8#、10#、13#等片区。

区域重金属污染物总体情况：区域总体呈现重金属 Hg、Pb、Cd、Cu、Zn、Ni 超过 GB15618—2018 风险筛选值的情况，超标率由高到低依次为 Ni、Cd、Cu、Hg、Pb、Zn。

2. 区域污染来源分析

结合区域土壤重金属污染物分布情况，工业企业农用地中 7#、10#片区农用地呈现重金属污染情况，8#、13#片区工业企业分布较少，但也呈现一定重金属污染情况。

通过收集资料、现场勘察及人员访谈等途径得出：沿项目调查区自东北向西南片区有附近储有大型磁铁矿和铜矿、开采/开发植被破坏严重、地表陷裂、采矿剥离土石、尾矿等固体废物随意堆弃、早年工矿企业排放含重金属废水等情况，间接说明与 7#、10#片区农用地重金属污染有一定的关联性。

而 8#、13#片区工业企业分布较少，可能与片区地质背景、大气降尘污染等相关，需进一步验证其相关性。

3. 片区农用地土壤环境质量类别

根据土壤污染物超标评价、重金属活性评价、累积性分析和农产品质量评价结果，可知调查区域内农用地环境质量等级：63.91%为优先保护类、35.5%为安全利用类、0.59%为严格管控类。

将 71.48km² 调查范围的农用地，按照 13 个片区进行评价及风险等级划分（表 9-16）。

表 9-16　农用地土壤环境质量类别划分汇总表

调查区域	调查区域面积/m²	土壤环境质量	环境质量类别面积/m²	环境质量类别面积/亩
1	3 974 993.001	优先保护类 I	3 607 131.009	5 410.67
		安全利用类 II	367 861.99 26	551.79
2	4 724 150.517	优先保护类 I	4 498 216.634	6 747.29
		安全利用类 II	225 933.882 8	338.90
3	4 788 340.51	优先保护类 I	4 329 585.219	6 494.35
		安全利用类 II	458 755.291 1	688.13
4	7 898 484.759	优先保护类 I	6 858 361.487	10 287.49
		安全利用类 II	1 040 123.272	1 560.18
5	1 191 086.39	优先保护类 I	866 897.938 3	1 300.34
		安全利用类 II	324 188.452 1	486.28
6	638 914.160 6	优先保护类 I	536 361.130 6	804.54
		安全利用类 II	102 553.03	153.83
7	1 309 482.866	优先保护类 I	1 209 101.882	1 813.64
		安全利用类 II	42 067.992 53	63.10
		严格管控类 III	58 312.991 02	87.47

续表

调查区域	调查区域面积/m2	土壤环境质量	环境质量类别面积/m2	环境质量类别面积/亩
8	5 763 281.775	优先保护类 I	5 395 817.613	8 093.69
		安全利用类 II	367 464.161 8	551.19
9	10 743 532.03	优先保护类 I	10 525 888.16	15 788.75
		安全利用类 II	217 643.869 5	326.46
10	700 615.305 4	优先保护类 I	466 392.175 6	699.58
		安全利用类 II	234 223.129 8	351.33
11	6 742 806.712	优先保护类 I	5 774 551.247	8 661.78
		安全利用类 II	968 255.465	1 452.38
12	1 238 355.406	优先保护类 I	770 113.390 7	1 155.16
		安全利用类 II	468 242.015 3	702.36
13	21 770 366.06	优先保护类 I	8 228 758.86	12 343.08
		安全利用类 II	13 541 607.2	20 312.31

（二）农产品安全性调查结论

对项目调查区 13 个片区的农用地土壤及农产品进行初步采样调查及补充调查，其结论如下。

调查区域内主要种植柑橘、甘蔗、香蕉、玉米等农作物，初步调查阶段区域农产品整体呈现 Pb 超出《食品安全国家标准　食品中污染物限量》（GB 2762—2022）中的标准限值，超标率 2.36%，超标倍数为 1.4～3.6 倍。加密补充调查农产品重金属超标率为 5.26%（Pb 超标率 2.50%，Cd 超标率 5.26%），其中，Pb 超标倍数为 0.2～2.2，Cd 超标倍数为 0.26～0.64。加密调查农产品种类主要为玉米、柑橘、甘蔗、核桃、火龙果、水稻，其中部分柑橘、甘蔗、玉米 Pb 超标较为显著。另外玉米样、甘蔗样分别有一个样 Cd 超标，火龙果、核桃未超标。

由此可见，区域初步调查阶段和补充调查阶段农产品呈现 Pb、Cd 超标情况，且 Pb 超标比较明显。Pb 超标污染物涉及调查区主要农作物为柑橘、甘蔗及玉米，对食用农产品的质量安全存在潜在风险。

八、适用范围和相关经验总结

（一）适用范围

本节主要介绍农业用地初步调查检测工作的开展过程，重点从项目资料收集、现场勘察、人员访谈、污染物识别、调查方案设计、样品采集及运输保存、实验室检测、数据分析评价等方面进行详细剖析。可供区县级、州市级农业用地土壤环境调查、评估等相关工作人员参考学习。

（二）效益总结

调查区域内有大型金属矿区，周边有不同规模等级的金属加工、冶炼、生产等企业正在经营。相关污染物，特别是重金属随着工业固体废物、废气、工业废水排入环境中，导致农业用水、农用地土壤和农产品存在质量安全风险。随着调查工作的开展，该区域土壤重金属污染风险得到重视，该区域环境污染问题后续将得到改善。

通过本次调查工作，确定该行政区域相关地块存在污染情况，明确所在区域需进行下一步详细调查和风险评估工作，这将促进该区域土壤污染后续治理工作的有序开展。

九、启示

1）在环境保护规划中，结合区域主要经济作物实际情况，可采取 Pb 等重金属累积作物替代种植等技术手段，实现农作物生长的安全种植环境，保障区域农产品质量安全。

2）在不影响农业生产并保证农产品安全和经济价值的前提下，可通过农艺调控、种植结构调整等方式，对农用地进行优化利用。

参 考 文 献

白静, 孙超, 赵勇胜. 2014. 地下水循环井技术对含水层典型 NAPL 污染物的修复模拟[J]. 环境科学研究, 27(1): 81-88.

蔡轩, 龙新宪, 种云霄, 等. 2015. 无机-有机混合改良剂对酸性重金属复合污染土壤的修复效应[J]. 环境科学学报, 35(12): 3991-4002.

陈红霞, 付丽洋, 刘训华. 2018. 水生植物在水体污染治理中的应用研究[J]. 环境与发展, 30(11): 51-53.

陈磊, 胡敏予. 2014. 重金属污染土壤的植物修复技术研究进展[J]. 化学与生物工程, 31(4): 6-8.

陈兴茹. 2011. 国内外河流生态修复相关研究进展[J]. 水生态学杂志, 32(5): 125-131.

陈永贵, 张可能. 2005. 中国矿山固体废物综合治理现状与对策[J]. 资源环境与工程, 19(4): 311-313.

党永富. 2015. 土壤污染与生态治理农业安全工程系统建设[M]. 北京: 中国水利水电出版社.

丁涛, 田英杰, 刘进宝, 等. 2015. 杭州市河道底泥重金属污染评价与环保疏浚深度研究[J]. 环境科学学报, 35(3): 911-917.

葛铜岗, 段梦, 张维, 等. 2018. 中新生态城多功能人工湿地建设及持续性效果[J]. 中国给水排水, 34(13): 80-85.

辜凌云, 全向春, 李安婕, 等. 2012. 突发性场地污染应急控制技术研究进展[J]. 环境污染与防治, 34(2): 82-86.

关军洪, 郝培尧, 董丽等. 2017. 矿山废弃地生态修复研究进展[J]. 生态科学, 36(2): 193-200.

何海珊, 赵宇豪, 吴健生. 2022. 低碳导向下土地覆被演变模拟——以深圳市为例[J]. 生态学报, 41(21): 8352-8363.

何腾, 熊家晴, 王晓昌, 等. 2016. 不同再生水补水比例下景观水体的水质变化[J]. 环境工程学报, 10(12): 6923-6927.

黄润秋, 苏克敬, 洪亚雄, 等. 2021. 地下水污染风险管控与修复技术手册[M]. 北京: 中国环境出版集团.

黄勇, 董运常, 罗伟聪, 等. 2016. 景观水体生态修复治理技术的研究与分析[J]. 环境工程, 34(7): 52-55.

霍洋, 仇银燕, 周航, 等. 2020. 外源磷对镉胁迫下水稻生长及镉累积转运的影响[J]. 环境科学, 41(10): 4719-4725.

李淑娟, 郑鑫, 隋玉正. 2021. 国内外生态修复效果评价研究进展[J]. 生态学报, 41(10): 4240-4249.

李元, 祖艳群. 2016. 重金属污染生态与生态修复[M]. 北京: 科学出版社.

刘建国, 孟德硕, 桂华侨, 等. 2018. 环境监测领域颠覆性技术的发展与展望[J]. 中国工程科学, 20(6): 50-56.

刘文清, 陈臻懿, 刘建国, 等. 2016. 我国大气环境立体监测技术及应用[J]. 科学通报, 61(30): 3196-3207.

刘翔, 唐翠梅, 陆兆华, 等. 2013. 零价铁 PRB 技术在地下水原位修复中的研究进展[J]. 环境科学研究, 26(12): 1309-1315.

刘振江, 赵益华, 陶君等. 2016. 中新生态城污水库环境治理与生态重建[J]. 中国给水排水, 32(1): 78-82.

陆东芳, 陈孝云. 2011. 水生植物原位修复水体污染应用研究进展[J]. 科学技术与工程, 11(21): 5137-5142.

骆永明. 2011. 中国污染场地修复的研究进展、问题与展望[J]. 环境监测管理与技术, 23(3): 1-6.

钱伟, 冯建祥, 宁存鑫, 等. 2018. 近海污染的生态修复技术研究进展[J]. 中国环境科学, 38(5): 1855-1866.

钱燕, 陈正军, 吴定心, 等. 2016. 微生物活动对富营养化湖泊底泥磷释放的影响[J]. 环境科学与技术, 39(4): 35-40.

强海洋, 高兵, 郭冬艳, 等. 2021. 碳中和背景下矿业可持续发展路径选择[J]. 中国国土资源经济, 34(4):

4-11.

邱琼瑶, 周航, 曾卉, 等. 2014. 组配改良剂对重金属污染土壤理化性质及有效养分的影响[J]. 农业环境科学学报, 33(5): 907-912.

仇荣亮, 仇浩, 雷梅, 等. 2009. 矿山及周边地区多金属污染土壤修复研究进展[J]. 农业环境科学学报, 28(6): 1085-1091.

沈德中. 2002. 污染环境的生物修复[M]. 北京: 化学工业出版社.

苏克敬, 赵克强, 钟斌. 2021. 土壤污染风险管控与修复技术手册[M]. 北京: 中国环境出版集团.

陶锟, 全向春, 李安婕, 等. 2012. 陶锟城市工业污染场地修复技术筛选方法探讨[J]. 环境污染与防治, 34(8): 69-74, 79.

田伟君. 2005. 河流微污染水体的直接生物强化净化机理与试验研究[D]. 南京: 河海大学博士学位论文.

王聪, 伍星, 傅伯杰, 等. 2019. 重点脆弱生态区生态恢复模式现状与发展方向[J]. 生态学报, 39(20): 7333-7343.

王朋, 陈文英, 蒲生彦. 2021. 地下水循环井原位强化生物修复技术研究进展[J]. 安全与环境工程, 28(3): 137-146.

王莹, 王道玮, 李辉, 等. 2013. 内陆湖泊富营养化内源污染治理工程对比研究[J]. 地球与环境, 41(1): 20-28.

王志芳, 高世昌, 苗利梅, 等. 2020. 国土空间生态保护修复范式研究[J]. 中国土地科学, 34(3): 1-8.

位振亚, 罗仙平, 梁健, 等. 2018. 地下水污染检测技术研究进展[J]. 有色金属科学与工程, 9(2): 103-108.

邬红娟, 李俊辉. 2014. 湖泊生态学概论[M]. 武汉: 华中科技大学出版社.

吴志能, 谢苗苗, 王莹莹. 2016. 我国复合污染土壤修复研究进展[J]. 农业环境科学学报, 35(12): 2250-2259.

谢辉. 2018. 我国环境监测技术的现状与发展[J]. 环境与发展, 30(2): 161-162.

谢云峰, 曹云者, 张大定, 等. 2012. 污染场地环境风险的工程控制技术及其应用[J]. 环境工程技术学报, 2(1): 51-59.

杨京平, 卢剑波. 2002. 生态恢复工程技术[M]. 北京: 化学工业出版社.

杨林. 2020. 矿山固体废物的危害及其环保治理技术研究[J]. 中国资源综合利用, 38(5): 126-128.

杨勇, 何艳明, 栾景丽, 等. 2012. 国际污染场地土壤修复技术综合分析[J]. 环境科学与技术, 35(10): 92-98.

叶渊, 许学慧, 李彦希, 等. 2021. 热处理修复方式对污染土壤性质及生态功能的影响[J]. 环境工程技术学报, 11(2): 371-377.

尹雅芳, 刘德深, 李晶, 等. 2011. 中国地下水污染防治的研究进展[J]. 环境科学与管理, 36(6): 27-30.

余居华, 钟继承, 张银龙, 等. 2012. 湖泊底泥疏浚对沉积物再悬浮及营养盐负荷影响的模拟[J]. 湖泊科学, 24(1): 34-42.

张乐, 徐平平, 李素艳, 等. 2017. 有机-无机复合改良剂对滨海盐碱地的改良效应研究[J]. 中国水土保持科学, 15(2): 92-99.

张文慧, 胡小贞, 许秋瑾. 2015. 湖泊生态修复评价研究进展[J]. 环境工程技术学报, 5(6): 545-550.

张锡辉. 2002. 水环境修复工程学原理与应用[M]. 北京: 化学工业出版社.

赵莎莎, 肖广全, 陈玉成, 等. 2021. 不同施用量石灰和生物炭对稻田镉污染钝化的延续效应[J]. 水土保持学报, 35(1): 334-340.

周启星, 魏树和, 张倩茹. 2005. 生态修复[M]. 北京: 中国环境科学出版社.

朱有勇, 李元. 2012. 农业生态环境多样性与作物响应[M]. 北京: 科学出版社.

Bullock J M, Aronson J, Newton A C, et al. 2011. Estoration of ecosystem services and biodiversity: conflicts and opportunities[J]. Trends in Ecology & Evolution, 26(10): 541-549.

Higgs E, Harris J, Murphy S. 2018. On principles and standards in ecological restoration[J]. Restoration

Ecology, 26(3): 339-403.

Hobbs R J. 2018. Restoration Ecology's Silver Jubilee: innovation, debate, and creating a future for restoration ecology[J]. Restoration Ecology, 26(5): 801-805.

Shackelford N R, Hobbs J, Burgar J M. 2013. Primed for change: developing ecological restoration for the 21st Century[J]. Restoration Ecology, 21(3): 297-304.

Wortley L, Hero J M, Howes M. 2013. Evaluating ecological restoration success: a review of the literature[J]. Restoration Ecology, 21(5): 537-543.

Zhou Q, Hua T. 2004. Bioremediation: a review of applications and problems to be resolved[J]. Progress in Natural Science, 14(11): 937-944.